园林树木

主　编　吉文丽　吉鑫淼
副主编　李娟娟　申子辰
参　编　季晓莲　鲁彦君　钱媛园
　　　　杨　玲　孙景芝　何燕妮
　　　　阴晓宝

北京理工大学出版社
BEIJING INSTITUTE OF TECHNOLOGY PRESS

内 容 提 要

本书共有6章，分别是绪论、园林树木的分类、园林树木的配植与造景、园林树种调查与规划、裸子植物门、被子植物门。其中，第1章主要介绍园林树木的概念和我国园林树木种质资源；第2～4章着重阐述基础理论；第5章和第6章收录了我国近年来园林绿化常见树种和新引进树种共85科、233属、386种（变种、品种未计入）。本书的内容包括每个树种的科、属、学名、别名、拉丁名、形态特征、分布习性、园林应用，而相近树种和相似属则通过知识扩展辨析；常见植物配有墨线图或视频介绍，视频收集了树木的树形、枝干、芽、叶、花、果实及其在园林中的配植应用，适合学生沉浸式学习。另外，每科植物后都有在线题库，便于学生在学习和观察后及时复习和巩固相关知识，也便于教师实时掌握学生的学习动态。

本书结构合理、知识全面，可作为高等院校园林工程技术、风景园林设计、园林技术、环境艺术设计、林业技术、园艺、城市规划等专业的教材，也可作为园林植物配植与造景、园林植物栽培与养护管理，以及园林绿化技术人员的参考用书。

图书在版编目（CIP）数据

园林树木/吉文丽，吉鑫淼主编.--北京：北京理工大学出版社，2022.10

ISBN 978-7-5763-1807-4

Ⅰ.①园…　Ⅱ.①吉…②吉…　Ⅲ.①园林树木　Ⅳ.①S68

中国版本图书馆CIP数据核字（2022）第205769号

出版发行／北京理工大学出版社有限责任公司
社　　址／北京市海淀区中关村南大街5号
邮　　编／100081
电　　话／（010）68914775（总编室）
　　　　　（010）82562903（教材售后服务热线）
　　　　　（010）68944723（其他图书服务热线）
网　　址／http://www.bitpress.com.cn
经　　销／全国各地新华书店
印　　刷／河北鑫彩博图印刷有限公司
开　　本／787毫米×1092毫米　1/16
印　　张／16.5
字　　数／314千字
版　　次／2022年10月第1版　2022年10月第1次印刷
定　　价／85.00元

责任编辑／封　雪
文案编辑／毛慧佳
责任校对／刘亚男
责任印制／王美丽

前言 PREFACE

园林树木是指在园林中栽植应用的木本植物，包括各种乔木、灌木和藤本，不仅在各类型园林绿地及风景区中起着骨干作用，在保护环境、改善环境和美化环境等方面也发挥着重要的作用。

本书是园林、风景园林专业的系列教材之一。编者通过分析和比较现有各版教材，从职业技术院校学生的学习特点入手，邀请西北农林科技大学、四川工程职业技术学院、杨凌职业技术学院、兰州交通大学、榆林学院、重庆三峡学院、燕京理工学院的专业教师和北京正和恒基滨水生态环境治理股份有限公司企业员工组成编写小组共同编写本书。

本书面向的对象是全国高等院校园林工程技术、风景园林设计、园林技术、环境艺术设计、林业技术、园艺、城市规划等专业的学生。本书充分考虑了相关专业人才的培养目标，结合职业技术院校学生的学习特点讲解相关内容。园林树木种类多，地域性差异大，生态习性各有不同，学生在学习上存在一定的困难。为便于学生学习和掌握知识，本书除了采用墨线图外，还增加了介绍植物的视频，并以二维码的形式呈现出来，其中收集了树木树形、局部及在园林中的配植应用。另外，本书还设置了“小贴士”或“知识扩展”版块。其中“小贴士”版块进一步介绍了树木的形态特征、命名、园林应用等，可以加深学生对相关知识的印象。“知识扩展”版块针对园林实用、易混淆知识点进行了扩展解释，可以让学生在学习的时候能够举一反三。

本书的第 1 章主要介绍了园林树木的学习方法、概念和我国园林树木种质资源，着重于基础理论的阐述与实践活动，可以培养学生的逻辑思维能力和细致入微、善于观察的工作精神。第 2 ~ 4 章主要介绍了园林树木的分类、配植与造景，以及园林树种调查与规划等内容，为学生的工作实践提供了辅助资料。第 5 章采用郑万钧的分类系统介绍了裸子植物。第 6 章采用克伦奎斯特系统介绍了被子植物。本书共收录园林常见树种 85 科、233 属、386 种（变种、品种未计入）；为 217 种常见植物录制了原创视频，用来介绍树种的整株树形、花、果、叶、树皮等具有观赏价值的部分；为各章节及 85 科树种均配备了在线题库。另外，本书中树种的拉丁名都是按照《中国植物志》英文版或研究论文等新的研究成果确定的。

本书由西北农林科技大学吉文丽、四川工程职业技术学院吉鑫淼担任主编，由杨凌职业技术学院李娟娟、四川工程职业技术学院申子辰担任副主编，杨凌职业技术学院季晓莲、西北农林科技大学鲁彦君、兰州交通大学钱媛园、重庆三峡学院杨玲、燕京理工学院孙景芝、榆林学院何燕妮、北京正和恒基滨水生态环境治理股份有限公司阴晓宝参与本书的编写工作。另外，视频剪辑由四川工程职业技术学院吉鑫淼和西北农林科技大学的陈可欣、冯钰涵、冯雪葳、李盼盼、薛宁涵完成。

在本书的编写中，编者引用了《中国植物志》，陈有民、臧德奎的《园林树木学》，张天麟的《园林树木 1600 种》等书中的附图，还参阅了有关教材、专著、论文、课件等资料，在此一并对相关作者表示感谢。

由于编者水平有限，书中难免存在不妥之处，敬请广大读者批评指正。

编　者

目录

CONTENTS

第1章 绪　论

知识目标

掌握园林、园林树木、园林树木学的含义和范围；了解园林树木学的特点和学习方法；掌握我国园林树木种质资源的特点；了解园林树木的作用、园林树木学的发展。

技能目标

能够使用正确的方法学习园林树木学。

素质目标

激发学生的民族自豪感，培养学生的爱国主义精神。

1.1 园林树木的概念和学习方法

1.1.1 园林树木的概念

园林树木是指在园林中栽植应用的木本植物，也可指适于在城市园林绿地及风景区栽植应用的木本植物，包括各种乔木、灌木和藤本。很多园林树木是花、果、叶、枝或树形的观赏树木。园林树木也包括虽不以美观见长，但在城市与工矿区绿化及风景区建设中能起防护和改善环境作用的树种。因此，园林树木所包含的范围比观赏树木更为宽广。

园林树木学是实践性很强的专业性应用学科。想学好园林树木，必须具有一定的基础和专业基础学科的知识，如植物学、植物分类学、植物生理学、土壤学、肥料学、气象学、植物生态学、植物地理学、地植物学和森林学等。

园林树木最初都产于山野，通过人类多年的引种栽培、选育和应用，才形成今日园林中的盛况。好的园林树木必须具备两个条件。第一，适合城市生态条件。蓝果树科（珙桐科）的珙桐（鸽子树），花序下的两个白色的大苞片像鸽子一样，观赏价值很高。它原产于我国，主要分布在四川、贵州的山区，海拔为 1 300 ～ 2 500 m 处，现在仍在深山老林中，至今很少在平原露地上种植成功，主要是由于夏季太炎热等。现在经过引种驯化，逐渐将其从高海拔向下引种，又需要很长的时间。第二，观赏价值高。枝、叶、花、果、树皮等必须有一定的观赏价值，观赏性差的树种一般不种植。

1.1.2 园林树木的学习方法

由于我国园林树木种类多、地域性差异大、形态和习性各有不同，学习时有一定的难度。因此，学生在学习园林树木的过程中应注意以下几点。

（1）多看实物。在不同时期观察树木的不同形态，观察树木的花、果、叶、枝、干、树形等特征，还要观察树木生长的环境以及周围搭配的树种。

（2）多鉴定。充分利用信息技术，将识别软件和在线植物志结合使用，通过解剖花果构造，鉴定出树木的种类，从而提高植物鉴定的准确性，以及提升学习兴趣，使掌握的树木特征不易忘记。

（3）善于总结。如春季花灌木有哪些树种；秋季观果的树种有哪些；春色叶树种有哪些；秋色叶树种有哪些；彩色叶乔、灌木；常绿阔叶树；名优新产品不断出现，及时了解园林的应用前沿可以为园林树木的配植打下良好基础。

1.2 中国园林树木种质资源

1.2.1 中国园林树木种质资源的特点

我国园林树木种质资源极为丰富，被各国园林界、植物学界视为世界园林植物重要发源地之一。因此，中国被西方人士称为“世界园林之母”。我国种质资源的特点包括以下几个方面。

1.2.1.1 种类繁多

植物种质资源是具备一定遗传物质，表现一定遗传性状的植物资源。

我国现有高等植物470科、3 700多个属，约3万种，占全世界高等植物种类的1/10左右，少于马来西亚（约4.5万种）和巴西（约5.5万种），居世界第三位。

原产于我国的乔、灌木树种共约8 000种，其中乔木2 500种，在世界树种总数中的占比甚高。以中国园林树木在英国皇家植物邱园引种驯化成功的种类而言（1930年统计），可发现我国种类确实比世界其他地区较为丰富。例如耐寒乔、灌木及松、杉类，原产于我国的占全世界的33.5%，引自北欧与南欧的仅占11.8%，可见中国树木种类之丰富。其中有许多很好的野生树种可以应用到城市园林中。

1.2.1.2 分布集中

很多著名的观赏树木的科、属是以我国为其世界分布中心的，在相对较小的范围内集中了很多原产树种（表1–1）。

表1–1 中国原产树种占世界总种数（≥ 80%）一览表

属名	拉丁学名	国产种数	世界总种数	国产占世界/%
金粟兰	*Chloranthus*	15	15	100
蜡梅	*Chimonanthus*	6	6	100
泡桐	*Paulownia*	7	7	100
刚竹	*Phyllostachys*	50	50	100
四照花	*Cornus*	10	11	91
溲疏	*Deutzia*	53	60	88
山茶	*Camellia*	240	280	86
丁香	*Syringa*	16	19	84
含笑	*Michelia*	41	50	82
结香	*Edgeworthia*	4	5	80

1.2.1.3 丰富多彩

国产园林树木种质资源，常有变异广泛，丰富多彩的特点。例如，梅花在全国分布着 300 多个品种，分属直枝梅类、垂枝梅类、龙游梅类、杏梅类、樱李梅类，且每类中均有多种变形。

1.2.1.4 孑遗树种多

新生代第四纪冰川降临，由于气候骤然变冷和造山运动的发生，致使大多数树种灭绝。当时我国有不少山区未受冰川的直接影响，形成了植物避难所；银杉、水杉、水松、穗花杉、鹅掌楸、银杏等植物留存下来，成为我国特有的孑遗植物。

1.2.1.5 特产树种多

特产树种特点突出，独具一格。例如银杏科的银杏属；松科的金钱松属；杉科的台湾杉属；柏科的福建柏属；红豆杉科的白豆杉属、穗花杉属；榆科的青檀属；蔷薇科的牛筋条属、棣棠属；木兰科的宿轴木属；瑞香科的结香属；槭树科的金钱槭属；蜡梅科的蜡梅属；蓝果树科的珙桐属、旱莲木属；杜仲科的杜仲属；大风子科的山桐子属；忍冬科的猬实属、双盾木属；棕榈科的琼棕属，以及梅花、桂花、牡丹、黄牡丹、月季、香水月季、木香、栀子花、南天竹、鹅掌楸等。

1.2.2 中国园林树木对世界园林的贡献

现代月季目前有上万多个品种，是月季间反复杂交得来的，但都有中国月季及其变种参与。

英国园艺界流传着这样一句话：“没有中国的杜鹃花，就没有英国的园林。”杜鹃花原产中国，中国是杜鹃花的重要发源地和分布中心，英国从中国引进了许多种杜鹃植物，甚至由此引发欧洲园林的变革。99 昆明世界园艺博览会英国人说：“我们受惠中国的园林植物太多，现在是我们报答的时候了。”因此，博览会的英国花园都是用中国植物建造的。

世界上有 226 种山茶花属，中国有 195 种。以前杂交培育山茶花有三个目标，即花香、耐寒、黄色重瓣。20 世纪 60 年代，中国植物学家在广西发现了金花茶，并把具体地点公开发表，因此很快便传到国外。

1. 简述园林树木的概念和园林树木学的研究范畴。
2. 简述园林树木在园林建设中的作用。
3. 简述中国园林树木资源的特点。
4. 简述中国丰富多彩的园林树木资源。
5. 什么是活化石树种？请举出 5 例。

第2章 园林树木的分类

知识目标

了解常用的植物分类等级；掌握常用的树木形态术语。

技能目标

能够正确使用树木形态术语描述树木形态特征；能够根据形态特征识别树木种类。

素质目标

培养学生的逻辑思维能力以及细致入微、善于观察的工作精神。

地球上植物的种类多，范围广，据不完全统计，地球上的植物种数约50万种，其中高等植物占35万种以上，原产于我国的高等植物有3万种以上，但目前园林中栽培利用的仅为一小部分，大量种类尚未被认识与利用。如何发掘、利用及提高植物为人类服务的范围与效益是既具吸引力又具挑战性的任务，只有建立科学、系统的分类，才能识别与整理种类相关知识，也才能为科学合理的利用它们奠定基础。植物分类学是一门历史悠久的学科，它的主要内容是对各种植物进行描述记载、鉴定、分类和命名，既是植物学中的基础学科，也是园林绿化建设学科中必备的知识体系。

2.1 植物分类等级

分类就是将具有相同特征的一类事物组成一个类群，再将具有相同特征的许多类群组成高一级的分类等级的过程。因此，分类的过程可分为两步，即组合与等级划分，植物分类也遵循这一逻辑。植物命名系统提供了一个分类等级的阶层排列图，植物基本分类等级有门、纲、目、科、属、种6个，在这些等级下还可设一级辅助等级，每种植物都属于若干分类单元，每个单元代表特定的分类等级。同一等级的植物类群具有相同的特征，而高一等级的分类等级特征涵盖低一等级所有类群的特征，这样可以通过分类研究来揭示植物之间的亲缘关系。

2.2 园林树木的形态基础

园林树木的形态是进行树种描述、比较、鉴定和分类的重要基础知识。正确使用园林树木形态术语可以为学习园林树木学打下最重要的基础。园林树木的形态包括营养形态和生殖形态两种。

2.2.1 营养形态

在树种的识别和鉴定中，营养形态是贯穿于树种整个生长季中最为常用的特征，主要包括生活型（习性）、树形、树皮、枝条、芽和叶等。其中，落叶树种的树形、树皮、枝条和芽还具有明显的冬态特征。

2.2.1.1 生活型与树形

1. 生活型

生活型是植物对于综合生境条件长期适应而反映出来的外貌性状，是对生境条件适应的表现，具有遗传稳定性。园林树木的生活型可分为以下几类。

（1）乔木类：树体高大（通常在5 m以上），具有明显的高大主干。按照成熟期高度，乔木类可分为伟乔（30 m以上），如北美红杉、巨杉、杏仁桉；

大乔（20 ～ 30 m），如池杉、圆柏、榉树；中乔（10 ～ 20 m），如朴树、桑、胡杨；小乔（5 ～ 10 m），如丝棉木、梅、杏。

（2）灌木类：树体矮小（通常在 5 m 以下），主干低矮或无明显主干、分枝点低的树木。有些乔木受环境条件限制或栽培措施影响可以发育为灌木状。灌木可分为四种类型，一是树体矮小，主干低矮者，如木槿、大叶黄杨、紫荆等；二是树体矮小，无明显主干者，如棣棠、红瑞木、金丝桃、金丝梅等；三是干、枝等均匍地生长，与地面接触部分可生出不定根而扩大占地范围，如铺地柏、沙地柏等；四是半灌木，在北方的冬季，地上部分越冬枯死，基部为多年生、木质化，如八仙花、悬钩子属部分种类。

（3）藤本类：能缠绕或攀附他物而向上生长的木本植物，如紫藤、凌霄、木香等。

2．树形

树形（图 2-1）是指树木分枝生长后自然形成的树冠的形状。常见的树形有棕榈形，如棕榈；圆柱尖塔形，如塔柏；广卵形，如水杉；塔形，如雪松；广圆形，如侧柏；平顶形，如油松、合欢；伞形，如凤凰木、龙爪槐。

图 2-1　树形

（a）棕榈形，棕榈；（b）圆柱尖塔形，塔柏；（c）广卵形，水杉；（d）广圆形，侧柏；（e）平顶形，油松；（f）伞形，龙爪槐

2.2.1.2　树皮

树皮是树木识别和鉴定的重要特征之一。树皮受树龄、树木生长速度、生

境等影响。成年树干的树皮特征涉及质地、厚度、粗糙度（光滑、开裂、鳞片状剥落等）、内外树皮颜色、开裂深度、纤维发达与否、开裂方式（纵裂、横裂）等，幼嫩树干的树皮特征则涉及树干的皮孔和颜色。

树皮常见的开裂方式如图 2-2 所示。

图 2-2　树皮常见的开裂方式

（a）光滑，梧桐；（b）粗糙，臭椿；（c）粗糙，臭冷杉；（d）鳞片状开裂，鱼鳞云杉；（e）细纵裂，水曲柳；（f）浅纵裂，紫椴；（g），（h）深纵裂，刺槐、栓皮栎；（i）鳞块状纵裂，油松；（j）窄长条浅纵裂，圆柏；（k）窄长条浅纵裂，杉木；（l）不规则纵裂，黄檗；（m）方块状裂，柿树；（n）横向浅裂，山桃；（o）片状剥落，悬铃木

2.2.1.3 枝条

枝条是位于顶端，着生叶、花或果实的木质茎。枝条的基部具有芽鳞痕，根据芽鳞痕可以判断枝条的年龄。枝条是树种特征描述的重要部分，枝条的颜色、被毛、皮孔等特征主要取自 1 年生枝条，2 年以上生枝条反映的特征往往不全面。枝条及其上的叶痕、叶迹和其他附属物（刺、毛等）是树种识别重要的特征之一，除刚刚发芽形成的嫩枝外，可全年用于树种的识别，是落叶树种冬态识别的重要依据。

2.2.1.4 芽

芽是未伸展的枝、叶、花或花序的幼态。芽的类型（图 2–3）、形状和芽鳞特征是树木冬态识别的重要依据。芽常着生在 1 ～ 2 年生枝上。老枝和树干上会产生不定芽。芽按着生位置可分为顶芽和侧芽或腋芽。但在一些树种中，由于顶芽败育，没有真正的顶芽，而是由最近的侧芽发育形成，这种顶芽称为假顶芽。

芽根据发育所形成的器官可分为以下几项。

（1）叶芽：芽内仅具枝和叶原基，发芽后形成枝和叶。

（2）花芽：芽内仅具花或花序原基，发芽后形成花或花序。

（3）混合芽：芽内同时具有枝、叶和花或花序原基，发芽后形成枝、叶和花或花序。

顶芽

假顶芽

柄下芽

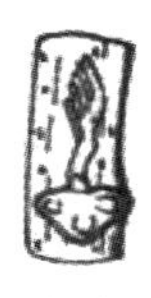
裸芽

并生芽

叠生芽

图 2–3 芽的类型

2.2.1.5 叶

叶是鉴定、比较和识别树种常用的形态结构，具有明显和独特的、容易观察和比较的形态特征。由叶片、叶柄和一对托叶组成的叶称为完全叶；无托叶或无叶柄的叶均称为不完全叶。叶片是叶柄顶端的宽扁部分；叶柄是叶片与枝条连接的部分；托叶是叶柄基部两侧小型的叶状体；叶和枝间夹角内的部位称为叶腋，其内常具腋芽。

木本植物的叶主要包括以下形态特征。

（1）叶排列方式。叶排列方式又名叶序，可分为互生、二列互生、对生和轮生。当每个节上生长一片叶片，叶片与叶片之间以等距离原则相互交互排列，即互生，如杨属；如果互生的叶排列在枝条两侧，成二列排列，称为二列互生，如榆属；当一个节上只有 2 片叶片时，称为对生，如槭属；当一个节上有多枚叶片时，称为轮生，常见有 3 枚或 4 枚轮生，如梓树属。

（2）叶类型。叶类型可分为单叶和复叶。叶柄上着生 1 个叶片，叶片与叶柄之间不具关节的称为单叶；总叶柄具 2 片以上分离的叶片，小叶柄基部无芽的称为复叶（图 2-4）。复叶为被子植物常见的叶类型，根据叶片在总叶柄上的排列和分枝又可分为以下几项。

1）单身复叶：外形似单叶，但小叶片与叶柄之间具关节，如柑橘属。

2）三出复叶：总叶柄上具 3 片小叶。根据顶生小叶有无明显的小叶柄，又可分为三出羽状复叶和三出掌状复叶。三出羽状复叶即顶生小叶着生在总叶轴的顶端，其小叶柄较 2 个侧生小叶的小叶柄为长，如胡枝子属的叶；三出掌状复叶，3 片小叶都着生在总叶柄顶端上，小叶柄近等长，如橡胶树。

3）羽状复叶：复叶的小叶排列成羽状，生于总叶轴的两侧。根据顶端有 1 片或 2 片小叶，可分为奇数羽状复叶和偶数羽状复叶。奇数羽状复叶，即羽状复叶的顶端有 1 片小叶，小叶的总数为奇数，如槐树；偶数羽状复叶，即羽状复叶的顶端有 2 片小叶，小叶的总数为偶数，如皂荚。

4）二回羽状复叶：总叶柄的两侧有羽状排列的一回羽状复叶，总叶柄的末次分枝连同其上小叶称为羽片，羽片的轴称为羽片轴或小羽轴，如合欢。

5）掌状复叶：几片小叶着生在总叶柄顶端，如七叶树。

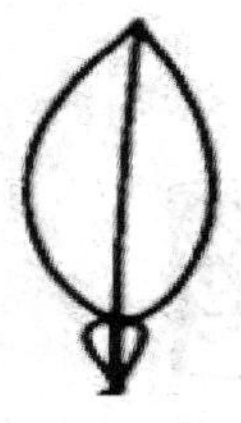

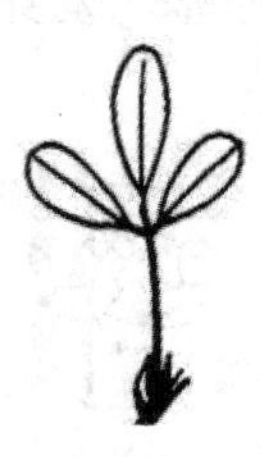

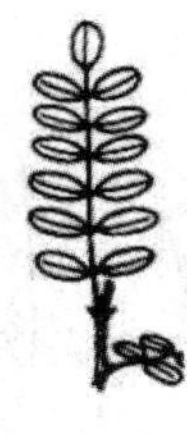

图 2-4　几种复叶类型

（3）叶脉。叶脉是贯穿叶肉内的维管组织及外围的机械组织；叶脉在叶片上的排列方式称脉序。脉序有网状脉序和平行脉序 2 种。在木本植物中常有 5 种基本的叶脉（图 2-5）。

1）羽状脉：主脉明显，侧脉自主脉的两侧发出，排列成羽状，如榆属，栎属。小脉互相联结成网状的脉序称为网状脉，如杨属。当侧脉呈弧形，自叶片基部伸向顶端延伸时，形成的脉序称为弧形脉，如梾木属。

2）掌状脉：叶片上有 3 ～ 5 或更多近等粗的主脉由叶柄顶端或稍离开叶柄顶端同时发出，在主脉上再发出二级侧脉，如葡萄。当只有 3 条主脉直接从叶基伸出时，称为三出脉，如枣属。当最下一对较粗侧脉自叶基稍上的部位伸出时，称为离基三出脉，如樟树。

3）羽状掌状脉：介于羽状脉和掌状脉之间。靠近叶片基部的侧脉相对较其他侧脉粗壮，从其发出的三级侧脉直达叶缘，如山杨。

4）平行脉：叶脉平行排列的脉序。侧脉和主脉彼此平行直达叶尖的称直出平行脉，如竹类；侧脉与主脉互相垂直而侧脉彼此互相平行的称侧出平行脉。

5）二叉脉：每条叶脉成二叉状分枝，仅见于银杏。

图 2-5　脉序类型

（4）叶形（图 2-6）。叶片或复叶的小叶片通常是种的识别特征。叶形是叶片或小叶片的轮廓。此外，叶片先端、叶基和叶缘也是树木识别的重要特征。常见的叶片有：

1）叶形的类型：针形、披针形、条形、倒披针形、圆形、椭圆形、卵形、匙形、扇形、戟形、心形、三角形、提琴形等。针形：叶片细长，叶端尖锐，整个叶片如同针状；披针形：叶长为宽的 5 倍以上，中部或中部以下最宽，两端渐狭；条形：叶长一般为叶宽的 5 倍以上，整片叶子的叶宽变化不大，两侧叶边缘几乎平行，叶尖端略有收缩变窄；倒披针形：颠倒的披针形，叶上部最宽；圆形：形状如圆盘，叶长宽近相等；椭圆形：近于长圆形，但中部最宽，边缘自中部起向两端渐窄，尖端和基部近圆形，长约为宽的 1.5 ～ 2 倍；卵形：形如鸡卵，长约为宽的 2 倍或更少；匙形：整个叶片形似汤匙，叶的中上部宽卵形，下部渐狭长；扇形：整个叶片如同展开的扇子，有柄；戟形：如同古代戟的形状，叶尖端渐长，叶基部有两个向外生长的渐长的小裂片；心形：叶形如心脏，先端尖或渐尖，基部内凹成心形；三角形：叶状如三角形；提琴形：叶形如同提琴。

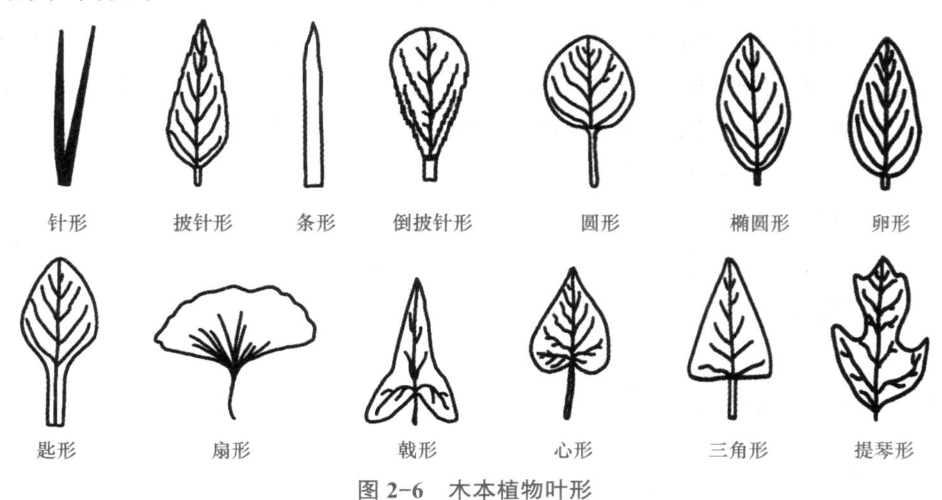

图 2-6　木本植物叶形

2）叶先端：渐尖、锐尖、微凸、凸尖、芒尖、尾尖、骤尖、钝、截形、凹缺、二裂。

3）叶基：下延、渐狭、楔形、截形、圆形、耳形、心形、偏斜、鞘状、盾状、合生穿茎。

4）叶缘：全缘、波状、锯齿、重锯齿、齿牙、缺刻。当叶缘锯齿深达至中脉的 1/4 以上时，称为叶裂片，包括浅裂：裂片裂至中脉约 1/3；深裂：裂片裂至中脉约 1/2 以上；全裂：裂片裂至中脉，并彼此完全分开；羽状分裂：裂片排列成羽状，并具羽状脉。因分裂深浅程度不同，又可分为羽状浅裂：裂片裂至中脉的 1/4 至近 1/2；羽状深裂：裂片开裂刚刚超过中脉的 1/2；羽状全裂：裂片开裂几达中脉。掌状分裂：裂片排列成掌状，并具掌状脉。因分裂深浅程度不同，又可分为掌状浅裂、掌状深裂、掌状三浅裂、掌状五浅裂、掌状五深裂、掌状全裂。

（5）裸子植物叶形态。裸子植物的叶在排列方式上与被子植物相似，但形态上有显著的区别。在裸子植物中，叶主要可分为以下 6 种类型：

1）针形：叶细而长，横切面为半圆形、扇形或三棱形，先端尖，形如针状。在松属中，针叶常为 2、3 或 5 枚，生于不发育的短枝顶端，成束状。

2）条形：叶片长而窄，扁平，两边近平行，如冷杉属、水杉属、红豆杉属。

3）刺形：叶短，扁平，从基部向先端渐窄，先端尖，呈刺状，如杜松和圆柏的刺形叶。

4）鳞形：叶小型，压扁，形如鳞片。绝大多数柏科树种的叶为鳞形。

5）钻形或锥形：叶短且窄，先端尖，形如钻或锥，如柳杉属和台湾杉属。

6）扇形：叶顶端宽圆，向下渐狭，形如扇子，如银杏。

裸子植物叶的排列方式主要有螺旋状互生（如松科）、交互对生（如杉科水杉属）和三枚轮生（如柏科）。在有短枝的树种中，叶在短枝上簇生（如银杏属）。

有一些裸子植物中的叶片无柄，直接着生在枝条上，当叶片脱落后在枝条上留下圆形的扁平叶痕，如冷杉属；或无柄的叶片着生在枝条的木钉状凸起上，即叶枕，如云杉属；或是叶片具短柄，并着生在叶枕上，如铁杉属；或是叶片具有短柄，无叶枕，如黄杉属；或是叶无柄，叶基下延成为枝皮的一部分，如柳杉属；而在柏科具有鳞形叶的树种中，其鳞形叶交互对生，叶基下延，相互覆盖，并将枝条完全覆盖。因此，树木学家将此种枝条称为鳞叶小枝，如侧柏属。

2.2.2 生殖形态

种子植物的有性生殖是通过开花过程完成的。花能够为植物分类提供稳定特征，是分科、分属和研究植物系统进化的重要依据。因此，花的形态学特征是种子植物分类的基础。

2.2.2.1　裸子植物球花和球果的形态

裸子植物没有真正的花，在开花期间形成的繁殖器官称为球花，即孢子叶球。典型的球花仅在南洋杉科、松科、杉科和柏科中出现，在其他科中则不明显。此处仅介绍典型的球花形态。根据性别，球花可分为雄球花和雌球花。

裸子植物的雄球花结构十分简单，均由花粉囊（花药）、小孢子叶和中轴组成（图 2–7）。每个小孢子叶上着生至少 1 个花粉囊。花粉囊数量在裸子植物的不同类群中存在差异，如松科和罗汉松科为 2 个，杉科常为 3 ～ 5 个，柏科为 2 ～ 6 个，三尖杉科常为 3 个，红豆杉科为 3 ～ 9 个。雌球花是由珠鳞、苞鳞和胚珠着生在中轴上形成，胚珠在授粉期间完全裸露。南洋杉科、松科、杉科和柏科的珠鳞成鳞片状，为枝条的变态，着生在由叶变态形成的苞鳞腋内，胚珠着生在珠鳞的腹面。不具典型球花的苏铁科的珠鳞为变态的叶片，胚珠着生在中下部两侧；银杏科的胚珠着生在顶生珠座上，珠座具长柄；罗汉松科的胚珠生于套被中，而红豆杉科的胚珠则生于珠托上，套被和珠托均具柄。

球果是南洋杉科、松科、杉科和柏科重要的繁殖器官之一。其他裸子植物无球果。球果是由种鳞、苞鳞和种子螺旋状散生、交互对生或轮生在中轴上组成，由雌球花发育形成。胚珠授粉珠鳞闭合后，胚珠受精发育成种子，珠鳞随之发育增大并木质化形成种鳞，苞鳞基本不发育。在松科中，苞鳞与种鳞分离；在杉科和柏科中，苞鳞与种鳞合生。

图 2–7　裸子植物雄球花与球果形态

1—短叶松的雄球花与球果；2，3—花粉囊；4，5，6—松属雌球花的一枚珠鳞，分别表示倒生胚珠、珠鳞和苞鳞

2.2.2.2 被子植物花的形态

花是由不分枝极度缩短的茎和高度变态的叶形成的繁殖器官。花从外向里是由萼片、花瓣、雄蕊群和雌蕊群组成的。如果出现部分缺失的现象，称为不完全花；反之，则称为完全花。

（1）花被。花被为花萼和花瓣的总称。花瓣组成花冠。当花萼和花瓣的形状、颜色等相似时，称为同被花，每一片称为花被片，如玉兰；当花萼和花瓣的形状、颜色等不相同时，称为异被花，如山桃。当花萼、花瓣同时存在时，为双被花，如槐树、苹果；当花萼存在花瓣缺失时，为单被花，如榆；花萼和花瓣同时缺失时为无被花，又称裸花，如杨柳科植物。当花萼和花瓣离生时，为离瓣花，如山茶、小叶锦鸡儿；花萼和花瓣合生时，为合瓣花，如柿树。

花冠的类型和对称性是植物识别和系统分类的重要特征。花冠的对称性可分为两侧对称，如蝶形花科、玄参科；辐射对称，如蔷薇科、木犀科。

（2）雄蕊群。雄蕊群为一朵花内全部雄蕊的总称。在完全花中，雄蕊群位于花被和雌蕊群之间。根据合生的程度，雄蕊可分为离生雄蕊、单体雄蕊、二体雄蕊或多体雄蕊。雄蕊的数目和花丝合生与否是树木科、属分类的重要特征之一。如蔷薇科的雄蕊多数而分离；锦葵科雄蕊多数，但合生为单体雄蕊；木棉科雄蕊多数，合生为5束；而山茶科雄蕊多数，仅基部合生。

（3）雌蕊群。雌蕊群为一朵花内全部雌蕊的总称。一朵花中可以有1至多枚雌蕊。在完全花中，雌蕊位于花的中央。雌蕊是由心皮组成的。心皮的数目、合生情况和位置是园林树木科、属分类的重要特征之一。一朵花中的雌蕊是由一个心皮组成的，为单雌蕊，如蝶形花科；由多数心皮组成，但心皮之间相互分离的，为离心皮雌蕊，如八角；由多数心皮合生组成的，为合生雌蕊，如椴树科、杨柳科等。

2.2.2.3 花序

当枝顶或叶腋内只生长一朵花时，称为单生花，如玉兰和白兰花。当许多花按一定规律排列在分支或不分支的总花柄上时，形成了各式花序（图2-8），总花柄称为花序轴。每朵花或花序轴基部常生有苞片。在树木中，常见的花序有总状花序，如刺槐；圆锥花序，如槐树；柔荑花序，如杨柳科树种；头状花序，如构树雌花序；聚伞花序，如华北五角枫和南蛇藤；隐头花序，如榕树属；伞房花序，如苹果的穗状花序，又如枫杨的雌花序。

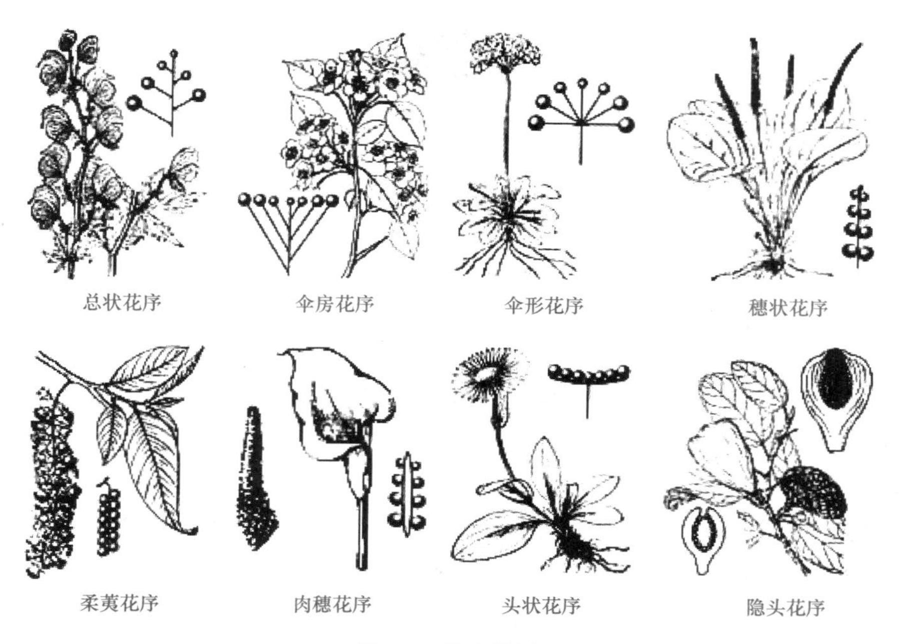

图 2-8　花序类型

2.2.2.4　果实

胚珠受精后，随着种子的发育，子房增大，发育成果实。在一些园林树木中，果实仅由子房发育形成，称为真果，如桃；而在另一些园林树木中，花的其他部分（花托、花被等）也参与了果实的形成，这种果实称为假果，如梨。

果实的类型是识别树木的重要特征之一，尤其是高大的园林树木，寻找其残存的果实和果实附属物是鉴定树木重要的线索。根据成熟时果皮的性质，可将果实分为肉果和干果。根据果实由一个心皮或一个合生心皮雌蕊形成，或由花序形成还是由一朵花的离心皮雌蕊形成，可分为聚花果与聚合果。在树木识别中，常见的果实类型如下。

（1）肉果（单果）。内果由一个心皮或一个合生心皮雌蕊形成，果皮肉质多浆。其可分为浆果、核果、梨果、柑果。

（2）干果（单果）。干果由一个心皮或一个合心皮雌蕊形成，成熟时果皮干燥。有的果皮可以自行裂开，为裂果，也有即使果实成熟，果皮仍闭合不开裂的，为闭果。根据心皮结构的不同，又可分为裂果类：荚果、蓇葖果、蒴果、角果；闭果类：翅果、坚果、颖果、瘦果。

（3）聚合果与聚花果。由一花中的多数离生心皮雌蕊的每一个子房（心皮）形成的果实，这些果聚合在一个花托上，就组成了一个聚合果。根据果的类型可分为聚合蓇葖果、聚合核果、聚合瘦果。由整个花序形成的合生果称为聚花果，如桑葚。

2.3 园林应用中的分类

2.3.1 按树木的生态习性分类

（1）按照温度因子可分为热带树种、亚热带（暖带）树种、温带树种和寒带亚寒带树种。在园林应用中常分为耐寒树种、不耐寒树种和半耐寒树种3类。

（2）按照水分因子，通常可分为耐旱树种、耐湿树种和湿生树种。

（3）按照光照因子，可分为喜光树种、中性树种、耐阴树种。

（4）按照空气因子，可分为抗风树种、抗烟害和有毒气体树种、抗粉尘树种和卫生保健树种（能分泌和挥发杀菌素和有益人体的芳香分子）4类。

（5）按照土壤因子，可分为喜酸性土树种、耐碱性土树种、耐瘠薄土树种和海岸树种4类。

2.3.2 按树木的观赏特性分类

按树木的观赏特性，可分为花木类、叶木类、果木类、干枝类、荫木类、蔓木类、林木类。

2.3.3 按树木在园林绿化中的用途分类

按树木在园林绿化中的用途，可分为孤赏树（孤植树、标本树、赏形树）类、庭荫树类、行道树类、花灌木类、藤本类、植篱及绿雕塑类、地被植物类、防护类、屋基种植类、桩景类（包括地栽及盆栽）、室内绿化装饰类。

※ 思考题

1. 观察校园周边至少20种植物，判断树形、枝条形状。

2. 观察校园周边至少20种植物，判断单复叶，如果确定某种植物是单叶的，描述其叶片的形状、叶尖、叶基、叶缘、叶脉、叶质等特征。

第3章 园林树木的配植与造景

知识目标

掌握园林树木的配植原则、园林树木的配植方式；理解并能创造优美的园林植物造景效果。

技能目标

能够将科学和艺术相结合，创造出优美的园林植物景观。

素质目标

培养学生的美学意识和环保意识。

树种的配植，一方面是各树种之间的配植，考虑树木种类的选择，空间界定、平立面的构图、色彩、季相及园林意境；另一方面是园林树木与其他园林要素如山石、水体、建筑、园路等之间的配植。

3.1 园林树木的配植原则

园林树木配植是运用各种植物素材，在保护生态的原则下，通过艺术手

法，充分发挥植物本身的形态、色彩、质感等自然特征，创造与周边环境相协调的艺术与功能空间，具有一定的意境。

园林树木配植不能仅局限于植物个体美，如形体、姿态、花果及色彩等方面的展示，还要强调植物综合功能的发挥和整体景观效果，追求植物形成的空间尺度，展示反映当地自然条件和地域景观特征的植物群落。因此，现代植物景观设计应遵循以下基本原则。

3.1.1 科学性

园林树木配植的科学性是指树种的选择和配置要遵循自然科学规律。

（1）遵循树木的生长发育规律，合理配置。树木是有生命的有机体，有其自身的生长发育规律，在一生中要经历种子—幼苗—大树—衰老死亡的全过程。树木在一年中，会随季节变化而发生萌芽、抽枝、展叶、开花、结果、落叶及休眠等规律性变化，不同季节的观赏特性是不同的。在树木配植时，应主要考虑以下几个方面因素。

1）因地制宜，适地适树。树木配置应当与所种植植物的生态习性与栽植地点的生态条件统一。园林树木在生长发育过程中，对光照、温度、水分及空气等环境因子都有不同的要求。因此，在园林树木配植时，应满足植物的生态要求，使植物正常生长，并保持一定的稳定性，即适地适树。要做到适地适树，对当地的立地条件进行深入细致的调查分析，对植物的生物学、生态学特性进行深入的调查研究，从而确定选择何种植物。植物景观设计应与气候、地形、水系等要素相结合，充分展现当地的地域性的自然景观和人文景观特征。

另外，在种植园林植物时，还要尽量选用乡土树种，适当选用已经引种驯化成功的外来树种。一般来说，乡土植物比较容易适应当地的立地条件，还最能体现地域特色。因此，植物物种的选择应以乡土树种为主。

2）正确选择慢生树种和速生树种。速生树种短期内景观效果佳，成形、见绿，甚至开花结果，对于追求高效的现代园林来说无疑是不错的选择，但是速生树种也存在着一些不足的地方，如寿命短、衰减快等。与之相反，慢生树种寿命较长，生长缓慢，短期内不能形成绿化效果。所以，在不同的园林绿地中，因地制宜地选择不同类型的树种是非常有必要的。例如，行道树能够快速形成遮阴效果，应选择速生、易移植、耐修剪的树种；而庭院树木可以适当地选择长寿慢生树种。设计师应当综合将慢生树种和速生树种，使落叶树种与常绿树种合理搭配。

3）合理设置种植密度。要充分发挥植物群落的景观效果。在平面上应有合理的种植密度，以使植物有足够的营养空间和生长空间，从而形成较为稳定的群落结构，一般应根据成年树木的冠幅来确定种植点的距离。但由于种植施工时使用的苗木往往是未到成年期的小苗，种植后不会在短期内产生成年树的效果，为了能在短期内达到较好的绿化效果，往往先适当加大密度，之后再逐渐移植部分植物。

（2）遵循群落生态学规律。在了解植物生物学特性和生态习性的基础上，生态防护功能优先。根据植物群落生态学原理合理配置植物，力求使不同的植物和谐共存，形成稳定的植物群落，从而发挥出最大的生态效益。在植物景观中，往往是多种植物生长于同一环境中，种间竞争是普遍存在的，必须处理好种间关系。最好的配置是师法自然，模仿自然界的群落结构，将乔木、灌木和草本植物有机结合起来，形成多层次、结构复合的稳定人工植物群落，从而取得长期的效果。这样，配置好的群落可以有效地增加城市绿量，发挥更好的生态功能。在种间关系处理上，主要应考虑乔木、灌木和草本、地被、深根性与浅根性、速生与慢生、喜光与耐阴等几个方面。

3.1.2 艺术性

树木造景设计时不仅要求植物的选择要美观，而且植物之间的搭配必须符合艺术规律，应因地制宜，合理布局，强调整体的协调一致，考虑平面和立面构图、色彩、季相的变化，并应注意不同配置形式之间的过渡、植物之间的合理密度等。在艺术构图上巧妙地利用植物形体、线条、色彩、质地进行构图，符合多样统一原则、对比与调和原则、均衡与动势的原则、节奏和韵律的原则、比例与尺度原则、主体与从属原则。

3.1.3 功能性

园林树木配植形成的植物群落，要服务于园林设计功能需求。园林树木的功能表现在美化功能、空间构筑功能、生态功能、生产功能和实用功能等几个方面。具体在不同的场地，植物的功能侧重点是不同的，因此，设计师在进行造景设计时，必须先确定以哪些功能为主，也要兼顾其他功能。例如，城市防护林在植物选择和配置上应首先考虑如何降低风速、防风固沙；行道树配置上则应主要考虑其美观和遮阴效果。例如，城市医疗景观设计中园林树木配植要具有针对不同年龄、职业的人群的保健作用，尤其是药用植物、芳香植物、抗衰老保健植物在医疗园林绿地中的配置。例如，道路设计中植物的选择和配置不能影响交通安全，要保证驾驶员视线通透；居住区不宜种植飞毛、有毒、有臭味的植物；儿童活动场地不能种植有刺的植物等。例如，在城市公园入口区，应选择栽植树形优美的植物，结合竖向设计配置乔灌草复层混交群落。植物造景在美观的同时又能利用障景手法使游人在游览时增加景深层次，可以起到良好的引导作用。在安静的休息区，应选用隔声效果较好的植物，这样既可以阻挡外面比较嘈杂的声音，又可以营造半私密空间。

3.1.4 文化性

中国园林设计应注重意境营造。设计师应先了解植物文化性的内涵，再把它用于植物景观的营造，这对于建造高品位的园林作品无疑具有重要的意义。如有“岁寒三友”之称的松、竹、梅，被人们视为具有苍劲古雅、不畏霜寒的特性，而皇家园林中将玉兰、海棠、迎春、牡丹、桂花进行统一配置，象征“玉堂春富贵”。

3.1.5 多样性

根据生态学中的“种类多样导致群落稳定性”原理，植物景观设计应充分体现当地植物物种及品种的丰富性和植物群落的多样性特征。从物种多样性的角度，既要突出重点，显示基调的特色，又要注重配置较多的种类和品种，注重植物景观随时间、季节、年龄逐渐变化的效果。设计者应按照美学的原理合理配置，充分利用植物的形体、色泽、质地等外部特征，发挥其枝干、叶色、花色等在各生长时期的最佳观赏效果，尽可能做到一年四季有景可赏，并充分体现季节的特色。

3.1.6 经济性

植物的经济性包括绿化投资成本和后期养护成本的控制。在节约成本、方便管理的基础上，注重投入和产出；在物种选择上，既强调选用抗逆性强，易成活，管理简便的种类，又强调植物群落的自然适应性，力求植物景观在养护管理上的经济性和简便性。

3.2 园林树木的配植方式

自然界的植物群落具有天然的植物组成和自然景观，是自然式植物配植的

艺术创作源泉。在中国古典园林和较大的公园、风景区中，植物配植方式通常采用自然式（表3–1）；但在局部地区，特别是主体建筑物附近和主干道路旁侧，也采用规则式（表3–2）。

表3–1　自然式植物景观配植方式

类型	配植方式	功能	适用范围	表现的内容
孤植	单株树孤立种植	主景、庇荫	常用于大片草坪中、小庭院的一角，常与山石搭配	植物的个体美
丛植	几株同种或异种树木不等距离种植在一起形成树丛效果	主景、配景、隔离、防护	常用于大片草坪中、水边、路边	植物的群体美和个体美
群置	一两种乔木为主体，与数种乔木和灌木搭配，组数种乔木和灌木搭配，组成较大面积的树木群体	配景、背景、隔离、防护	常用于大片草坪中、水边，或需要防护、遮挡的位置	表现植物群体美，具有“成林”的效果
带植	大量植物沿直线或曲线呈带状栽植	背景、隔离、防护	多用于街道、公路、水系的两侧	表现植物群体美，一般宜密，形成树屏效果

表3–2　规则式植物景观配植方式

类型	配植方式	适用范围	景观效果
对植	两株或者两丛植物按轴线左右对称的形式栽植	建筑物、公共场所入口处等	庄重、肃穆
行植	植物按照相等的株行距呈单行或多行种植，有正方形、三角形、长方形等不同栽植形式	在规则式道路两侧、广场外围或围墙边沿	整齐划一，形成夹景效果，具有极强的视觉导向性
环植	植物等距沿圆环或者曲线栽植植物可有单环、半环或多环等形式	圆形或者环状的空间，如圆形小广场、水池、水体以及环路等	规律性、韵律感，富于变化，形成连续的曲面
带植	大量植物等距沿直线或者曲线呈带状栽植	公路两侧、海岸线、风口、风沙较大的地段，或者其他需防护地区	整齐划一，形成视觉屏障，防护作用极强

园林树木的配植方式主要分为以下几种。

（1）孤植。孤植是指乔、灌木孤立种植的一种形式，主要表现树木的个体美。孤植树的主要功能是遮阴并作为观赏的主景，宜选择具有一定的观赏价值的树种，如体型巨大、姿态优美、花繁叶茂、花香浓郁、果实累累、寿命较长、不含毒素、没有污染、色叶及变色叶的树种等。

孤植树是园林构图的主景，因此要求栽植地点较高，四周空旷，便于树木向四周伸展，并具有较适宜的观赏视距，一般观赏视距为 4 倍树高，可种植在宽阔开朗的草坪上，以绿色的草坪作背景，或水边等开阔地带的自然重心上，与草坪周围的景物相呼应。

常见适宜作孤植的树种有南洋杉、七叶树、栾树、雪松、银杏、冷杉、云杉、悬铃木、丝棉木、合欢、枫杨、鹅掌楸、广玉兰、白玉兰等。

（2）对植。对植是指将数量大致相等的树木按一定的轴线关系对称种植。列植是对植的延伸，是指成行成带地种植树木，其株距与行距可以相同或不同。与孤植不同的是，对植不是主景，而是起衬托作用的配景，多用于大门两边，建筑物入口、广场或桥头的两旁，用 2 株树形整齐美观的种类，左右相对的配植。在自然式种植中，不要求对称，而且对植时也应保持形态的均衡。

（3）列植。列植是指按一定的株距，沿直线或曲线呈线性的排列种植。列植在园林中可作园林景物的背景，种植密度较大的可以起到分割隔离的作用。列植选择树冠形体整齐、生长均衡的树种。应用最多的是城市市政道路、公路、铁路等，多用一种树木组成，也有间植搭配。在必要时也可植为多行，且用数种树木按一定方式排列。行道树种植宜选用树冠形体比较整齐一致的种类，株距与行距的大小，应根据树的种类和所需要遮阴的郁闭程度而定。一般乔木株行距为 3 ～ 8 m，灌木为 1 ～ 5 m。完全种植乔木，或将乔木与灌木交替种植皆可。

常见适宜作列植的乔木有悬铃木、七叶树、银杏、鹅掌楸、椴树、槐树、白蜡、元宝枫、毛白杨、槐树、龙爪槐、栾树等；灌木有丁香、红瑞木、小叶黄杨、西府海棠、月季、木槿等。

（4）丛植。丛植是由二三株至十几株同种类或相似的树种较紧密地种植在一起，使其林冠线彼此密接而形成一个整体的外轮廓线，是城市绿地内植物作为主要景观布置时常见的形式。丛植须符合多样统一的原则，所选树种要相同或相似，但形态、姿势及配置的方式要多变。丛植时对树木的大小、姿态都有一定的要求，要求体现出对比与和谐的特色。

丛植形成的树丛既可以作主景，也可以作配景。作主景时四周要空旷，宜用针阔叶混植的树丛，有较为开阔的观赏透视线，栽植点位置较高，使树丛主景突出。在中国古典山水园林中，树丛与岩石组合，设置于粉墙前、走廊或房屋的角隅，组成一定画题的景观是常用的手法。除作主景外，丛植还可以作为假山、雕塑、建筑物或其他园林设施的配景，如遮蔽小路的前景可获得峰回路转又一景的效果，也可形成不同的空间分隔。

（5）群植。群植是由二三十株以致数百株的乔、灌木成群配植称为群植，形成的群体称为树群。树群可由单一树种组成，也可由数个树种组成，因此可分为单纯树群和混交树群两种。单纯树群由一种树木组成，可以应用宿根花卉作为地被植物。混交树群分为乔木层、亚乔木层、大灌木层、小灌木层及多年生草本五个部分。乔木层选用的树种，树冠的姿态要特别丰富，使整个树群的天际轮廓线富于变化，亚乔木层选用的树种最好开花繁茂，或者具有美丽的叶色，灌木应以花木为主，草本植物应以多年生野生花卉为主，而且树群下的土面不能暴露。

树群与树丛的区别：一是组成树群的树木种类或数量较多；二是树群的群体美是主要考虑的对象，对树种个体美的要求没有树丛严格，因此树种选择的范围要广。由于树群的树木数量多，特别是对较大的树群来说，树木之间的相互影响、相互作用会变得突出，因此在树群的配置和营造中要十分注意各种树木的生态习性，然后创造出满足其生长的生态条件，只有在此基础上才能配置出理想的植物景观。

（6）林植。凡成片、成块大量栽植乔、灌木，构成林地和森林景观的称为林植，也称树林。这是一种将森林学、造林学的概念和技术措施按照园林的要求引入自然风景区、大面积公园安静区、风景游览区或休疗养区及卫生防护林带建设中的配植方式。在配植时，除防护带应以防护功能为主外，还要特别注意群体的生态关系及养护上的要求。在自然风景游览区中进行林植时应以造风景林为主，并应注意林冠线的变化、疏林与密林的变化、林中树木的选择与搭配、群体内和群体与环境间的关系及按照园林休憩游览的要求留有一定大小的林间空地等措施。林植分为密林和疏林两种。密林的郁闭度为 0.7 ～ 1.0；疏林的郁闭度在 0.6 以下。

3.3 园林树木与建筑小品、水景、山石、园路的配植

3.3.1 园林树木与建筑小品的搭配

建筑及小品、山石等属于以人工艺术美取胜的硬质景观，是景观功能和实用功能的结合体。园林树木是有生命的有机体，其生长发育规律和丰富的季相变化，具有自然之美，是园林构景中的主体。园林树木与园林建筑等硬质景观的合理搭配是自然美与人工美的结合，若处理得当，可以得到和谐一致、相得益彰的效果。

例如，在对亭进行植物配植时，应当以亭为重点，将植物作为陪衬。若配以低矮的观赏性强的木本或草本花卉，人在亭中既可欣赏花木的美观，又可休息纳凉。从亭的主题上考虑，应选择能充分体现其主题的植物。水榭旁植物配植多选择水生、耐水湿植物。水生植物如荷、睡莲；耐水湿植物如水杉、池杉、水松、旱柳、垂柳、丝棉木及花叶芦竹等。屋顶花园植物应选用阳性、比较低矮健壮、耐干燥气候、浅根性、能抗风、耐寒、耐旱、耐移植、生长缓慢的植物。常用的灌木和小乔木有红枫、南天竹、木槿、贴梗海棠、蜡梅、月季、玫瑰、牡丹、连翘、迎春、小叶女贞、珍珠梅、黄杨等。

3.3.2 园林树木与水景的搭配

植物是水景的重要依托，利用植物变化多姿、色彩丰富的观赏特性，可使水体充分发挥出美感。规则式的水体往往采用规则式的植物配植。等距离的种植绿篱或乔木，或者配置人工修剪的植物造型树种。而在自然式的水体中，植物配植的形式则多种多样，利用植物使水面或隔或掩，根据设计的主题确定水体植物配植的形式。例如，用水生植物点缀水面，可以增加水面的色彩，丰富水面的层次，使寂静的水面得到装饰，显得生机勃勃，而植物的倒影更使水面富有情趣。适宜布置水面的植物材料有荷花、睡莲、王莲等。

水体边缘是水面和堤岸的分界线，水体边缘的园林树木配植既能对水面起到装饰作用，又能实现从水面到堤岸的自然过渡，尤其是在自然水体景观中应用得较多。一般选用适宜在浅水生长的挺水植物，如荷花、菖蒲、千屈菜、水葱、芦苇等。这些植物本身具有很高的观赏价值，对驳岸也有较好的装饰作用，如在开阔的湖边，几株乔木形成的框景效果可组成优美的湖边景观。

岸边的园林树木配植一般选择垂柳和迎春等植物，让细长柔和的枝条下垂至水面，遮挡石岸。同时，还要配以花灌木和藤本植物如地锦等进行局部遮挡，有疏有密，有断有续，有曲有弯，给人以朴实、亲切的感觉。

堤、岛上的园林树木配植，无论是对水体还是对整个园林景观都起到强烈的烘托作用，尤其是倒影，往往成为观赏的焦点，而且由于堤、岛上的植物往往临水栽植，在进行园林树木配植时要考虑植物的生态习性，满足其生态要求，在此基础上还要考虑树体的姿态、色彩及其在水中所产生的倒影。另外，如果配植一条较长的堤，还要注意植物景观的变化与统一、韵律与节奏等，不至于产生单调感觉。

半岛的园林树木在配植时要考虑游览路线，不能妨碍交通，在植物选择上要和岛上的亭、廊、水榭等相互呼应、和谐统一，共同构筑岛上美景。而湖心岛在植物景观设计时不用考虑游人的交通问题，因此园林树木配植密度可以较大，要求四面皆有景可赏。

3.3.3 园林树木与山石的搭配

在园林中，当植物与山石组合创造景观时，无论要表现的景观主体是山石还是植物，都需要根据山石本身的特征和周边的具体环境，精心选择植物的种类、形态、高低大小及不同植物之间的搭配形式，使山石与植物组合达到最自然、最美的景观效果。柔美丰富的植物配植可以衬托山石之硬朗和气势；而山石之辅助点缀又可以让植物显得更加富有神韵，植物与山石相得益彰，更能营造出丰富多彩、充满灵韵的景观。

（1）以植物为主、山石为辅的配植。以植物为主、山石为辅的配植充分展示的是自然植物群落形成的景观。通常是自然植物群落，将多种花卉植物栽植在绿篱、树丛、栏杆、道路两旁、绿地边缘、建筑物前，以及转角处，以自然式混合栽种，再配以石头作点缀使景观更为协调稳定和亲切自然。现在一些城市的许多绿地中都有花境的做法。

（2）以山石为主、植物为辅的配植。在古典园林及现代园林中，经常可以在入口、中心等视线集中的地方、公园某一个主景区、草坪的一角看到独特的大块独立山石，在山石的周边常缀以植物，或作为前置衬托，或作为背景烘托，形成了一处层次分明的园林景观。这样以山石为主、植物为辅的配置方式因其主体突出，常作为园林中的障景、对景、框景，用来划分空间，具有多重观赏价值。

（3）山石和植物相辅相成。植物、山石配置作为中国古典园林的重要组成部分，以其独特的风格和高度的艺术水平而在世界上独树一帜。一株姿态别致的树木栽植在山石旁，二者相得益彰，精巧而耐人寻味。利用攀缘植物点缀假山石，一般情况下，植物不宜太多，应当让山石最优美的部分充分显露出来，并注意植物与山石纹理、色彩的对比和统一。植物种类选择依假山类型而定，一般以吸附类为主。若欲表现假山植被茂盛的状况，可选择枝叶茂密的种类，如五叶地锦、紫藤、凌霄，并配合其他树木花草。

另外，关于假山置石，古人有“山借树而为衣，树借山而为骨，树不可繁，要见山之秀丽”的说法。假山置石源于自然，应反映自然山石、植被的状况，以加强自然情趣。悬崖峭壁倒挂三五株老藤，柔条垂拂、刚柔相衬，使人更感到山的崇高俊美。例如，扬州个园四季假山，春山意境体现“春山淡冶而如笑”，主要造景素材：竹、笋石；夏山意境体现“夏山苍翠而如滴”主要造景素材：广玉兰、太湖石；秋山意境体现“秋山明净而如妆”，主要造景素材：黄石、红枫；冬山意境体现“冬山惨淡而如睡”，主要造景素材：宣石、蜡梅。

3.3.4 园林树木与园路的搭配

在园林中，园路是组织导游路线，将各景区连续起来，使游人在路上可以产生步移景异的感觉。利用园路立面设计地形景观的范围增大，使人们观赏视线得以延长。利用地形的高低变化，可以创造更为丰富的植物种植层次。如只有乔、灌、草三层的植物种植，可以在坡面上再种植一层小乔木构成四层植物群落结构，使得群落结构更加丰富，景观效果更为立体。植物可以减少园路地面反光产生的炫目现象（在强光的照射下，大面积裸露的斜坡和山体如果使用硬质材料容易产生炫目现象，使人产生视觉疲劳）。将大量植物种植在斜坡和山体上，形成绿色屏障，因为绿色是最柔和的颜色，有利于缓解视觉疲劳，并柔化山体、斜坡等轮廓线。

3.4

园林树木的配植效果

若要营造优美的植物景观，既涉及植物本身的观赏性和植物大小、形状、质感、色彩等美学特征的艺术组合，也涉及植物群落理论和植物对立地环境条件的要求。所以，公园绿地质量和艺术水平的提高，很大程度上取决于园林树木的选择和配植问题。

在古典园林时期，人们就讲究植物配植，讲究师法自然，模拟大自然，将植物景观入园。即使是在面积很小的园林中，也模拟“三五成林”，创造“咫尺山林”的意境。甚至按照陶渊明《桃花源记》的描述，在园林中创造“武陵春色”；或者把田园风光搬进园林，设置“稻香村”等。比较经典的例子有三潭印月、湖滨公园，杭州植物园中的水生植物园、花港观鱼中的雪松大草坪、太子湾的地形处理与种植、孤山后山坡的草坪空间，曲院风荷中的水杉林、飞来峰的沿路油松绿化带等。古典园林中的园林树木配植有拙政园中的海棠春坞、枇杷小院、听雨轩、梧竹幽居、待霜亭、荷风四面亭、玉兰堂、松风亭、留听阁等，留园的闻木犀香轩、古木交柯等，狮子林中的古五松园、指柏轩等，网师园中的竹外一枝轩、看松读画轩、桂花厅、殿春等，怡园中的藕香榭，承德避暑山庄的万树园、万壑松风、食蔗居、青枫绿屿、秀起堂、梨花伴月等，颐和园的知春亭、玉澜堂等。

设计者应该充分运用其对植物的丰富知识，按照一定的理想，将其组合起来，这种组合必须具有对树木（植物）十几年或几十年后形象的预见性，并结合当地具体的环境条件和园林主题，巧妙地、合理地进行配植，构成一个景观空间，使游人置身其中，陶醉于美好的意境。各种植物的不同配植组合能形成千变万化的景象，能给人以丰富多彩的艺术感受。

树木（植物）配植的艺术效果是多方面的、复杂的。发挥树木配植的艺术效果，除应考虑美学构图上的原则外，还必须了解树木具有的生命有机体，它有自己的生长发育规律和各异的生态习性要求，在掌握有机体自身与环境因子相互影响规律的基础上还应具备较高的栽培管理技术知识，并有较深的艺术修养，才能使配植艺术达到较高的水平。另外，特别注意，应对不同性质的绿地应用不同的配植方式，例如，公园中的树丛配植和城市街道上的配植是有不同的要求的。前者大都要求表现自然美；后者大都要求表现整齐美。

园林树木意境主题塑造实质就是一种为大众服务的文化设计，是把设计者的主题取向、思想、审美与人文关爱用设计符号和语言通过景观形式表达出来。美的意境给人以艺术享受，能引人入胜，耐人寻味，并对人有所启示，具有深刻的感染力，提升景观品质。植物景观意境构成的常用手法主要有以下几个方面。

3.4.1 对比、烘托手法

通过景观要素形象、体量、方向、开合、明暗、虚实、色彩和质感等方面的对比来加强意境。对比是渲染景观环境气氛的重要手法。开合的对比方能产生“庭院深深深几许”的境界，明暗的对比衬出环境之幽静。在空间程序安排上可采用欲扬先抑、欲高先低、欲大先小、以隐求显、以暗求明、以素求艳、以险求夷、以柔衬刚等手法来处理。

根据空间大小、环境主题内容的区别，用园林树木营造相应的氛围，展现与所在环境主题相协调的意境美为烘托手法，即通过园林树木配植来强化环境主题，与其他造景要素共同形成意义深刻和主题突出的环境特征，如劲健、含蓄、洗练或典雅。

3.4.2 比拟、联想手法

树木景观的构造要做到能使人见景生情，因情联想，进而从有限中见无限，形成景观意境的艺术升华。在设计中通过具有认知、感知的植物空间来创造具有一定情感和主题的植物景观。植物的色、形、叶、香等物理属性在特定的场合经过艺术的种植都能散发出一定的情感语言，激发观赏者的联想，反映出场所的精神内容和性格，如松、竹、梅可代表坚强不屈、高风亮节和不畏风雪的精神；松柏的苍劲、月季的娇艳、杜鹃的热情灿烂、银杏纯净等。同时，还可以选择一些具有诗情画意的植物：玉兰、松、桂花等来营造带着诗意的环境。

3.4.3 模拟手法

运用现代的造景方法，仿自然之物、形、象、理和神，对大自然进行重现。利用植物本身的自然、生态属性进行配置来创造植物的自然生态美，实现园林树木配植意境的营造。通过对所要表现对象的实体分析，用植物组合成模纹图案、雕塑及各种平、立面造型图案等模拟实体的外形来反映主题，并以此作为模拟手法。模拟手法带有一定的间接性，是对实体外在形象的模拟，非本质的挖掘，应用不好，会出现俗气的感觉。因此，在模拟时不应盲目照抄，应去粗取精，提取精华。

3.4.4 抽象手法

抽象手法是对事物特征的精华部分经过提炼、加工，并通过植物景观表达出来的一种艺术形式。它可以使较为深奥、复杂的事物变得更加形象、生动，易被人们理解。借助哲学上的抽象，从许多具体事物中舍弃个别的非本质的属性，抽取共同的本质属性，将物体的造型概括为简练的形式，使其成为具有象征意义的符号，如园林树木配植中运用大块空间、大块色彩的对比，达到简洁明快的抽象造型，引导游者联想，使人们获得意境美的感受，应避免使用一些深奥难测和晦涩的抽象造型符号。

总之，通过对场地精神和地域特色的解读，正确合理地利用植物情感语言和表达手法，创造出符合现代空间环境和现代人们心理需要的高贵品质绿化景观，营造出符合现代精神文明的园林树木配植意境美是我们的任务。

3.4.5 季相景观营造

一年中春夏秋冬的四季气候变化，产生了花开花落、叶展叶落等形态和色彩的变化，使植物出现了周期性的不同相貌，就称为季相。凡是一处经过细致设计的园林，都应考虑到植物的季相，无论是公园、私家园林，或是一般环境中的园林，也无论面积大小，在配植植物时，都要具有“季相景观”的意念。或单株，或数株，或成丛、成林或装饰地面及空间的边缘，这是中国园林中树木景观形成的一个特色。

季相景观的形成，一方面在于植物种类的选择（其中包括该种植物的地区生物学特性）；另一方面在于其配植方法，尤其是那些比较丰富多样的优美季相。如何能保持其明显的季相交替，又不至于偏枯偏荣，这是在设计中尤其需要注意的。

城郊或风景名胜区内一般的植物季相为一季特色景观，如北京香山以观赏秋叶为主；昆明郊野公园的植物景观以春季的桃花为主。而城市公园是游人经常利用的文化休闲场所，总希望在同一个景区或同一个植物空间内都能欣赏到春夏秋冬各季的植物美，以增加不同时间游览的情趣，这对园林树木配植设计提出了更高要求，需要注意以下几点。

（1）不同花期的花木分层配植。以杭州地区为例。如杜鹃（花期 4 月中旬至 5 月初）、紫薇（盛花期 6 月上旬至 6 月下旬）、金丝桃（花期 6 月初至 7 月初）、菠萝花（花期 8 月下旬至 9 月中旬）与红叶李、鸡爪槭等分层配植在一起，可延长花期达半年之久。分层配置时，要注意将花期长的栽得宽些、厚些，或者其中要有 1 ～ 2 层为全年连续不断开花形成较为稳定的花期品种（如月季）使花色景观较为持久。也可以采用花色相同而花期不同的花木，连续分层配置的方法，使整个开花季节形成同一花色逐层移动的景观，以延长花期。

如果将花期相同而花色不同的花木分层配植在一起，则可使同一个时间里的色彩变化丰富，但这种配植方法多应用于花的盛季或节假日，以烘托气氛。

（2）不同花期的花木混栽。注意将花期长的、花色美的花木多栽一些，使一片花丛在开花时此起彼伏，以延长花期，如以石榴、紫薇、夹竹桃混栽，花期可延长达 5 个月。牡丹与芍药配置花期可以延长 15 天左右。又如梅花的花期很短，盛花期不到 14 天，需要将其他花期较长或在其他季节开花的花木与之混栽，如春季开花的杜鹃、夏季开花的紫薇等，使之在三季均有花可赏。

（3）增强骨架树种的观赏效果。由于树木在树形、树姿、叶色、花色、花期、果色、果期、枝色和皮色等方面千差万别，决定了它们除生态功能不同外，在季节感、景观效果也存在相当大的差异，除春花树种、夏花夏果树种外，秋果秋色叶树种、常年色叶植物、冬姿冬枝树种是观赏价值较高，增强季节感最强的种类，可选做局部景观的骨架树种。

※ 思考题

1．简述园林树木的配植原则。

2．简述园林树木的配植方式。

3. 从园林树木配植的平面关系方面简述其配植方式。
4. 简述园林树木的景观配植方式。
5. 简述园林树木配植艺术效果的表现形式。
6. 正确表述树木的孤植、列植、群植、垂直绿化、意境等术语的含义。
7. 简述意境主体景观设计的方法。

第4章 园林树种调查与规划

知识目标

掌握园林树种调查方法和规划的意义；掌握园林树种调查方法和调查内容。

技能目标

能够识别园林常见树种、分析各类园林绿地树木应用情况；可以记录、调查、分析各类园林绿地树木应用情况。

素质目标

培养学生养成良好的团队合作精神、严谨的工作作风。

4.1 树种调查与规划的意义

对城市进行配套的城市绿地系统规划建设，可以有效改善城市的综合环境效益，增强城市的生命力，使其可以健康发展。城市园林树种规划既

是城市绿地系统规划的重要组成部分，也是指导城市植物景观建设的重要手段。

在用地日益紧张的城市，绿化面积非常有限，如何充分发挥城市绿地改善环境的效益，提高城市绿地的质量是关键。科学的园林树种规划是建设结构合理、功能高效、关系协调的现代城市生态绿地的实践依据。科学的园林树种规划是一项事关整个城市绿化事业成败的十分重要的基础工作，是城市绿化建设上一个带有方向性、战略性的根本问题，对指导城市生态绿地建设，提高绿化水平、美化环境具有深远的影响。树种选择恰当，树木生长健壮，绿化效益则发挥得好；树种配比科学，符合城市地带性气候特征、绿地群落结构稳定，生态效益就能充分发挥；反之，则会导致树种生长不良，群落结构不稳定，绿地生态效益低。因此，研究园林树种规划及其理论对城市生态绿地系统建设具有重要的意义，具体表现在以下几个方面。

（1）深入研究城市中可利用的树种资源状况，客观分析乡土树种资源在城市园林景观营造中的应用潜力与可能性。通过对城市园林树种资源与本土树种资源现状进行调查分析，充分挖掘城市园林树种的资源特性与资源价值，为科学的城市园林树种规划和城市植被恢复与重建提供资源保障。

（2）结合城市地域文化及绿地功能特点，创造不同风格、特色各异的地区性植物景观。每个城市的地形地势、海拔高度等都有差异，形成不同的地质、地貌、水文、气候、土壤等环境特征，植物地带性景观特色突出。另外，还要充分利用地带性树种资源，创造地方特色鲜明的植物景观。

（3）保护城市生物多样性，丰富植物景观群落，实施可持续发展战略。随着人类社会的不断发展和城市化水平的不断提高，城市生物多样性保护也日益引起人们的广泛关注。改善城市的人类生存环境，改善城市的自然生态，保护城市环境中的生物多样性，就成为一项关系到城市可持续发展的急切任务。城市中的各种公共绿地、开放空间、风景区、森林公园、植物园、苗圃和园林科研机构是进行植物物种保护利用的理想之地。进行城市园林树种规划为城市生物多样性保护及规划提供基础。

（4）为城市绿地系统规划、园林建设及管理提供树种选择方面的科学依据。具有特定功能的绿色系统规划是城市总体规划中的一个组成部分，与城市工业、交通、事业等系统的规划同等重要，必须同步进行，城市园林树种规划是城市绿地规划的重要内容之一，关系到绿化建设的成败、绿化效果的快慢、绿化质量的高低及效益的发挥。做好城市树种规划可以为各地城市规划、园林建设和管理提供科学依据。

4.2 树种调查的方法、步骤

园林树种调查是树种规划的第一步，也是树种规划的基础，可为城市树种规划提供资源保障。园林树种调查就是通过人工实地踏查和3S技术，选择全面或抽样调查的方式对当地园林树种历史种类和现状进行调查的过程。其调查重点是观测树种的生物学特性和生态学特性，主要围绕当地园林树木的种类、生长状况、与生态环境的关系、绿化效果等各方面进行综合考察。

4.2.1 园林树种调查组织

在当地园林主管部门、教学、科研单位或有一定技术实力的绿化公司的主持下，由一批具有相当业务水平、工作认真的专业技术人员组成调查小组。一般每组3～5人，指定其中1人负责记录，其他人负责测量数据。

4.2.2 园林树种调查项目

园林树种调查主要记录树种名称，树木种类，树高、胸径、冠幅、生长健康状况、数量、频率等。由于树种调查工作量较大，为方便记录，可根据其他地区调查经验，使用预先印制好的园林树种调查记录卡（表4–1），在野外时，只填入测量数字并做记号即可。一般在测量记录前，由有经验者在该绿地中普遍观察一遍，选出具有代表性的标准树若干株，然后将其各项数据记录下来。必要时，可以对标准树编号并将其作为长期观测对象。

4.2.3 园林树种调查所需装备

调查前准备好所需要的记录表格和工具。现场调查时，按样方填写园林树种调查记录卡，对于不认识的植物，要制作植物标本，后期找专业人士进行内业鉴定（表4–2）。

表 4-1　园林树种调查记录卡　　　　年　月　日填

编号：　　　　树种名称：　　　　学名：　　　　科名属名：

类别：落叶阔叶树、针叶树，常绿阔叶树、针叶树，落叶灌木、藤本，常绿灌木、藤本

栽植地点：　　　　来源：乡土或引种　　　　树龄：

冠形：椭圆、长椭圆、扁圆等　干形：通直、稍曲、弯曲　生长势：强、中、弱

观赏特性：观花、观果、观干、芳香植物、春色叶、秋色叶、四季观叶树种

其他重要形状：

调查株数：株；　　最大树高：　m；　　　　平均树高：　m；

　　　　　　　　　最大胸围：　cm；　　　　平均胸围：　cm；

　　　　　　　　　最大冠幅：东西：　m，　　南北：　m

栽植方式：片植、丛植、列植、孤植、绿篱、绿墙、山石点景

繁殖方式：实生、扦插、嫁接、萌蘖

园林用途：行道树、庭荫树、防护树、花木、观果木、色叶木、篱垣、垂直绿化、覆盖地面

生态环境：山麓或山脚、坡地或平地、高处或低处、挖方处或填方处、路旁或沟边、林间或林缘、房前或房后、荒地或熟地、坡坎或塘边、土壤肥厚或中等、瘠薄，林下受压木或部分受压、坡向朝南或朝北、风口或由屏障、精管或粗管、pH 值

土壤类型：沙土、壤土、黏土　　　　土壤水分：水湿、湿润、干旱、极干旱

适应性：耐寒力：强、中、弱　　　　耐水力：强、中、弱　　　　耐盐碱：强、中、弱

　　　　耐旱力：强、中、弱　　　　耐高温力：强、中、弱　　　　耐风沙：强、中、弱

　　　　耐瘠薄力：强、中、弱　　　　耐荫性：强、中、弱

病虫危害程度：严重、较重、一般、较轻、无　　　　病虫种类：

主要空气污染物：

伴生树种：　　　　其他：

评价：

标本号：　　　　照片号：　　　　调查人：

表 4-2　外业调查和内业整理工作所需装备目录

序号	装备名称	用途	技术指标	备注
1	调查表	记录调查信息	打印纸质调查表多份	—
2	GPS	获取经纬度、海拔等信息	支持 GIS 数据系统，数据导入	如果有参数适宜的手机也可代替相机使用。备充电宝
3	数码相机	拍摄植物、环境照片	不低于 1 000 万像素，备替换电池	
4	坡度仪	获取坡度、坡向信息	—	
5	手机	野外联系	事先安装中国植物志、《花伴侣》等植物类软件	备充电宝
6	铅笔	记录信息	2B	—
7	橡皮	修改记录的信息	—	—
8	标签	记录采集植物信息	纸质，注意防水	制备好的，减少外业作业时间
9	油性笔	写标签	—	—
10	标本夹	采集标本	长>45 cm，宽>35 cm	木质，建议事先做好分隔页
11	吸水草纸	采集标本	—	—

续表

序号	装备名称	用途	技术指标	备注
12	多样性测量尺	快速确定样方	—	自制
13	图纸	提供乡镇、村、道路、河流、田地等地貌和植被信息	1．地图：包括行政村、县乡公路、地形地貌、植被信息。 2．CAD底图，方便记录信息	—
14	中国植物志	分类鉴定	供内业鉴定使用	—
15	地方植物志	分类鉴定		—
16	中国高等植物图鉴	分类鉴定		—

4.2.4 园林树种调查总结

外业调查结束后，应尽快将资料集中整理，进行总结分析，编写调查报告。主要内容有以下几项。

（1）前言：说明调查的目的意义、组织情况及参加人员、调查的方法与步骤等。

（2）自然环境情况：说明调查区的自然地理位置、地形地貌、海拔、气象、水文、土壤、污染情况及植被情况等。

（3）城市性质及社会经济情况简介（可简略介绍）。

（4）本地区园林绿化现状：根据绿地类别进行阐述，包含附近风景区。

（5）树种名录（科、属、种及种以下单位）：将树种调查结果统计成表。

（6）将植物统计表进行分类。分类要求如下。

1）按针叶常绿乔木、针叶落叶乔木、阔叶落叶乔木、阔叶常绿乔木、常绿灌木、落叶灌木及藤本几大类分别填写。

2）按园林树木树形及其观赏特性分类。

3）按经济价值分类。

（7）列出生长最佳树种表、行道树树种表、抗污染树种表、特色树种表、引种栽培树种表、古树名木表、速生树种表、慢生树种表等。

（8）经验教训总结：本地区的园林绿化实践中成功与失败的经验教训，对存在的问题提出解决办法。

（9）群众意见：当地人民群众及国内外专家的意见和要求。

（10）参考图书、文献资料。

（11）附件：相关照片或图片、标本等。

4.2.5 园林树种的评价

根据调查结果，按照评价标准人工定量定性评价园林树种的景观效果，生长适应性，绿化现状、树木生态适应性、观赏性，生态效益、抗病虫害能力、经济效益等，为本地区未来城市绿化或其周边城市绿化提供参考依据。主要评价方法包括层次分析法、逼近理想排序法、特菲尔法、模糊综合评价法等。

实践作业

1. 选择本地城市树种丰富的公园开展详细调查，记录公园中的所有树种，最后编写调查报告。

2. 根据调查结果，按照评价标准人工定量定性评价园林树种。例如，根据公园调查统计出常绿与落叶树种比例、常绿树株树和落叶树株树比例；乔木、灌木、藤本树种比例；乔木、灌木、藤本株数比例；裸子植物与被子植物比例；乡土树种与外来树种比例；速生树与慢生树比例，然后根据生长状况等因素为本市公园推荐绿化骨干树种。

4.3 树种规划的原则

园林绿化树种规划是城市绿地系统规划的重要一环，关系到今后绿地系统建设的兴衰成败。不同的园林树种具有各异的形态特征、生态习性和功能效益；不同的树种在同一地区或同一树种在不同的环境地区都具有明显的差异性。这就要求人们在园林树种调查的基础上，充分考虑区域特点和树种特性，科学地规划与选择园林绿化树种，以保证创造出优良的生态景观。主要树种规划的原则如下。

（1）尊重自然规律，综合分析，与时俱进。园林树种规划受多种因素综合影响，首先应尊重自然规律，确定地区的各种自然因素，如城市所处的地理位置、气候区域与地带、地带性土壤与非地带性土壤类型、地带性植被类型、建群种、人工植被等。其次，园林树种规划必须在调查的基础上实施与展开，将该地区现有的绿化树种（包括普查的古树名木）作为重要参考依据。最后，结合树种的生态习性与观赏特性，政府的有关方针、政策、城市发展方向、科技发展与管理水平等，与时俱进，展望未来，综合规划城市园林绿化树种。

（2）因地制宜，创造地域化景观。根据城市性质，如经济中心、政治中心、文化古城、工业城市或风景旅游城市等，因地制宜，兼顾生态功能与景观效果，以及经济效益，建设既可满足城市绿地绿化与生态功能需求，又能体现城市特色的个性化地域景观。对此，一是可以选择当地著名、为人们所喜爱的树种来表现特色；二是可以采用不同的园林树种规划应用的方式来表现地域特色景观。

（3）适地适树，优先选择抗逆性强的树种。适地适树是指根据气候、土壤等生境条件来选植能够健壮生长的树种。一般的做法是按照本地地带性植被类型的基本分布规律选择规划地带性树种——以“乡土树种”为主。同时，应优先考虑抗逆性强（包括抗旱、耐水湿、抗病虫害、抗风、抗污染等）的优良树种，以保证景观的可持续性，降低绿化养护成本。

（4）坚持发展与保护相结合，提高园林树种多样性。在适地适树，以乡土树种为主原则的基础上，积极保护古树名木品种，适当引种已驯化的外来优良树种或野生树种，以增加园林树种的多样性。但要注意科学全面，统筹兼顾，优势互补，合理安排各类型乔木、亚乔木、灌木、藤本及草坪地被植物的合理配置。其中，乔木生态功能发达，效益持续时间长，应将乔木作为城市园林绿化的骨架，有利于加快改善城市生态环境。与此同时，还必须坚持速生树与慢生树、常绿树与落叶树、针叶树与阔叶树、深根性树种与浅根性树种、重点美化树与普遍美化树种的多元结合，既要照顾到目前情况，又要考虑到长远的需要。此外，不同的绿地需要配植不同类型的树种，树种复层混交配置，能构成相对稳定、景观丰富、功能综合、效益持久的人工植被群落。

（5）理论与实践相结合，科学合理规划。园林树种是为园林建设服务的，必须有科学性和实用性。所以，应按园林用途归类，以便进行科学、合理的规划。

另外，园林树种规划应根据本地城市绿地系统规划，估算出树种总体用量；如果是苗圃，则应作出分批分期的育苗、出圃及引种等计划，避免造成浪费，这样可以有效保证园林建设工作的发展和园林规划水平的提高。

4.4 树种规划

4.4.1 树种比例规划

在上述树种调查的基础上，对城市绿化用树种作全面安排，主要根据本地区树种名录和绿化需求，科学合理地规划本地区常绿树种与落叶树种的比例、裸子植物与被子植物的比例、乔木与灌木的比例、木本植物与草本植物的比例、乡土树种与外来树种的比例、速生与中生和慢生树种的比例等。

4.4.2 基调树种和骨干树种的选定

基调树种是指各类园林绿地均要使用的、数量最大的、能形成全城统一基调的树种；骨干树种是指在对城市形象影响最大的道路、广场、公园的中心点、边界等地应用的孤植树、庭荫树及观花树木，骨干树种能形成全城的绿化特色。因此，树种规划应该根据树种评价结果、该地区树种应用历史与现状、城市文化与地域特征等，准确确定该地区不同绿地类型的基调树种 1 ～ 4 种，骨干树种 20 ～ 30 种，以打造具有地域特色的园林景观。另外，应在评价的基础上选择 100 种或更多地适应当地自然条件，在保护环境和结合生产方面功效良好，并能较好地发挥园林绿化功能的树种作为该地区城市绿化常用树种。既可直接给出所有适宜该地区城市绿化的树种名录，也可根据不同绿地类型给出树种名录，或者按抗性、生态适应性给出树种名录，按观赏特性给出树种名录。

4.4.3 市花、市树的选择与建议

各地应在有关部门的协调合作下，根据城市和树种历史文化与地域特征，通过群众调查、专家建议、投票选定最佳市花、市树。

4.4.4 其他建议

根据实际树种规划情况，给出其他合理的科学的规划建议，如植物群落模式建议、古树名木保护建议等。

需要说明的是，城市树种的规划并不是一成不变的，随着科学技术的进步和城市的发展，对园林的要求会不断提高，对树种也就有新的要求。并且，在实践过程中，还会发现一些树种并不理想，同时，也会不断增添从外地或国外引进栽培成功的新树种。因此，树种规划应在实施一段时间后进行相应的补充或修订。

在线答题

※ 思考题

1. 简述园林树种的规划原则。
2. 如何通过树种规划降低园林绿化成本或表现地方特色？

第5章 裸子植物门 GYMNOSPERMAE

知识目标

掌握列检索表的技巧；识别常见裸子植物的种类并了解其习性和园林应用。

技能目标

能识别裸子植物和被子植物；能识别各科、属的形态特征及常见种类的特征及应用。

素质目标

培养学生细心观察的习惯，增强学生的团队合作精神。

5.1

苏铁科 Cycadaceae

常绿木本，茎柱状，粗壮，通常不分枝。叶2型，雌雄异株，大孢子叶扁平，螺旋状排列；种子核果状，具3层种皮，有60～80种；我国约产20种。

苏铁属 *Cycas* L.

本属所有野生种均为国家一级重点保护植物。

苏铁（铁树、避火蕉、凤尾蕉）*C. revoluta* Thunb.（图 5-1）

形态特征：常绿，棕榈状木本植物。树干高达 5 m，干上有明显螺旋状排列的菱形叶柄残痕。羽状叶从茎的顶部生出，下层向下弯，上层斜上伸展，整个羽状叶的轮廓呈倒卵状狭披针形。羽状裂片革质，边缘显著反卷。雄球花长圆柱形，有短梗，小孢子叶窄楔形，木质，密披黄褐色绒毛；雌球花扁球形，大孢子叶宽卵形，羽状裂，密披黄褐色绒毛，下部两侧有裸露直生胚珠。种子倒卵圆形。花期在 6–7 月；种子成熟期在 10 月，熟时红色。

视频：苏铁

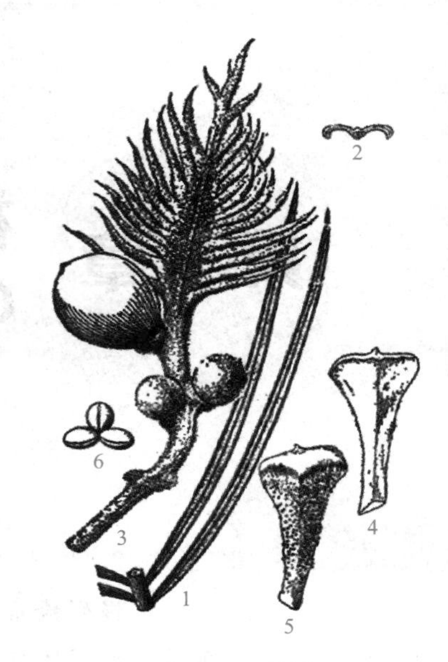

图 5-1 苏铁

1—羽片叶的一段；2—羽状叶片横切面；3—大孢子叶及种子；4，5—小孢子叶背腹面；6—聚生花药

分布习性：产于福建、台湾、广东等省。性喜温暖湿润气候，不耐严寒，低于 0 ℃即受损伤。喜肥沃湿润沙壤土，不耐积水。生长缓慢，寿命长达 200 余年。

园林应用：树形古朴，叶片羽状，能够反映南国风光，重要观赏树种。常植于花坛中心，孤植或丛植草坪一角，对植门口两侧。可作大型盆栽，装饰居室，布里会场。羽叶是插花和做造型的好材料。

在线答题

小贴士

俗语“铁树开花”的花，一般是指苏铁雄株的雄球花。苏铁雄株栽培得较少，且很少开花，开花后易被遮挡，十分少见。而苏铁雌球花则比较常见。

5.2 银杏科 Ginkgoaceae

本科现仅存 1 属 1 种，为我国特有孑遗种，素有“活化石”之称。

银杏属 **Ginkgo L.**

银杏（白果树、公孙树、鸭脚树、鸭掌树）*G. biloba* L.（图 5-2）

图 5-2　银杏

1—雌球花枝；2—雌球花上部；3—种子和长短枝；4—除去外种皮种子；5—种仁剖面；6—雄球花枝；7—雄蕊

形态特征：落叶乔木，高达 40 m，胸径可达 4 m；树皮纵裂；青壮年树冠圆锥形，老树广卵形；枝近轮生，斜上伸展（雌株的大枝常较雄株开展）。叶扇形，有二叉状叶脉，长枝叶顶端常 2 裂，短枝叶顶端常波状缺刻，有长柄，互生于长枝，簇生于短枝。树叶秋天先变黄后落叶。雌雄异株，雄球花柔荑花序状，下垂；雌球花具长梗。花期在 3-4 月。种子核果状，熟时黄色或橙黄色，外被白粉，种子成熟期在 9-10 月。

分布习性：浙江天目山有野生分布的银杏，现广泛栽培于沈阳以南，广州以北各地也有栽培。银杏寿命长，生长慢，为喜光树种，具有深根性，能够抗风、抗火，对大气污染有抗性。

园林应用：银杏树形优美，叶形似鸭掌；春夏季叶色嫩绿，秋季变成黄色，是观赏绿化最理想的树种。可孤植于草坪中，丛植或混植于槭树、黄栌等秋天红叶树种中，列植于甬道、广场、街道两侧作行道树、庭荫树，对植于前庭入口等均极优美，也可作树桩盆景。

视频：银杏

【知识扩展】

为了便于生产繁殖或城市绿化管理，需要区分银杏的雌雄株。其方法如下：

在线答题

（1）雄株的主枝与主干间的夹角小；而雌株主枝与主干间的夹角较大，树冠宽大，顶端较平。

（2）雄株叶裂刻较深，常超过叶的中部；而雌株叶裂刻较浅，未达叶的中部。

（3）雄株着生雄花的短枝较长（1 ～ 4 cm）；而雌株着生雌花的短枝较短（1 ～ 2 cm）。

5.3 南洋杉科 Araucariaceae

本科共 3 属约 41 种，分布于南半球的热带及亚热带地区。我国栽培 2 属 4 种。

南洋杉属 ***Araucaria* Juss.**

本属约 19 种，分布于南美洲、大洋洲及太平洋群岛。我国引入 3 种，栽植于广州、福州、厦门及台湾等地。

南洋杉 ***A. cunninghamii* Sweet**（图 5-3）

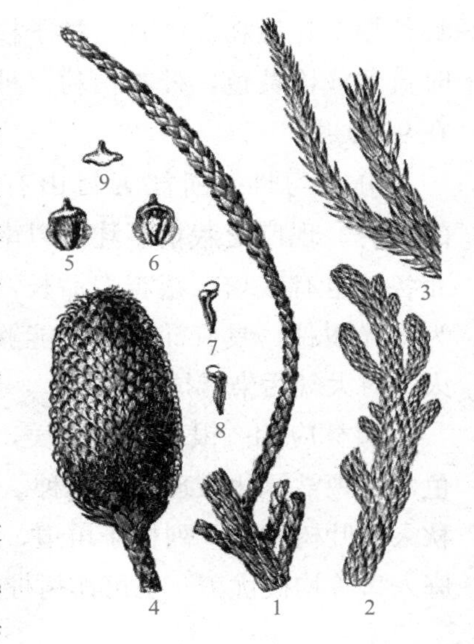

图 5-3　南洋杉

1，2，3—枝叶；4—球果；5，6，7，8，9—苞鳞背腹面、侧面及俯视

形态特征：常绿大乔木，高达 70 m。幼树树冠呈整齐的尖塔形，老则平顶状。主枝轮生，平展，侧枝也平展或稍下垂。叶二型：生于侧枝及幼枝上的多呈针状，质软，开展，排列疏松，钻状、针状、镰状或三角状；生于老枝上的叶密聚，卵形或三角状钻形。雌雄异株。球果卵形，苞鳞刺状且尖头向后强烈弯曲，种子两侧有翅。

分布习性：原产于大洋洲东南沿海地区，也在广州、厦门、云南西双版纳、海南等地露地栽培，在其他城市常作盆栽观赏用。喜暖热湿润气候，不耐干燥和寒冷，喜肥沃土层，较耐风。

视频：南洋杉

园林应用：宜孤植为园景树或纪念树，可作行道树，群植作背景，也可丛植于草坪、建筑周围，作为点缀，形成别具特色的热带风光。北方常盆栽，作为室内装饰树种使用。

在线答题

小贴士

南洋杉树形高大优美，与雪松、日本金松、金钱松、巨杉（世界爷）合称世界五大庭院树种。

5.4 松科 Pinaceae

乔木，稀为灌木；叶条形或针状，大多数宿存，有时脱落；雌雄同株；每种鳞内有种子 2 粒，常有翅。本科 10 属 230 种以上，分布极广，我国 10 属均产，约 93 种、24 变种。松科分为冷杉亚科、落叶松亚科和松亚科三个。

分属检索表

A_1 叶条形或针形，在枝上螺旋状着生，或在短枝上簇生，均不成束。

B_1 枝仅一种类型；叶在枝条上螺旋状着生；球果当年成熟……………………………………冷杉亚科

C_1 球果成熟后种鳞脱落，生叶腋，直立；叶扁平；枝上具圆形、微凹的叶痕………1 冷杉属 ***Abies***

C_2 球果成熟后种鳞宿存，生于枝顶，球果通常下垂。

D_1 小枝叶枕不明显；叶扁平，有短柄。

E_1 果较大，苞鳞伸出于种鳞之外，先端 3 裂；小枝不具或微具叶枕……2 黄杉属 ***Pseudotsuga***

E_2 球果较小，苞鳞不露出，先端不裂或 2 裂；小枝有隆起或微隆起的叶枕……3 铁杉属 ***Tsuga***

D_2 小枝有显著隆起的叶枕；叶四棱状或扁棱状条形，或条形扁平，无柄…………4 云杉属 ***Picea***

B_2 叶条形或针状；枝分长枝与短枝，叶在长枝上螺旋状散生，在短枝上端成簇生状………落叶松亚科

C_1 叶扁平，柔软，倒披针状条形或条形，落叶性；球果当年成熟。

D_1 雄球花单生于短枝顶端；种鳞革质，成熟后不脱落；叶较窄，宽 1.8 mm……5 落叶松属 ***Larix***

D_2 雄球花簇生于短枝顶端；种鳞木质，成熟后脱落；叶较宽，通常 2～4mm…6 金钱松属 ***Pseudolarix***

C_2 叶针状、坚硬，常具三棱，常绿性；球果第二年成熟，熟后种鳞脱落……………7 雪松属 ***Cedrus***

A_2 叶针形，通常 2、3、5 针一束；种鳞宿存，背面上方具鳞盾与鳞脐……………………………松亚科

………………………………………………………………………………………………8 松属 ***Pinus***

5.4.1 冷杉属 *Abies* Mill.

常绿乔木，树冠尖塔形；树皮老时常厚且有沟纹；叶线形至线状披针形，全缘，无柄，叶脱落后留有叶痕；球花腋生，春初开放；球果直立，成熟时种鳞木质、脱落。冷杉属主产于欧、亚、北美，少数到中美及北非高山地带。我国有 22 种及 3 个变种。主产于东北、华北、西北和西南的高海拔地带。

日本冷杉 *A. firma* Sieb et Zucc.

形态特征：树高达 50 m，胸径达 2 m；树皮粗糙或裂成鳞片状；一年生枝淡灰黄色。叶条形，先端二裂。球果圆柱形，长 12 ～ 15 cm，基部较宽，成熟前绿色，熟时黄褐色或灰褐色。花期在 4–5 月，球果熟期在 10 月。

分布习性：原产于日本。耐荫，喜凉爽、湿润气候，对烟害抗性弱，生长速度中等。

园林应用：树形优美，秀丽可观。适于在公园、陵园、广场甬道之旁或建筑物附近成行配植，或在园林中的草坪、林缘及疏林空地中成群栽植，极为葱郁优美。

5.4.2 黄杉属 *Pseudotsuga* Carr.

常绿乔木；冬芽短尖；叶线形，扁平，2 列，上面有槽，背面有白色的气孔带，叶落后有圆形叶痕；球花单生；雄球花腋生，圆柱状，雄蕊多数；雌球花顶生，苞鳞显著，先端 3 裂，珠鳞小；球果卵状长椭圆形，下垂，种鳞宿存。本属约 18 种，分布于美洲西北部和东亚；我国有 5 种，引种 2 种。

黄杉（短片花旗松）***P. sinensis* Dode**（图 5-4）

形态特征：树高达 50 m；一年生侧枝有毛。叶排成两列，条形，先端有凹缺，上面中脉凹陷，下面中脉隆起。雌雄同株。球果下垂，苞鳞露出部分向后反曲。花期在 4-5 月，球果熟期在 10-11 月。

分布习性：为我国特有树种，产于云南、四川、贵州、湖北、湖南。喜光，耐干旱、瘠薄、抗风力强、病虫害少，喜温暖湿润气候，夏季多雨，冬春较干，黄壤或棕色森林土地带。

园林应用：可作园林绿化树种。

图 5-4 黄杉

1—球果枝；2—种鳞背面及苞鳞；3—种鳞腹面；4—种鳞及苞鳞侧面；5—种子背腹面；6—雌球花枝

5.4.3 铁杉属 *Tsuga* Carr.

常绿乔木，有树脂；树皮淡红色；枝纤弱，平伸或下垂，因有宿存的叶基而粗糙；叶线形，扁平或有角，2 列，背面有气孔线；球花单生；雄球花生于叶腋内；雌球花顶生，直立；球果小，长椭圆状卵形，近无梗，下垂。约 14 种，分布于北美和亚洲东部；我国有 5 种，产于秦岭以南及长江以南各省区。

铁杉（假花板、仙柏）***T. chinensis* (Franch.) Pritz.**（图 5-5）

形态特征：树高 30 ～ 50 m，树冠尖塔形；一年生枝细，叶枕之间的凹槽内有

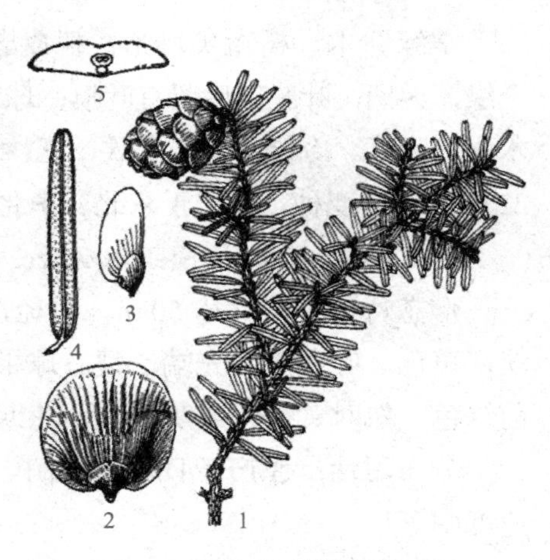

图 5-5 铁杉

1—球果枝；2—种鳞背面及苞鳞；3—种子；4，5—叶下面及横切面

毛。叶螺旋状着生，基部扭转排成两列，条形，先端有凹缺，全缘。雄球花单生叶腋。球果单生侧枝顶端，下垂，卵圆形或长卵圆形，直径 0.8 ～ 1.5 cm，有短柄。

分布习性：产于我国中西部至东南部。喜生于雨量高、云雾多、相对湿度大、气候凉润、土壤酸性及排水良好的山区。

园林应用：铁杉树姿古朴，枝叶扶疏，形若雪松，适于园林中孤植或丛植，也宜用于营造山地风景林或水源涵养林。

5.4.4 云杉属 *Picea* A. Dietr.

常绿乔木；树皮薄，鳞片状；枝通常轮生；叶线形，螺旋排列，通常四角形，着生于有角、宿存、木质、柄状凸起的叶枕上；雄球花黄色或红色；雌花绿色或紫色；球果下垂，成熟时种鳞木质、宿存。本属约 40 种，分布于北温带；我国有 19 种，另引入 2 种。产于东北、华北、西北、西南及台湾等省区的高山或亚高山地带。

5.4.4.1 云杉（茂县云杉、异鳞云杉、大云杉、大果云杉、白松）*P. asperata* Mast.（图 5-6）

形态特征：树高达 45 m；小枝有木钉状叶枕，基部有先端反曲的宿存芽鳞；一年生枝淡褐黄色或淡黄褐色。叶螺旋状排列，辐射伸展。球果下垂，柱状矩圆形或圆柱形，熟前绿色，熟时淡褐色或栗色，长 6 ～ 10 cm；种鳞薄木质，宿存。

图 5-6 云杉

1—球果枝；2—芽与枝；3—种鳞背面及苞鳞；4，5—种子背腹面；6，7—叶及横切面

分布习性：为我国特有树种，产于陕西、甘肃、四川的高山地区。云杉系浅根性树种，稍耐荫，能耐干燥及寒冷的环境条件，在气候凉润，土层深厚，排水良好的微酸性土壤生长良好。

园林应用：盆栽可作为室内的观赏树种，多用在庄重肃穆的场合。

5.4.4.2 青杆（刺儿松、黑扦松、方叶杉、细叶云杉）*P. wilsonii* Mast.（图 5-7）

形态特征：树高达 50 m；树冠绿色；小枝细弱，基部宿存芽鳞紧贴小枝；

芽卵圆形；二年生枝呈淡灰色或灰色。叶在枝上排列紧密，在侧枝两侧和下面的叶向上伸展。球果长 4 ～ 7 cm，直径 2.5 ～ 4 cm。

分布习性：广泛分布于内蒙古、河北、山西、陕西、甘肃、青海、四川及湖北等省区高山。耐荫，喜温凉气候及湿润、深厚且排水良好的酸性土壤，适应性较强；生长缓慢。

园林应用：树姿美观，树冠茂密翠绿，已成为北方地区重要的园林绿化树种。

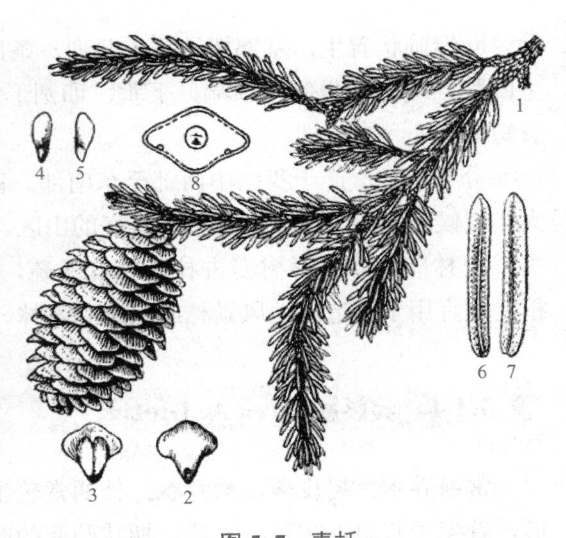

图 5-7　青杆

1—球果枝；2—种鳞背面及苞鳞；3—种鳞腹面及种子；4，5—种子背腹面；6，7，8—叶上下面及横切面

5.4.5　落叶松属 *Larix* Mill.

落叶乔木；树皮厚，有沟纹；枝有长枝及短枝两种；叶线形，扁平或四棱形，螺旋排列于主枝上或簇生于短枝上；球花单性同株，单生短枝顶；雄球花黄色，球形或长椭圆形，由无数螺旋排列的雄蕊组成；雌球花长椭圆形，由多数珠鳞组成，内有胚珠 2 颗；球果近球形或卵状长椭圆形，具短梗，成熟时珠鳞发育成种鳞，革质。本属约 18 种，分布于北温带、寒带地区；我国有 10 种，另引入 2 种，产于东北、华北、西北及西南部山区。

华北落叶松（雾灵落叶松）*L. principis* ～ *rupprechtii* Mayr.

形态特征：高达 30 m；1 年生长枝淡褐黄色或淡褐色，幼时有毛，后脱落；短枝顶端叶枕之间有黄褐色柔毛。叶倒披针状条形，长 2 ～ 3 cm。球果长卵圆形或卵圆形，长 2 ～ 3.5 cm，熟前淡绿色，熟时淡褐色或稍带黄色，有光泽；种鳞近五角状卵形，长 1.2 ～ 1.5 cm，先端截形或微凹；苞鳞不露或微露。

分布习性：我国特产，产于华北地区高山上。强阳性树，性极耐寒。对土壤的适应性强，喜深厚湿润且排水良好的酸性或中性土壤。

园林应用：树冠整齐呈圆锥形，叶轻柔而潇洒，可形成美丽的风景。最适用于较高海拔和较高纬度地区的配植应用。

5.4.6　金钱松属 *Pseudolarix* Gord.

只有 1 种，产于我国中部和东南部，叶入秋后变金黄色，是美丽的庭院观赏树。

金钱松（金松，水树）*P. kaempferi* Gord.（图 5-8）

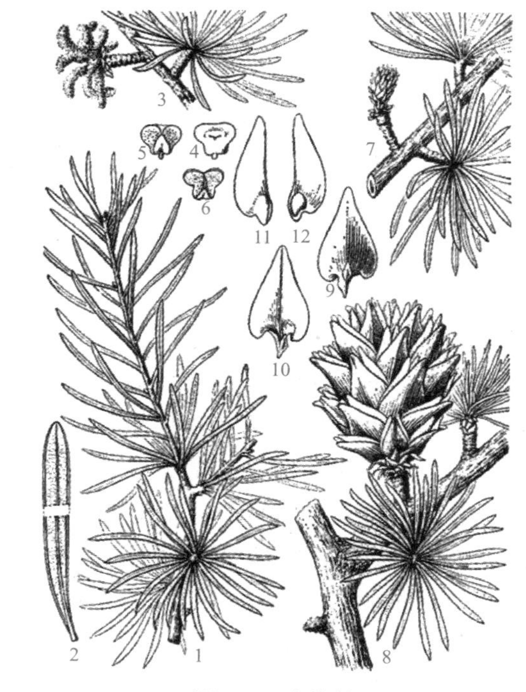

图 5-8　金钱松

1—长短枝及叶；2—叶下面；3—雄球花；4，5，6—雄蕊；7—雄球花枝；8—球果枝；9—种鳞背面及苞鳞；10—种鳞腹面及种子；11，12—种子背腹面

形态特征：落叶乔木，高达 40 m；树冠圆锥形；有明显的长短枝，叶线形、柔软，长 3 ～ 7 cm，宽 2 ～ 3.5 cm；球花单性同株，顶生；雄球花聚生枝顶；雌球花单生；球果大，当年成熟，种鳞木质脱落。花期在 4–5 月，球果熟期在 10–11 月。

矮金钱松‘Nana’，更适于盆栽观赏。

分布习性：为我国特有树种，产于长江下游一带。喜温暖、多雨、土层深厚、肥沃、排水良好的酸性土。

园林应用：金钱松可作庭院观赏，树姿优美，簇生叶辐射平展成圆盘状，似铜钱，深秋叶色金黄，极具观赏性，可孤植、丛植、列植或用作风景林。

5.4.7　雪松属 *Cedrus* Trew

常绿乔木；树皮裂成不规则的鳞状块片；枝平展或微斜展或下垂；树冠尖塔形；叶针状，在长枝上螺旋状排列，短枝上的簇生；球花单性；雄球花直立，圆柱形；雌球花卵圆形，淡紫色，长 1 ～ 1.3 cm；球果第二年成熟，直立，种鳞木质脱落；种子有翅。本属约 4 种，产于亚洲西部、喜马拉雅山西部和非洲，我国有 1 种，产于西藏地区，华东和中部城市常栽培作庭院观赏树，树形极为优美；引入 1 种。

雪松（香柏）*C. deodara*（Roxb.）G. Don

形态特征：树高 50 ～ 72 m，胸径达 3 m；树冠圆锥形。树皮灰褐色，鳞片状裂；大枝不规则轮生，平展；1 年生长枝淡黄褐色，有毛。叶针状，长 2.5 ～ 5 cm。雌雄异株，少数同株，雌雄球花异枝。球果椭圆状卵形，长 7 ～ 12 cm，径 5 ～ 9 cm，顶端圆钝；种鳞阔扇状倒三角形。花期在 10–11 月，球果熟期在次年 9–10 月。

品种：①垂枝雪松‘Pendula’：枝明显下垂。②金叶雪松‘Aurea’：春天嫩叶金黄色。

分布习性：原产于喜马拉雅山脉西部。喜光，稍耐荫，喜温和凉润气候，有一定的耐寒性，对过于湿热的气候适应能力较差；不耐水湿，较耐干旱瘠薄，但以深厚、肥沃、排水良好的酸性土壤生长最好。

园林应用：树体高大，树姿优美，终年苍翠，是世界著名的观赏树。

5.4.8 松属 *Pinus* L.

常绿乔木，稀灌木；冬芽有鳞片；枝有长枝和短枝之分，长枝无绿色的叶，但有鳞片状叶，短枝针状叶，以2、3或5针一束，每束基部为芽鳞的鞘所包围；球花单性同株；雄球花腋生，簇生于幼枝的基部；雌球花顶生；球果第2年成熟，种鳞宿存，背面上方具鳞盾与鳞脐。本属80余种，分布于北半球；我国有22种，分布极广。

视频：白皮松

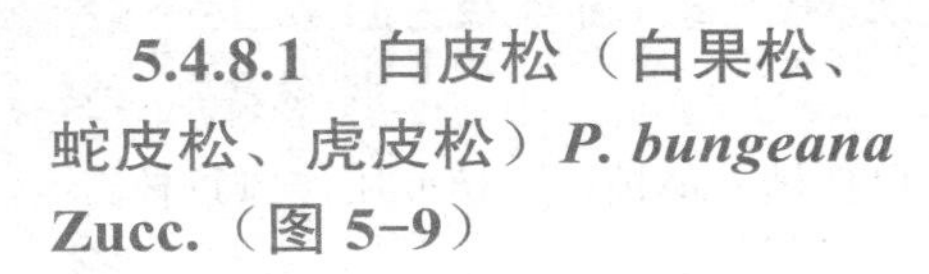

5.4.8.1 白皮松（白果松、蛇皮松、虎皮松）*P. bungeana* Zucc.（图5-9）

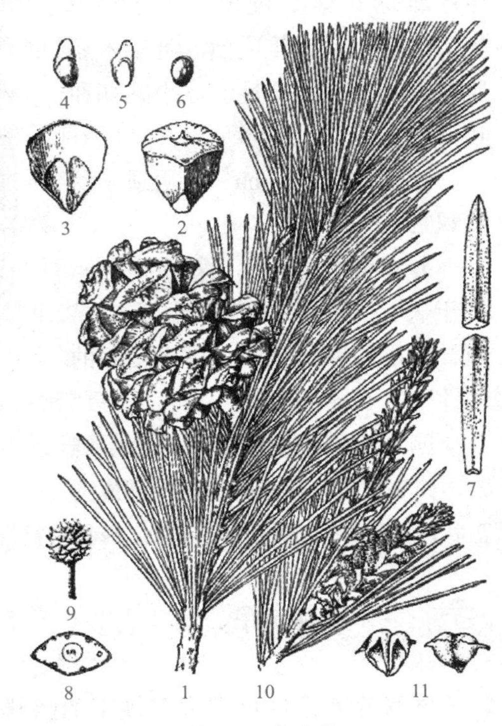

图5-9 白皮松

1—球果枝；2，3—种鳞背腹面；4，5，6—种翅及种子；7，8—针叶腹面及横切面；9—雌球花；10—雄球花枝；11—雄蕊背腹面

形态特征：树高达30 m；树皮裂成不规则薄片脱落，老树树皮乳白色。针叶3针一束，粗硬，长5～10 cm，宽1.5～2 mm；叶鞘早落。球果常单生，卵圆形，长5～7 cm；种鳞先端厚；鳞脐生于鳞盾的中央，具刺尖。

分布习性：产于中国和朝鲜，是华北及西北南部地区的乡土树种。喜光树种，耐瘠薄土壤及较干冷的气候；在气候温凉、土层深厚、肥润的钙质土和黄土上生长良好。

园林应用：树姿优美，树皮洁白雅净，极为美观，为优良的庭院树种。

视频：华山松

5.4.8.2 华山松（白松、青松、五须松）*P.armandii* Franch.（图5-10）

形态特征：树高达25 m；1年生枝绿色或灰绿色，无毛。针叶5针一束，较细软，长8～15 cm；叶鞘早落。球果圆锥状长卵形，长10～22 cm，直径5～9 cm，熟时种鳞张开，种子脱落；种鳞鳞脐顶生；种子长1～1.8 cm，直径0.6～1.2 cm。

分布习性：产于我国中部至西南部高山上。喜气候温凉且湿润、酸性黄壤、黄褐壤土或钙质土。

园林应用：高大挺拔，树皮灰绿色，冠形优美，姿态奇特，是良好的绿化风景树。

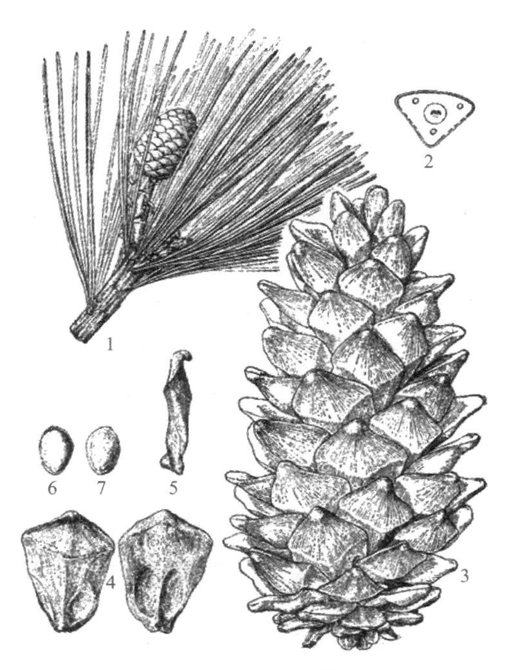

图 5-10 华山松

1—雌球花枝；2—针叶横切面；3—球果；4，5—种鳞背腹面及侧面；6，7—种子背腹面

5.4.8.3 日本五针松（五须松、五钗松、日本五须松、五针松）*P. parviflora* Sieb.et Zucc.

形态特征：树在原产地高达 25 m，胸径 1 m；枝平展，树冠圆锥形；一年生，枝幼嫩时绿色。针叶 5 针一束，微弯曲，长 3.5 ～ 5.5 cm，直径不及 1 mm，边缘具细锯齿；叶鞘早落。球果卵圆形或卵状椭圆形，几乎无梗，熟时种鳞张开；种子为不规则倒卵圆形。

分布习性：原产于日本。阳性树种，喜土壤深厚、排水良好的土壤，在阴湿之处生长不良。

园林应用：姿态苍劲秀丽，松叶葱郁纤秀，富有诗情画意，集松类树种气、骨色、神之大成。是名贵的观赏树种。生长较慢，可作盆景用。

5.4.8.4 樟子松（海拉尔松）*P. sylvestris* var.mongolica Litv.

形态特征：树高可达 30 m。树冠卵形至广卵形，老树皮较厚有纵裂，常鳞片状开裂。树干上部树皮很薄，褐黄色或淡黄色，薄皮脱落。针叶 2 针一束，粗硬而扭曲。冬季叶变为黄绿色，花期在 5–6 月。1 年生小球果下垂，成熟期在翌年 9–10 月。

分布习性：产于我国东北大兴安岭山区。喜光性强，深根性树种，能适应土壤水分较少的山脊及向阳山坡，以及较干旱

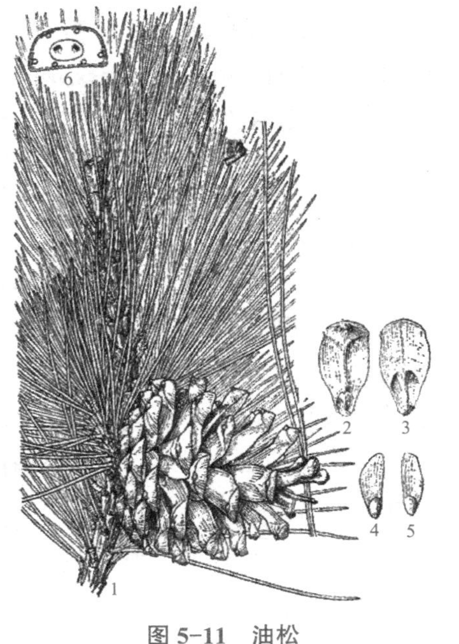

图 5-11 油松

1—球果枝；2，3—种鳞背腹面；4，5—种子背腹面；6—针叶横切面

的砂地及石砾砂土地区。

园林应用：可作庭院观赏及绿化树种。

5.4.8.5 油松（红皮松、短叶松）*P. tabulaeformis* Carr.（图 5-11）

形态特征：高达 30 m；大树的枝条平展或微向下伸，树冠近平顶状；1 年生枝淡红褐色或淡灰黄色，无毛。针叶 2 针一束，粗硬，长 10 ～ 15 cm；叶鞘宿存。球果卵圆形，长 4 ～ 10 cm，成熟后宿存；种鳞的鳞盾肥厚，鳞脐凸起，有刺尖。

变种：①黑皮油松 var.*mukdensis* Uyeki：树皮黑灰色，产于河北承德以东至辽宁沈阳、鞍山等地；②扫帚油松 var.*umbraculifera* Liou et Wang：小乔木，大枝斜上形成扫帚形树冠，产于辽宁千山。

分布习性：分布于我国华北及西北地区，以山西、陕西为其分布中心；朝鲜也有分布。喜光、深根性树种，在土层深厚、排水良好的酸性、中性或钙质黄土中均能生长良好。

园林应用：松树树干挺直、挺拔苍劲，分枝弯曲多姿，四季常春，树色变化多，不畏风雪严寒，可作行道树，在园林配植中，适于作独植、丛植、纯林群植，也宜行混交种植。

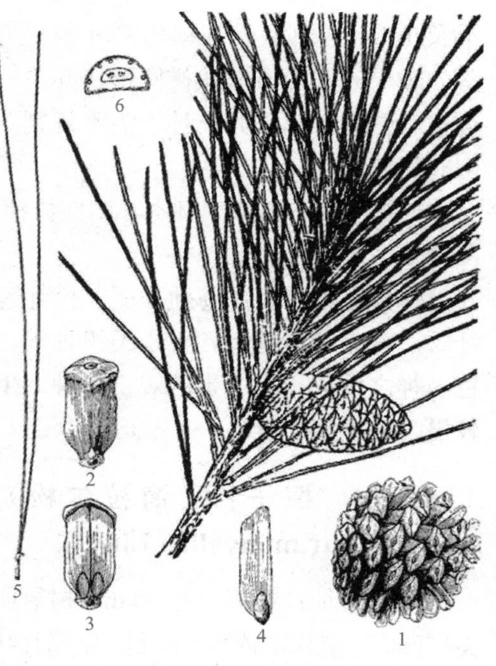

图 5-12 马尾松

1—球果；2，3—种鳞背腹面；4—种子；5—一束针叶；6—针叶横切面

5.4.8.6 马尾松（青松、松树、山松）*P. massomana* Lamb.（图 5-12）

形态特征：高达 30 m；1 年生枝淡黄褐色，无毛。针叶 2 针一束，细柔，长 12 ～ 20 cm；叶鞘宿存。球果卵圆形或圆锥状卵形，长 4 ～ 7 cm，直径 2.5 ～ 4 cm，成熟后栗褐色；种鳞的鳞盾平或微肥厚，微具横脊；鳞脐微凹。花期在 4-5 月；球果熟期在翌年 10-12 月。

分布习性：分布于我国长江流域及其以南各省区海拔 600 m 以下地带。强阳性，不耐阴，喜温暖湿润气候及酸性土壤，耐干旱、瘠薄，忌水涝和盐碱。

园林应用：高大雄伟，姿态古奇，适宜山涧、谷中、岩际、池畔、道旁配置和山地造林。也适合在庭前、亭旁、假山之间孤植。

5.5 杉科 Taxodiaceas

常绿或落叶乔木，极少为灌木；树干端直、树皮裂成长条片状脱落；大枝轮生或近轮生；树冠尖塔形或圆锥形。叶披针形、钻形、鳞片状或线形，螺旋状排列，极少交互对生（水杉属）。球花单性，雌雄同株；雄球花小，单生或簇生枝顶或排成圆锥花序状，雄蕊具 2 ～ 9 个花药，花粉无气囊；雌球花单生枝顶，珠鳞和苞鳞合生，每珠鳞腹面有 2 ～ 9 个直立或倒生胚珠；球果当年成熟、开裂、木质或革质；种子有窄翅。子叶 2 ～ 9 片。共有 10 属、16 种，分布于东亚、北美及大洋洲塔斯马尼亚。我国有 5 属、7 种，引入栽培 4 属、7 种，分布及栽培于华北及其以南，华东地区栽培较多。本科活化石树种、濒危树种和有名园林树种多。落羽杉属与水杉、水松、巨杉、红杉均为孑遗树种。

分属检索表

A_1 叶常绿性；无冬季脱落的小枝；种鳞木质或革质。

　B_2 种鳞（或苞鳞）扁平、革质；叶条状披针形，缘有锯齿……………………1 杉木属 ***Cunninghamia***

　B_1 种鳞盾形，木质叶钻形；球果近无柄，直立，种鳞上部有 3 ～ 5 个裂齿……2 柳杉属 ***Cryptomeria***

A_2 叶脱落性或半常绿性；有冬季脱落的小枝；种鳞木质。

　B_1 叶和种鳞均螺旋状着生；种子不规则三角形，棱脊上有厚翅………………3 落羽杉属 ***Taxodium***

　B_2 叶与种鳞均对生；叶条形，排成二列；种子扁平，周围有翅………………4 水杉属 ***Metasequoia***

5.5.1 杉木属 *Cunninghamia* R.Br.

常绿乔木；叶坚挺，螺旋排列，线形或线状披针形；球花单性同株，簇生于枝顶；雄球花圆柱状；雌球花球形，由螺旋状排列的珠鳞与苞鳞组成，二者中下部合生；珠鳞小，先端 3 裂，内面有胚珠 3 枚；苞鳞革质，不脱落；种子有窄翅；子叶 2 枚。本属 2 种，产于我国秦岭、长江以南温暖地区及台湾山区；也分布在越南。其也是我国长江以南最主要的造林树种。

杉木（沙木、沙树）***C. Lanceolata***（**Lamb.**）**Hook.**（***C.sinensis*** **R.Br.**）

形态特征：树高达 30 ～ 40 m。幼树冠尖塔形，大树树冠圆锥形；主干通直圆满，侧枝轮生，向外横展。叶螺旋状互生，侧枝之叶基部扭成 2 列，线状披针形，先端尖而稍硬。雄球花簇生枝顶；雌球花单生，或 2 ～ 3 朵簇生枝顶。球果近球形或圆卵形，长 2.5 ～ 5 cm，直径 3 ～ 5 cm，苞鳞大，革质，边缘有细齿，宿存；种鳞小，生于苞鳞腹面下部，每种鳞具 3 枚种子；种子扁平，两侧有窄翅。

品种：①灰叶杉‘Glauca’：枝叶蓝绿色，叶色比原种深，两面有明显白粉，无光泽，叶片长而软，生长较快，抗旱性较差，常混生于杉木林中。②黄枝杉‘Lanceolata’：嫩枝及新叶均为黄绿色，生长慢，抗旱强。③软叶杉‘Mollifolia’：叶片薄而柔软，先端不尖，枝条下垂。分布于云南、湖南等地。

分布习性：秦岭、淮河以南16个省区，海拔700～2 500 m。杉木较喜光，但幼时稍能耐侧方蔽荫。对土壤的要求较高，最适宜肥沃、深厚、疏松、排水良好的土壤。

园林应用：杉木主干端直，树形整齐，最适于园林中群植成林丛或列植道旁。

5.5.2 柳杉属 *Cryptomeria* D.Don.

视频：柳杉

常绿乔木；叶线状锥形，螺旋排列，球花单性同株；雄球花为顶生的短穗状花序状；雄蕊多数，螺旋状排列，每雄蕊有花药3～5个；雌球花单生或数个集生于小枝之侧，球状，由多数螺旋状排列的珠鳞组成，每珠鳞内有胚珠3～5颗苞鳞与珠鳞合生；果球形，成熟时珠鳞发育为种鳞，增大，木质，盾状，近顶部有尖刺3～7枚；种子有狭翅；子叶2枚。只有日本柳杉和柳杉两种，产于我国和日本。

柳杉（长叶柳杉、孔雀松、木沙椤树）*C. fortunei* Hooibrenk ex Otto et Dietr.

形态特征：树高达40 m，树冠塔圆锥形；树皮赤棕色，条片剥落，大枝斜展或平展，小枝常下垂。叶钻形，微向内曲。苞鳞大部分与珠鳞合生，仅上端分离；球果近球形，直径1.8～2 cm，深褐色；种鳞约20片，种鳞木质，盾形，边缘有3～7裂齿，背面有分离的苞鳞尖头。每种鳞有种子2粒。花期在4月，球果熟期在10-11月。

分布习性：产于长江流域以南，陕西关中、河南郑州及山东等地也有栽培，生长良好。为中等的阳性树，略耐荫，也略耐寒。喜生长于深厚肥沃的砂质壤土及酸性土。

园林应用：常绿乔木，树姿秀丽，纤枝略垂，最适独植、对植，亦宜丛植或群植，庭荫树，公园种植或作行道树均可，是一个良好的绿化和环保树种。

5.5.3 落羽杉属 *Taxodium* Rich.

落叶或半常绿性乔木；小枝有两种，主枝宿存，侧生小枝，冬季脱落；冬芽形小，球形。叶螺旋状排列，基部下延，异型。主枝上的钻行叶斜展，宿存；侧生小枝上的条形叶排成两列状，冬季与枝一起脱落。雌雄异株；雄球花多数，集生枝梢；雌球花单生于去年生小枝顶部。球果单生枝顶或近梢部，有短柄，球形或卵圆形，种鳞木质。每种鳞有种子2粒。

5.5.3.1 落羽杉（落羽松）*T. distichum*（L.）Rich.（图 5-13）

形态特征：高达 50 m；树冠幼树圆锥形，老树为宽圆锥状树干基部膨大，通常具膝状呼吸根；树皮长条片状脱落，棕色；枝水平开展，嫩枝开始绿色，秋季变为棕色，侧生小枝为 2 列。叶线形，扁平，基部扭曲在小枝上为 2 列羽状，长 1 ～ 1.5 cm，先端尖，上面中脉下凹，下面中脉隆起，落前变成红褐色。球果圆形或卵圆形，向下垂，直径约 2.5 cm；种鳞木质，盾形，顶部有沟槽。花期在 4 月下旬，球果熟期在 10 月。

图 5-13　落羽杉、池杉

1—球果枝；2—种鳞顶部；3—种鳞侧面；4—侧生短枝及叶；5—侧生短枝与叶的一段；6—小枝及叶；7—小枝与叶的一段

分布习性：原产于北美洲及墨西哥；也常在我国在长江流域以南园林中栽培。强阳性树种，喜暖热湿润气候，极耐水湿，能生长于浅沼泽中，也能生长于排水良好的陆地上。

园林应用：落羽杉树形整齐美观，近羽毛状的叶极为秀丽，入秋叶变成古铜色，是良好的秋色叶树种。最宜水旁配置又可防风固堤。

5.5.3.2 池杉（池柏、沼杉、沼落羽松）*T. ascendens* Brongn.（图 5-13）

形态特征：树高达 25 m；树干基部膨大，常具屈膝的呼吸根，在低湿地生长者尤为显著。树皮褐色，纵裂，长条片脱落；树冠常较窄，呈尖塔形；当年生小枝绿色，细长，常略向下弯垂，2 年生小枝褐红色。叶多钻形，在枝上螺旋状生长。球果圆球形，向下斜垂，长 2 ～ 4 cm；种子红褐色。花期在 3-4 月，球果熟期在 10-11 月。

品种：①垂枝池杉 ‘Nutans’：3 ～ 4 年生枝常平展，1 ～ 2 年生枝细长柔软，下垂或倾垂，分枝较多。②锥叶池杉 ‘Zhuiyechisha’：叶绿色，锥形，散展，螺旋状排列，少数树干下部侧枝或萌发枝之叶常扭成 2 列状。树皮灰色，皮厚裂深。③线叶池杉 ‘Xianyechisha’：叶深绿色，条状披针形，紧贴小枝或稍散展。凋落性小枝，线状，直伸或弯曲成钩状。枝叶稀疏，树皮灰褐色。④羽叶池杉 ‘Yuyechisha’：叶草绿色，枝 叶茂密；树冠中下部之叶条形而近羽状排列，上部之叶多锥形；树冠塔形或尖塔形。枝叶常呈团状，密集如云，生长快，为适应于城镇绿化的优良品种。

分布习性：产于美国东南部，生于沼泽及低湿地，常具膝状呼吸根。我国在许多城市作为重要的造林树和园林树种。强阳性树种，不耐阴。喜温暖、湿润环境，稍耐寒。适生于深厚疏松的酸性或微酸性土壤。

园林应用：池杉树形优美，枝叶秀丽，观赏价值高，秋叶鲜褐色，是观赏价值很高的树种，特别适生于水滨湿地中。

视频：水杉

5.5.3.3　水杉属 *Metasequoia* Miki ex Hu et Cheng

仅 1 种，我国特产，国家 I 级保护树种，是世界上著名的古生树种。

图 5-14　水杉

1—球果枝；2—球果；3—种子；4—雄球花枝；5—雄球花；6，7—雄蕊背腹面

水杉 *M. glyptostroboides* Hu et Cheng（图 5-14）。

在线答题

形态特征：落叶乔木，高35～41.5 m；树皮灰褐色或深灰色，条片状脱落；小枝对生或近对生，下垂。叶交互对生，在侧生小枝上排成羽状两列，线形，柔软。雌雄同株，雄球花单生，交互对生排成总状或圆锥花序状；雌球花单生枝顶。球果下垂，当年成熟，近球形或长圆状球形，长 1.8～2.5 cm；苞鳞木质，盾形；种子倒卵形。花期在 2 月下旬；球果熟期在 10 月下旬至 11 月。

分布习性：产于重庆、湖北、湖南及陕西等地，海拔 750～1 500 m，气候温和湿润，沿河酸性土沟中。阳性树种，喜气候温暖湿润，耐寒性强，耐水湿能力强，耐旱力较弱。

园林应用：水杉树干通直挺拔，树形壮丽，叶色翠绿，入秋后叶色金黄，是著名的庭院观赏树。水杉可于公园、庭院、草坪、绿地中孤植、列植或群植。

5.6 柏科 Cupressaceae

常绿乔木或灌木。叶交叉对生或 3～4 片轮生，鳞形或刺形，或同一树木兼

有两型叶。雌雄同株或异株；雄球花交叉对生的雄蕊；雌球花交叉对生或轮生，苞鳞与珠鳞完全合生。球果种鳞木质或近革质，熟时张开，或肉质浆果状，熟时不裂或仅顶端微开裂，发育种鳞有 1 至多粒种子；种子周围具窄翅或无翅。柏科共 22 属，约 150 种，分布于南北两半球。我国产 8 属、29 种、7 变种，几乎遍布全国，多为优良的用材树种及园林绿化树种。另引入栽培 1 属、15 种。

分属检索表

A_1 球果的种鳞木质或近革质，熟时张开，种子通常有翅，稀无翅。

　B_1 种鳞扁平或鳞背隆起，薄或较厚，但不为盾形；球果当年成熟……………………………侧柏亚科

　　C_1 生鳞叶的小枝直展或斜展；种鳞 4 对，厚，鳞背有一尖头；种子无翅……1 侧柏属 ***Platycladus***

　　C_2 生鳞叶的小枝平展或近平展；种鳞 4～6 对，薄，鳞背无尖头；种子两侧有窄翅……2 崖柏属 ***Thuja***

　B_2 种鳞盾形；球果第二年或当年成熟………………………………………………………………柏木亚科

　………………………………………………………………………………3 柏木属 ***Cupressus***

A_2 球果肉质，球形或卵圆形，熟时不开裂，或仅顶端微裂……………………………圆柏亚科（桧亚科）

　B_1 叶全为刺叶或鳞叶，或刺叶鳞叶兼有，刺叶基部无关节，下延生长；球花单生枝顶…4 圆柏属 ***Sabina***

　B_2 叶全为刺叶，基部有关节，不下延生长；球花单生叶腋……………………………5 刺柏属 ***Juniperus***

5.6.1　侧柏属 *Platycladus* Spach

本属仅侧柏 1 种，为中国特产。

侧柏（黄柏、香柏、扁柏）*P. orientalis*（L.）Franco（图 5-15）

形态特征：常绿乔木，高达 20m，胸径 1 m；树皮薄，浅灰褐色，呈薄片状剥离。幼树树冠卵状尖塔形，老树树冠广圆形；小枝扁平，排成一平面。叶全为鳞形，交叉对生，排成四列。雌雄同株，罕异株；雄球花黄色，卵圆形；雌球花近球形，蓝绿色，被白粉。球果近卵圆形，长 1.5～2.5 cm，熟后木质开裂。种子长卵圆形，无翅或有极窄之翅。花期在 3-4 月，球果熟期在 10 月。

图 5-15　侧柏

1—果枝；2—雄花

品种：①千头柏（子孙柏、凤尾柏、扫帚柏）'Sieboldii'：丛生灌木，无明显主干；枝密，上伸；树冠卵圆形或球形；叶绿色。长江流域多栽培作绿篱树或庭院树种。②金塔柏（金枝侧柏）'Beverleyensis'：树冠塔形，叶金黄色。主要作为观叶树种，可孤植、列植、群植。③洒金千头柏 'Aurea Nana'：矮生密丛，无明显主干（同千头柏），树冠圆形至卵圆形，高 1.5 m。叶淡黄绿色，入冬略转褐绿色。杭州等地有栽培，广泛用于园林造景。④金叶千头柏（金黄球柏）'Semperaurescens'：矮形灌木，树冠球形，叶全年为金黄色。⑤窄冠侧柏 'Zhaiguancebai'：树冠窄，枝向止伸展或微斜上伸展，叶光绿色。

视频：侧柏

分布习性：我国特产，分布在除新疆、青海外的全国各地；也分布在朝鲜。侧柏为温带阳性树种，喜光，耐干旱瘠薄和盐碱地，不耐水涝；能适应于冷气候，也能在暖湿气候条件下生长；浅根性，侧根发达；生长较慢，寿命长。为喜钙树种。

园林应用：侧柏是我国应用最广泛的园林绿化树种之一，在造林、固沙及水土保持等方面也占有重要地位。

● **小贴士** ◎

侧柏自古以来多栽植于历代的帝王们的皇家宫殿、园林、坛庙、陵寝等处，以示“万代千秋，江山永固”之意，也为烘托庄严肃穆的环境。侧柏寿命长、树姿美，在北京天坛、陕西黄帝陵都有着许多千年古侧柏，是中华悠久历史的见证。

5.6.2 崖柏属 *Thuja* L.

常绿乔木或灌木，生鳞叶的小枝排成平面，扁平。鳞叶二型，交叉对生。雌雄同株，球花生于小枝顶端；雄球花具多数雄蕊；雌球花具 3 ～ 5 对交叉对生的珠鳞。球果矩圆形或长卵圆形，种鳞薄，革质，扁平，近顶端有凸起的尖头；种子扁平，椭圆形，两侧有翅。本属约 6 种，分布于美洲北部及亚洲东部。我国有 2 种，分布于吉林南部及四川东北部。另引种栽培 3 种，作观赏树。

北美香柏（香柏、美国侧柏）*T. occidentalis* L.

形态特征：树高达 20 m；干皮红褐色，纵裂成条状块片脱落；枝条开展，树冠塔形；当年生小枝扁，2 ～ 3 年后逐渐变成圆柱形。鳞叶先端尖，中间鳞叶具发香的油腺点，揉碎后有浓烈的苹果香气；小枝上面的叶暗绿色，下面的叶灰绿色。球果幼时直立，绿色，成熟时淡红褐色；种鳞薄木质；种子扁，两侧具窄翅。

分布习性：原产于北美东部。我国青岛、庐山、南京、上海、浙江南部和北京等地引种栽培。喜光，有一定耐阴力，耐旱，不择土壤，能生长于潮湿的碱性土壤上。耐修剪，抗烟尘和有毒气体的能力强。生长较慢，寿命长。

园林应用：北美香柏树冠优美整齐，常作园景树点缀装饰树坛，丛植草坪一角，也可作绿篱。

5.6.3 柏木属 *Cupressus* L.

常绿乔木，稀灌木状；小枝斜上伸展，稀下垂，生鳞叶的小枝四棱形或圆柱形，多不排成一平面。叶鳞形，交叉对生，仅幼苗或萌生枝上之叶为刺形。

雌雄同株，球花单生枝顶；雄球花具多数雄蕊；雌球花近球形。球果第二年夏初成熟，球形或近球形；种鳞熟时张开，木质，盾形；种子稍扁，两侧具窄翅。本属约 20 种，分布于北美、亚洲、欧洲。我国有 5 种，产于秦岭以南及长江流域以南，均是用材树种，引入栽培 4 种，作园林绿化树。

柏木（香扁柏、垂丝柏）*C. funebris* Endl.（图 5-16）

形态特征：乔木，高达 35 m，胸径 2 m；树皮淡褐灰色，呈长条状剥离；小枝扁平，细长下垂，排成一平面。鳞叶先端锐尖，中央的叶片背部有条状腺点。球果圆球形；种鳞 4 对；种子边缘具窄翅。花期在 3–5 月，球果熟期在次年 5–6 月。

图 5-16　柏木
1—果枝；2—鳞叶枝

分布习性：为我国特有树种，广泛分布于华东、中南、西南和甘肃南部、陕西南部等地区。柏木喜温暖湿润的气候条件，对土壤适应性广，耐干旱瘠薄，也稍耐水湿生长，耐寒性较强。

园林应用：柏木四季常青树形美，树冠浓密秀丽，小枝下垂，可作庭院、风景绿化树种。

5.6.4　圆柏属 *Sabina* Mill.

常绿乔木或灌木；有叶小枝不排成一平面。叶刺形或鳞形，幼树的叶子均为刺形，老树的叶子全为刺形或全为鳞形，或同一树兼有鳞叶及刺叶；刺叶通常三叶轮生，叶基下延生长，无关节，上（腹）面有气孔带；鳞叶交叉对生。雌雄异株或同株，球花单生短枝顶端。球果通常次年成熟，稀当年或第三年成熟；苞鳞与种鳞合生，肉质，果熟时不开裂；种子无翅。本属约 50 种，分布于北半球，北至北极圈，南至热带高山。我国有 15 种、5 变种，多数分布于西北部、西部及西南部的高山地区，能适应干旱、严寒的气候。另引入栽培 2 种。

图 5-17　圆柏
1—刺形叶枝条；2—球果鳞叶枝

视频：圆柏

5.6.4.1　圆柏（桧、刺柏、红心柏、珍珠柏）*S. chinensis*（L.）Ant.（图 5-17）

形态特征：乔木，高达 20 m，胸径达 3.5 m；树皮深灰色，呈条片状纵裂；幼树尖塔形树冠，老树广圆形树冠。叶二型，刺叶生于幼树之上，老龄树则全为鳞叶，壮龄树兼有刺叶与鳞叶。球果近圆球形，直径 6 ～ 8 mm，两年成熟，熟时暗褐色，被白粉。花期在 4 月下旬，球果熟期多在次年 10–11 月。

变种、变型与品种：①偃柏（真柏）var. *sargentii*（Henry）Cheng et L.K.Fu：匍匐灌木；大枝匍地生，小枝上升成密丛状。幼树为刺叶，并常交互对生。老树多为鳞叶，蓝绿色，球果带蓝色。②垂枝圆柏 f. *peudula* Cheng et W.T.Wang：小枝细长下垂，产于陕西南部和甘肃东南部；北京等地也有栽培。③龙柏‘Kaizuca’：树体通常瘦削，成圆柱形树冠；侧枝短而环抱主干，端梢扭转上升，如龙舞空。小枝密、在枝端成几乎相等长的密簇。全为鳞叶，间或刺叶。④金龙柏‘Kaizuca Aurea’：枝端叶金黄色，其余特征同龙柏。⑤匍地龙柏‘Kaizuca Procumbens’：无直立主干，植株匍地生长，以鳞叶为主。⑥金叶桧‘Aurea’：直立灌木，宽塔形，高 3 ～ 5 m；小枝具刺叶和鳞叶，刺叶中脉及叶缘为黄绿色；鳞叶初为深金黄色，后渐变为绿色。⑦球桧‘Globosa’：丛生球形或半球形灌木，高约 1.2 m；枝密生，斜上展；通常全为鳞叶，偶有刺叶。⑧金星球桧‘Aureoglobosa’：灌木，树形同球桧，呈丛生球形或卵形，枝端绿叶中杂有金黄色枝叶。⑨塔柏‘Pyramidalis’：树冠圆柱状塔形，枝密集；通常全为刺叶，稀间有鳞叶。⑩羽桧‘Plumosa’：矮生灌木，主枝长偏于一侧，大枝广展；小枝密生，羽状，顶端下俯；叶多为鳞叶，暗绿色。⑪鹿角柏‘Pfitzeriana’：丛生灌木，大枝自地面向上斜展，小枝端下垂；通常全为鳞叶，灰绿色。⑫金叶鹿角柏‘Aureo–.pfitzeriana’：外形如鹿角柏，唯嫩枝叶为金黄色。⑬龙角柏（躺柏）‘Ceratocaulis’：植株介于乔木和灌木之间，大致成扁圆锥形，以刺叶为主，老枝上鳞叶较多。

分布习性：产于我国北部及中部，现各地广泛栽培。喜光树种，幼树稍耐阴，喜温凉、温暖气候及湿润土壤。耐干旱瘠薄，耐寒，耐热，稍耐湿，但忌积水。耐修剪，易整形。

园林应用：圆柏树形优美，是著名的园景树。

视频：北美圆柏

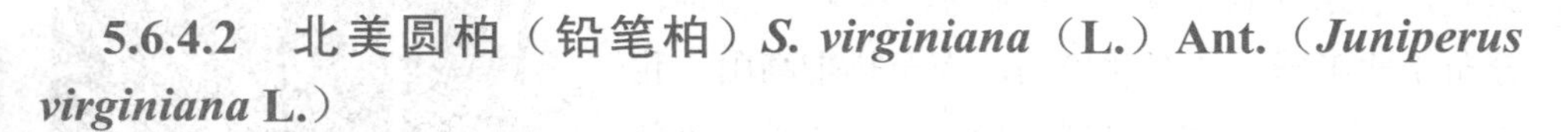

5.6.4.2 北美圆柏（铅笔柏）*S. virginiana*（L.）Ant.（*Juniperus virginiana* L.）

形态特征：乔木，高达 30 m；树皮红褐色，裂成长条片脱落；枝条直立或向外伸展，形成柱状圆锥形或圆锥形树冠；生鳞叶的小枝细。刺叶交互对生。雌雄球花常异株。球果当年成熟，近圆球形或卵圆形，长 5 ～ 6 mm，蓝绿色，被白粉；种子卵圆形，熟时褐色。花期在 3 月，球果熟期在 10–11 月。

分布习性：原产于北美。我国华东地区引种栽培作庭院树。适应性强，能耐干燥、低湿和砂砾地，喜酸性和中性土，也较耐盐碱土，宜作园林绿化及观赏用。

5.6.4.3 砂地柏（叉子圆柏、新疆圆柏、臭柏）*S. vulgaris* Ant.（*Juniperus sabina* L.）（图 5-18）

图 5-18 砂地柏

形态特征：匍匐灌木，高不到 1 m；枝密，斜上伸展，枝皮灰褐色，裂成薄片脱落。叶二型；刺叶常生于幼树上，排列较密，向上斜展；鳞叶交互对生，排列紧密或稍疏。雌雄异株，稀同株；球果生于向下弯曲的小枝顶端，熟时褐色至紫蓝色或黑色；种子顶端钝或微尖。花期在 4–5 月，球果需要 2 年成熟。

分布习性：产于西北地区。喜光，耐寒、耐瘠薄，对土壤要求不严，不耐涝。耐旱性强，一般分布在固定和半固定沙地上。

园林应用：常植于坡地观赏及护坡，或作为常绿地被和基础种植，增加层次。匍匐有姿，是良好的地被树种。

5.6.4.4 铺地柏（匍地柏、矮桧、偃柏、爬地柏）*S.procumbens*（Endl.）Iwata et Kusaka

形态特征：匍匐灌木，高达 75 cm；枝条延地面扩展，密生小枝，枝梢及小枝向上斜展。叶全为刺形叶，三叶交叉轮生，绿色中脉仅下部明显，沿中脉有细纵槽。球果近球形，被白粉；种子长约 4 mm。

分布习性：原产于日本，也在我国各地作观赏树。温带阳性树种，喜光，稍耐荫，适生于滨海湿润气候；能在干燥的砂地上生长良好，喜石灰质的肥沃土壤，耐寒、耐旱、抗盐碱。

园林应用：在园林中可配植于岩石园或植于草坪角隅、花坛、山石、林下，增加绿化层次，丰富观赏美感。又为缓土坡的良好地被植物，各地也经常盆栽观赏。

5.6.5 刺柏属 *Juniperus* L.

常绿乔木或灌木；小枝近圆柱形或四棱形；冬芽显著。叶全为刺形，三叶轮生，基部有关节，不下延生长，披针形或近条形。雌雄同株或异株，球花单生叶腋；雄蕊约 5 对，交叉对生；雌球花近圆球形，有 3 枚轮生的珠鳞。球形球果浆果状，两年或三年成熟；苞鳞与种鳞合生，肉质，成熟时不裂或仅顶端微裂；种子无翅。本属约 10 种，分布于亚洲、欧洲及北美洲。我国有 3 种，引入栽培 1 种。

刺柏（山刺柏、台桧）*J. formosana* Hayata（图 5-19）

形态特征：乔木，高达 12 m；树皮褐色，纵裂成长条薄片脱落；枝条斜展或直展，树冠塔形或圆柱形；小枝下垂，三棱形。三叶轮生，全为刺形，上面稍凹，两侧各有 1 条白色；叶背绿色；叶基有关节，不下延。球果近球形或宽卵圆形，2 年成熟，熟时淡红褐色，间或顶部微张开；种子半月圆形。

图 5-19　刺柏
1—果枝；2—刺形叶

分布习性：广泛分布于我国中西部至东南部及台湾地区。喜光，耐阴，耐寒性不强；喜温暖多雨气候及石灰质土壤，耐水湿。

园林应用：刺柏树姿柔美，叶片苍翠，冬夏常青。其适于对植、列植、带植和群植，也可制作盆景观赏；还是水土保持的造林树种。

5.7 罗汉松科 Podocarpaceae

常绿乔木或灌木。叶螺旋状着生，稀对生或交叉对生，条形、披针形、椭圆形或鳞形，雌雄异株，稀同株；雄球花穗状，单生或簇生于叶腋，稀顶生，雄蕊多数，螺旋状排列；雌球花腋生或顶生，有梗或无梗。种子核果状或坚果状，全部或部分为肉质的假种皮所包，苞片与轴愈合发育为肉质种托，或不发育；子叶 2。6～8 属，180 余种；分布于热带、亚热带及南温带地区。我国产 2～4 属、12 种、3 变种，分布于中南、华南和西南地区。

罗汉松属 *Podocarpus* L. Her. ex Persoon

常绿乔木或灌木。叶螺旋状排列、近对生或交叉对生，条形、披针形、椭圆状卵形或鳞形。雌雄异株，雄球花穗状，单生或簇生叶腋，或成分枝状，雄蕊螺旋状排列，花药 2；雌球花常单生叶腋或苞腋。种子当年成熟，核果状，全部为肉质假种皮所包，生于肉质或非肉质的种托上。

竹柏（椰树、罗汉柴、椤树、山杉）*P. nagi* Zoll. et Mor. Ex Zoll.（图 5-20）

形态特征：乔木，高达 20 m；树皮近于平滑，红褐色或暗紫红色，成小块薄片脱落；枝条开展或伸展，树冠广圆锥形。叶对生，革质，长卵形、卵状披针形或披针状椭圆形，有多数并列的细脉，无中脉，像竹叶，上面深绿色，有光泽，下面浅绿色。雄球单生叶腋；雌球花单生叶腋，稀成对腋生，花后苞片不肥大成肉质种托。种子圆球形，成熟时假种皮暗紫色，有白粉。花期在 3–4 月，种子在 10 月成熟。与罗汉松不同之处是没有肉质种托。

图 5-20　竹柏

1—雌球花枝；2—种子枝；3—雄球花枝；4—雄球花；5，6—雄蕊

品种：黄纹竹柏‘Variegata’：叶面有黄色斑纹。

分布习性：产于我国东南至华南；也分布在日本。喜温暖湿润气候，适生于深厚、肥沃、疏松的酸性砂质壤土。

园林应用：树冠浓郁，树形美观，枝叶青翠而有光泽，四季常青。

罗汉松（罗汉杉、土杉）*P.macrophylla*（Thunb.）D. Don（图 5-21）

形态特征：常绿乔木，高可达 20 m；树冠广卵形，树皮灰色或灰褐色，浅纵裂，呈薄片状脱落；枝开展或斜展，较密。叶螺旋状着生，条状披针形，微弯，先端尖，两面中脉明显，上面深绿色，有光泽。雄球花穗状、腋生；雌球花单生叶腋，有梗。种子卵圆形，熟时肉质假种皮紫黑色，有白粉，种托肉质圆柱形，红色或紫红色。花期在 4–5 月，种子在 8–9 月成熟。因其种子圆头，似和尚的光头，种托像和尚的肩，而称其为罗汉松。

图 5-21　罗汉松

1—种子枝；2—雌球花枝

变种：①短叶罗汉松 var.*maki*（Sieb.）Endl.：小乔木或成灌木状，枝条向上斜展。叶短而密生，先端钝或圆。②狭叶罗汉松 var.*angustifolius* Blume：灌木或小乔木，叶较狭，先端渐窄成长尖头，基部楔形。③柱冠罗汉松 var.*chingii* N.E.Gray：树冠圆柱形；叶小，矩圆状倒披针形或倒披针形，长 1.3 ～ 3.5 cm，先端钝或圆，基部楔形。

分布习性：分布于我国华东、华中、华南及西南区。半阳性树种。在半荫环境下生长良好。喜温暖湿润和肥沃砂质壤土，耐海风海潮，在沿海平原也能生长，萌芽力强，耐修剪，抗病虫害及多种有害气体。

园林应用：著名的观赏树种，株形美观，四季常青，易于造型，在庭院中应用较多。

5.8

视频：粗榧

在线答题

三尖杉科（粗榧科）Cephalotaxaceae

含 1 属 9 种，产于东亚。中国为其分布中心，共产 7 种 3 变种。

三尖杉属（粗榧属）*Cephalotaxus* Sieb. et Zucc.

常绿木本；小枝对生，基部有宿存芽鳞。叶呈假两列状。两面中脉隆起。雄球花为头状花序。种子核果状，次年成熟，全部为假种皮所包被，雌雄异株。7 种 2 变种，产于东亚至南亚；我国有 6 种 2 变种。

粗榧（粗榧杉、中华粗榧杉）*C. sinensis*（Rehd.et Wils.）Li（图 5-22）。

图 5-22　粗榧

形态特征：灌木或小乔木，高达 12 m；树皮灰褐色，呈薄片状脱落。条形叶，通常直，几乎无柄，上面绿色，下面气孔带白色。4 月开花；次年 10 月成熟，2 ～ 5 个种子着生于总梗上部，卵圆、近圆或椭圆状卵形。

分布习性：产于我国长江流域及其以南地区海拔 600 ～ 2 200 m 的山地。阳性树，较喜温暖，生长缓慢，有较强萌芽力，耐修剪，但不耐移植。有一定耐寒力。

园林应用：通常多宜与其他树配植，作基础种植用，或种植在草坪边缘。

5.9

红豆杉科（紫杉科）Taxaceae

常绿灌木或乔木。叶条形，少数为条状披针形，中脉明显，螺旋状排列。雌雄异株，罕同株。种子于当年或次年成熟，全包或部分包被于杯状或瓶状的肉质假种皮中，有胚乳；子叶 2。共 5 属、23 种，有 4 属分布于北半球，1 属分布于南半球。我国有 4 属、12 种、1 变种，另有 1 栽培种。

红豆杉属（紫杉属）***Taxus* L.**

常绿乔木或灌木。树皮褐色或红色，呈长片状或鳞片状剥落。叶互生或基部扭转排成假两列状，条形，直或略弯；叶上面中脉隆起，下面有 2 条灰绿色、淡黄色或淡灰色的气孔带。雌雄异株，球花单生叶腋。种子坚壳果状，外种皮坚硬，外为红色肉质杯状假种皮所包被，有短梗，或几乎无梗。约11种，分布于北半球；我国有 4 种、1 变种。

视频：红豆杉

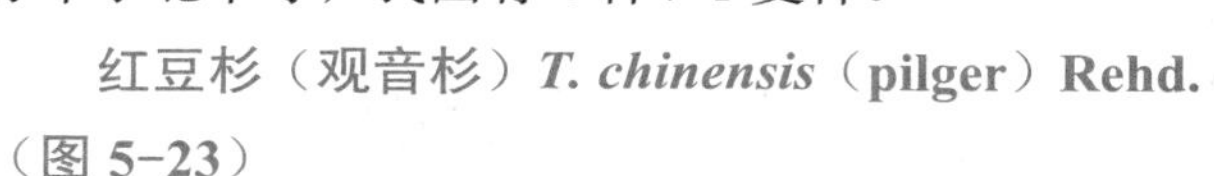

红豆杉（观音杉）***T. chinensis*（pilger）Rehd.**（图 5-23）

形态特征：乔木，高达 30 m；树皮褐色，裂成条片状脱落。叶长 1.5 ～ 3.2 cm，稍弯曲，边缘略反卷，背面中脉与气孔带同色，呈羽状二列。

变种、品种：南方红豆杉 var. *mairei*（Lemee et Levl.）Cheng et L. K. Fu：常绿乔木，高 16 m。叶略弯如镰刀状，与原种不同之处为叶缘不反卷，叶背绿色边带较宽，中脉带上的凸点较大。种子微有 2 纵棱脊。

分布习性：分布于甘肃南部、陕西南部、湖北西部、四川等地。用播种或扦插法繁殖。

图 5-23　红豆杉

1—种子枝；2—雄蕊；3—雌球花

园林应用：为优良用材及园林观赏树种，可用于园林绿化。

在线答题

※ 思考题

1．简述裸子植物的特征。

2．简述银杏雌雄株、侧柏属和柏木属、圆柏和刺柏、云杉属和冷杉属、青杆和云杉、圆柏和北美圆柏的区别。

3．举例说明侧柏、圆柏、油松、马尾松、银杏的景观特征及园林应用。

4．试述可应用于西北地区绿化、造林的柏科主要树种。

5．列检索表区别当地松科常见树种。

6．列检索表区别当地柏科常见树种。

第6章 被子植物门 ANGIOSPERMAE

知识目标

掌握被子植物、双子叶植物、单子叶植物、离瓣花、合瓣花的特点及其园林应用。

技能目标

能够掌握被子植物门科、属的形态特征及常见种的特征及应用。

素质目标

培养学生学术表达的能力和实事求是的科学态度。

6.1 双子叶植物纲 Magnoliopsida（Dicotyledons）

在线答题

6.1.1 木兰亚纲 Magnoliidae

6.1.1.1 木兰科 Magnoliaceae

木本，稀藤本，体内常具油腺体，叶有香味。叶互生、簇生或近轮生，单叶不分裂，罕分裂。托叶大而早落，在小枝上留下明显的托叶环。花两性，单生，顶生、腋生、罕成为 2 ～ 3 朵的聚伞花序。花被片通常花瓣状；雌雄蕊多离生，螺旋状排列。聚合蓇葖果、聚合翅果、聚合浆果。3 族，18 属，约 335 种，主要分布于亚洲东南部、南部。我国有 14 属，约 165 种，主要分布于东南部至西南部，渐向东北及西北而渐少。

分属检索表

A_1 叶全缘；聚合果为各种形状；常因部分心皮不育而扭曲变形；成熟心皮为蓇葖，不规则开裂。

　B_1 花顶生；雌蕊群无柄或具柄。

　　C_1 每心皮具 2 个胚珠，叶膜质至厚纸质，落叶乔木或灌木，少数常绿……………………1 木兰属 ***Magnolia***

　　C_2 每心皮具 4 个以上胚珠，叶革质，常绿乔木…………………………………………2 木莲属 ***Manglietia***

　B_2 花腋生，雌蕊群具显著的柄……………………………………………………………3 含笑属 ***Michelia***

A_2 叶 4 ～ 10 裂，先端截平形或成宽阔的缺；聚合果纺锤状……………………4 鹅掌楸属 ***Liriodendron***

1. 木兰属 *Magnolia* L.

单叶互生，全缘，托叶与叶柄相连并包裹嫩芽，有环状托叶痕。花芳香，单生枝顶；萼片 3，花瓣状，花被多轮；雌蕊无柄。聚合蓇葖果球状。种子有红色假种皮，珠柄丝状。本属约有 90 种，分布于东南亚、北美至中美。我国约有 30 种，多为观赏树种。

木兰（紫玉兰、辛夷、木笔）***M. liliiflora*** **（Desr.）D. C. Fu**（图 6-1）

形态特征：落叶大灌木，高 3 ～ 5 m。小枝紫褐色。叶纸质倒卵形；长 8 ～ 18 cm，上面疏生柔毛。花大，单 生枝顶，花瓣 6 片，外紫内白，萼片小，3 枚，黄绿色披针形，早落。花在 3-4 月叶前开放或花叶同放，9-10 月果熟。

图 6-1　木兰

1—花枝；2—果枝；3—雌蕊群；4—雌雄蕊群；5—雄蕊

分布习性：原产于我国中部，现广泛栽培。喜光，稍耐荫，不耐严寒，喜肥沃、湿润且排水良好的土壤，在过于干燥及碱土、黏土上生长不良。

园林应用：木兰适于古典园林中厅前院后配植，也可孤植或散植于庭院、室前，或丛植于草地边缘。

小贴士

木兰观赏价值高，早春开花时，满树紫红色花朵，气味幽香，别具风情。其花蕾大如笔头，故有“木笔”之称。

二乔玉兰（朱砂玉兰）***M.soulangeana* Soul.-Bod.**（图 6-2）

图 6-2　二乔玉兰
1—叶；2—雄蕊群和雌蕊群；3—花枝

形态特征：落叶小乔木，高 6 ～ 10 m。叶纸质，倒卵形，被柔毛，托叶痕为叶柄长的 1/3。花蕾卵圆形，花先叶开放，花被片 6 ～ 9，外面紫色，里面纯白色。聚合果蓇葖卵圆形或倒卵圆形，熟时黑色，具白色皮孔，种子深褐色。花期在 2–3 月，果期在 9–10 月。

变种、品种：①紫二乔玉兰‘Purpurea’：花被片 9，紫色；北京颐和园有栽培。②常春二乔玉兰‘Semperflorens’：一年能开好几次花。③红远玉兰‘Red Lucky’：花被片 6 ～ 9 片，花鲜红色或紫色，能在春夏秋三季开花。④紫霞玉兰‘Chameleon’：叶倒卵状长椭圆形，花蕾长卵形，花被片桃红色。⑤红霞玉兰‘Hongxia’：花被片 9，近圆形，深红色至淡紫色。

视频：二乔玉兰

分布习性：我国及欧美园林中都有栽培。阳性树，稍耐荫，最宜在酸性、肥沃且排水良好的土壤中生长。

园林应用：二乔玉兰花大色艳，是城市绿化的极好花木。二乔玉兰可用于公园、绿地和庭院等孤置观赏。

视频：望春玉兰

望春玉兰（望春花）***M.biondii* Pamp.**

形态特征：落叶乔木，高可达 12 m。树皮淡灰色，光滑；小枝细长，灰绿色。叶长圆状披针形或卵状披针形。花蕾着生幼枝顶端，先叶开放，芳香；花被片 9 片，外轮紫红色，近条形，呈萼片状，内 2 轮近匙形，白色，基部紫色。聚合果圆柱形，常因部分不育而扭曲；蓇葖近圆形；种子心形，顶端凹陷。花期在 3–4 月，果熟期在 8–9 月。

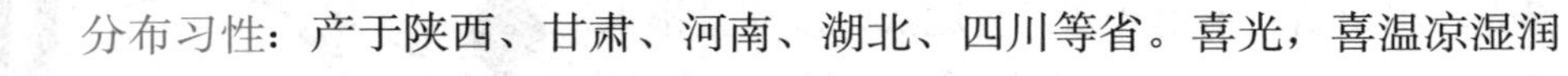

分布习性：产于陕西、甘肃、河南、湖北、四川等省。喜光，喜温凉湿润气候及微酸性土壤。稍耐寒、耐旱，有较强的抗逆性，苗期怕强光。

视频：玉兰

玉兰（白玉兰、望春花、木花树）***M.denudata* Desr.**（图 6-3）

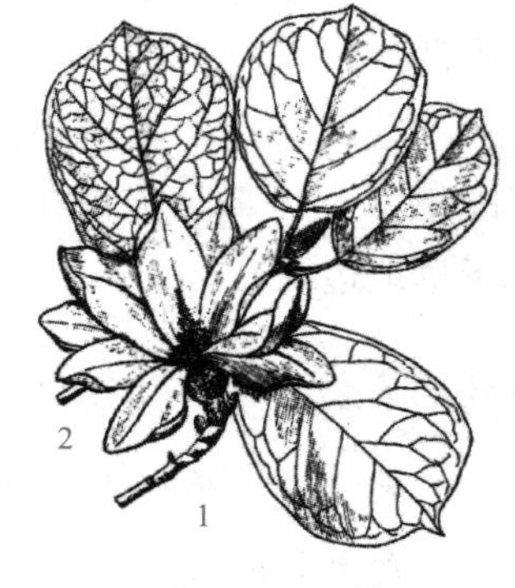

图 6-3　玉兰
1—花枝；2—枝叶

形态特征：落叶乔木，树冠卵形；叶纸质，倒卵形；小枝灰褐色；冬芽、花蕾密被淡灰黄色长绢毛。花先叶开放，三基数花，每轮 3 片，共 3 轮，花被片 9 片，不分化，大小相等，白色。聚合果圆柱形。花期在 2–3 月，果期在 8–9 月。

分布习性：产于江西、浙江、湖南、贵州。喜光，稍耐荫，颇耐寒。喜肥沃湿润、排水良好的弱酸性土壤。不耐积水。

园林应用：乔木耸立，先花后叶，花莹洁清丽，是中国著名的早春花木。适列植堂前、点缀中庭、丛植于草坪或针叶树丛之前。如在以玉兰为主的树丛，配以花期相近的茶花或杜鹃花互为衬托，更富情趣。

视频：广玉兰

广玉兰（洋玉兰、大花玉兰、荷花玉兰）***M.grandiflora*** **L.**（图 6-4）

形态特征：常绿乔木，高 30 m。芽及小枝有锈色柔毛。叶厚革质，上面深绿有光泽，下面有锈色短绒毛。花大，有芳香，白色，花瓣常 6 枚；萼花瓣状，3 枚。聚合果圆柱状卵形，密被锈毛。种子红色。花期在 5–8 月，果在 10 月成熟。

品种：狭叶广玉兰 'Exmouth'（'Lanceolata'）：叶较狭，背面苍绿色，毛较少；树冠较窄。上海、杭州等地有栽培。

图 6-4　广玉兰

1—花枝；2—聚合果；3—种子

分布习性：原产于北美东部，中国长江流域至珠江流域的园林中常见栽培。喜光，也耐阴。喜温暖湿润气候。喜肥沃湿润且排水良好的土壤，不耐干燥及石灰质土。

园林应用：树冠庞大，花开于枝顶，不宜植于狭小之地，否则不能充分发挥其观赏效果。宜单植在宽广开阔的草坪上。

视频：山玉兰

山玉兰（优昙花、山菠萝）***M. delavayi*** **Franch.**

形态特征：常绿乔木，高达 12 m，树皮灰色或灰黑色，粗糙而开裂。叶厚革质，卵状长圆形，边缘波状，叶背有白粉。花芳香，杯状；花被片 9 ～ 10 片，外轮 3 片淡绿色。聚合果卵状长圆体形。花期在 4–6 月，果熟期在 8–10 月。

变型：红花山玉兰 f. rubra K.M.Feng：花粉红至红色；花期在 6–8 月在昆明等地广泛栽培。

分布习性：分布于四川、贵州、云南。喜温暖、湿润气候，稍耐荫，喜深厚肥沃土壤，也耐干旱和石灰质土，忌水湿；生长较慢，寿命长达千年。

园林应用：树冠婆娑，入夏乳白芳香的大花盛开，衬以光绿大叶，为极珍贵的庭院观赏树种。

● 小贴士 ◎

据《徐霞客游记》记载，优昙花即所谓“昙花一现”中的佛教圣花。今昆明安宁温泉西侧 1 千米处的曹溪寺中昙花古树尚存。

厚朴 ***M. officinalis*** **Rehd. et Wils.**

形态特征：落叶乔木，高达 15 m。树皮厚，紫褐色；小枝粗壮，幼枝淡黄色，有绢状毛。顶芽大。叶革质，下面有白粉；叶柄粗壮；托叶痕达叶柄中部以上。花顶生，白色，芳香；花被片厚肉质，外轮3片淡绿色，盛开时常向外反卷。聚合果长椭圆状卵形；蓇葖木质。花期在5月，果熟期在9月下旬。

变种：凹叶厚朴‘ssp.biloba（Rehd.et Wils.）Law’：形态与厚朴相似，不同之处在于叶先端凹缺；花叶同放；聚合果大而红，颇为美丽。

分布习性：产于我国东南部。喜光，耐侧方庇荫，喜生于温暖、湿润、土壤肥沃、排水良好的坡地。在多雨及干旱处均不适宜。

园林应用：可作庭荫树栽培。宜成丛、成片或常绿树混植。

夜香木兰（夜合花、簸箕花）*M. coco*（Lour.）DC.

视频：夜香木兰

形态特征：常绿灌木或小乔木，高2～4 m，全株各部无毛。叶革质，椭圆形，网状脉明显下凹，边缘稍反卷；托叶痕达叶柄顶端。花梗向下弯垂。花圆球形，花被片9片，肉质，倒卵形，外3片带绿色，内6片纯白色，夜间香；聚合果蓇葖近木质。花期在夏季，果熟期在秋季。

分布习性：产于中国南部及越南，现广泛种植在亚洲东南部。

园林应用：枝叶婆娑，花纯白，入夜香气更浓郁。是华南地区久经栽培的著名庭院观赏树种。

2．木莲属 *Manglietia* Bl.

本属约30余种，分布于亚洲亚热带及热带。我国约20种，分布于长江以南，多数产于华南、云南。

木莲 *M. fordiana* Oliv.

形态特征：常绿乔木，高达20 m。树皮灰色平滑。小枝有皮孔和环状托叶痕。叶厚革质，长椭圆状披针形，下面疏生红褐色短毛；叶柄红褐色，基部稍膨大。花单生枝顶，白色肉质。聚合果卵形，蓇葖肉质深红色，熟时木质紫色，表面有小疣点。花期在5月，果熟期在9月。

分布习性：产于我国东南部至西南部山地。喜光，幼时耐荫，喜温暖湿润气候及肥沃的酸性土壤，在低海拔过于干热处生长不良。

园林应用：木莲树姿优美，枝叶并茂，绿荫如盖，典雅清秀，初夏盛开玉色花朵。于草坪、庭院或名胜古迹处孤植、群植，能起到绿荫庇夏，寒冬如春的功效。

【知识扩展】

如何区分木兰属和含笑属植物

木兰属：花大型，顶生；香味淡；雌蕊群无柄。

含笑属：花一般小一些，腋生，香味浓；雌蕊群有柄。

3．含笑属 *Michelia* L.

花单生叶腋，开放时不全部张开，芳香；花被片6～9片，排列为2～3

轮；雌蕊群具柄，胚珠 2 至多数。聚合蓇葖果自背部开裂；种子红色或褐色。

白兰花（白兰、白玉兰）*M. alba* DC.（图 6-5）

形态特征：常绿乔木，高达 17 m，阔伞形树冠；树皮灰色。叶薄革质，长椭圆形或披针状椭圆形，托叶痕几乎达叶柄中部。花白色，极香；花被片 10 片，披针形；蓇葖果熟时鲜红色。花期在 4–9 月，夏季盛开，通常不结果实。

分布习性：原产于印度尼西亚爪哇，我国福建、广东、广西、云南等省区栽培。喜光，喜温暖、多雨气候及肥沃疏松酸性土壤，不耐寒。

园林应用：花洁白清香，花期长，叶色浓绿，是著名的庭院观赏树种，华南城市常栽作庭荫树、观赏树及行道树。

图 6-5　白兰花

1—花枝；2—叶下面疏生微柔毛；3—雄蕊；4—雌蕊群；5—心皮及子房纵剖；6—花瓣

峨嵋含笑 *M. wilsonii* Finet et Gagn.

形态特征：乔木，高达 20 m；嫩枝绿色，被淡褐色毛，老枝节间较密，具皮孔；顶芽圆柱形。叶革质，倒卵形，有光泽，叶背灰白色，有短毛。花黄色，芳香；花被片带肉质，9～12 片，倒卵形或倒披针形。聚合果下垂；蓇葖紫褐色。花期在 3–5 月，果熟期在 8–9 月。

分布习性：产于四川中部、西部，湖北西部，分布于贵州遵义各地。中性偏阴树种。喜温暖湿润气候。适于土层深厚、腐殖质较丰富的微酸性砂质黄壤。

园林应用：树形优美，花大且洁白芳香，是良好的园林绿化及观赏树种。

含笑（含笑梅、山节子）*Michelia figo*（Lour.）Spreng.（M.fuscata Blume）（图 6-6）

图 6-6　含笑

1—花；2—果枝

形态特征：常绿灌木；树冠圆球形。小枝及叶柄密生褐色绒毛。叶较小，革质，椭圆状倒卵形。花直立，腋生，花被片 6 片，肉质，淡乳黄色，边缘带紫晕，香味似香蕉。蓇葖果卵圆形，先端有短喙。花期在 3–5 月，果熟期在 7–9 月。

分布习性：原产于华南，现从华南至长江流域各省均有栽培。夏季炎热时宜半荫环境，其他时间最好有充足阳光。不耐干燥瘠薄，怕积水，要求排水良好、肥沃微酸性壤土。

园林应用：花盛开时含而不放，因模样娇羞似笑非笑而取名含笑。叶绿花香，树形、叶形俱美，是中国著名的芳香花木。其抗氯气，是工矿区绿化良好树种。耐荫，可植于楼北、草坪边缘或疏林下，于建筑入口对置，在窗前散置一二，室内盆栽，花时芳香清雅。

● 小贴士 ◎

花新颖别致，盛开时含而不放，模样娇羞似笑非笑而取名含笑。

乐昌含笑（广东含笑）*Michelia chapensis* Dandy

形态特征：乔木，高 15 ～ 30 m，树皮灰色至深褐色。叶薄革质，边缘有点皱波，上面深绿色，有光泽；无托叶痕。花具 2 ～ 5 苞片脱落痕；花被片淡黄色，6 片，芳香，2 轮。聚合果；蓇葖顶端具短细弯尖头，基部宽；种子红色。花期在 3–4 月，果期在 8–9 月。

分布习性：产于江西南部、湖南西部及南部、广东西部及北部、广西东北部及东南部。阳性树种，喜温暖湿润气候和充足的光线，幼苗需庇荫，宜深厚、疏松、肥沃且湿润的酸性土壤。

园林应用：树形壮丽，枝叶稠密，叶色翠绿，花清丽而芳香，是优良的园林绿化和观赏树种。

视频：深山含笑

深山含笑（光叶白兰花、莫夫人含笑花）*Michelia maudiae* Dunn

形态特征：常绿乔木，高达 20 m。芽、幼枝、叶下面有白粉。叶革质，宽椭圆形，无托叶痕；叶表面深绿色有光泽。花单生枝梢叶腋，大形，芳香，花被片 9，3 轮，纯白色，基部稍呈淡红色。聚合果，蓇葖矩圆形，有短尖头，背缝开裂。花期在 2–3 月，果期在 9–10 月。

分布习性：原产于浙江南部、福建、湖南南部、广东北部、广西和贵州。喜弱荫，不耐暴晒和干燥，喜温暖湿润气候。

园林应用：树形端正，花幽芳香，是优良的观赏花木，孤植、群植，作庭荫树、行道树列植均可。

视频：鹅掌楸

4. 鹅掌楸属 *Liriodendron* Linn.

本属 2 种。我国 1 种，北美 1 种。

鹅掌楸（马褂木）*L. chinesese*（Hemsl.）Sargent.（图 6–7）

图 6–7 鹅掌楸

1—果枝；2—花；3—雄蕊；4—雌蕊群；5—具翅小坚果

形态特征：落叶大乔木，高达 40 m，树冠圆锥形。小枝灰褐色，具环状托叶痕。单叶互生，有长柄，叶形似马褂，叶背有白粉乳头状凸起。花黄绿色，杯状，花被片 9 片，花单生枝端。聚合果，翅状小坚果。花期在 5–6 月，果熟期在 10 月。

分布习性：产于长江以南各省区。属于国家二级保护植物。喜光，喜温暖凉爽湿润气候，有一定的耐寒性。喜土层深厚、肥沃湿润且排水良好的酸性或微酸性土壤。不耐水湿和干旱。

园林应用：树干挺直，树冠伞形，是世界珍贵的庭院观赏树种之一，宜作庭荫树及行道树。

小贴士

鹅掌楸的叶形奇特，如同马褂，所以也称为马褂木。花朵金黄色，像杯状的郁金香，故也有“中国郁金香”之称。

6.1.1.2 蜡梅科 Calycanthaceae

灌木。单叶对生，有叶柄；无托叶。花两性，单生，芳香，先叶开放；花梗短；花被片多数，螺旋状着生于杯状的花托外围，萼片瓣化；花托杯状。聚合瘦果着生于坛状果托之中。共 2 属、7 种、2 变种，分布于亚洲东部和美洲北部；我国有 2 属、4 种、1 栽培种、2 变种。

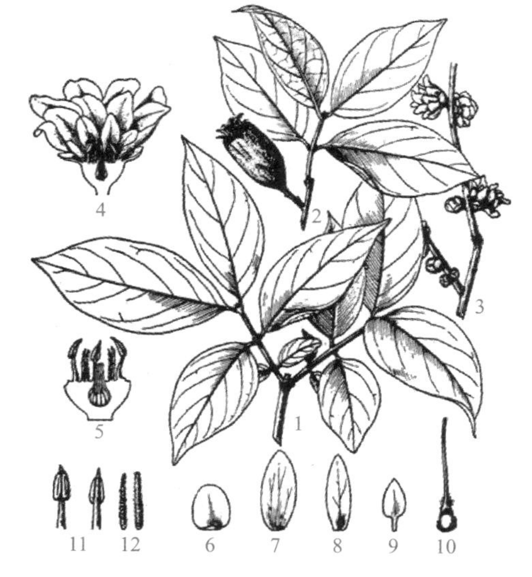

图 6–8 蜡梅

1—叶枝；2—果枝；3—花枝；4—花的纵剖面；5—花托的纵切面；6，7，8，9—花被片；10—雌蕊纵切面；11—雄蕊背、腹面；12—退化雄蕊

蜡梅属 *Chimonanthus* lindl.

3 种，我国特产；日本、朝鲜、欧洲、北美等均已经引种栽培。

蜡梅（腊梅、黄梅花、冬梅）*C. praecox*（Linn.）Link（图 6–8）

形态特征：落叶灌木；幼枝四方形，有皮孔。单叶对生，卵圆形至卵状披针形，叶纸质，除叶背脉上被疏微毛外无毛。花单生叶腋，先花后叶，芳香；外轮花被蜡黄色，内轮花被片有紫色条纹，无毛。果托近木质化，坛状或倒卵状椭圆形，有被毛附生物，瘦果种子状，紫褐色。花期在 11 月至翌年 3 月，果期在 4–11 月。

分布习性：原产于我国中部，黄河到长江流域均有栽植。喜光，耐干旱，忌水湿，喜深厚且排水良好的土壤，忌黏土和盐碱土。

园林应用：花黄似蜡，浓香扑鼻，冬季观赏主要花木。

【知识扩展】

如何区分蜡梅和梅花

蜡梅：花被外轮蜡黄色内轮有紫色条纹，果实为瘦果，被坛状花托包被，小枝褐色，或叶对生全缘，有粗糙感；

梅花：花瓣5的倍数，果实核果，小枝绿色，叶互生有细尖锯齿，叶无粗糙感。

6.1.1.3　樟科 Lauraceae

在线答题

木本。具有油细胞，有香气。单叶全缘，羽状脉，三出脉或离基三出脉；无托叶。花小，常成圆锥状、总状或小头状花序，通常为3基数，芳香；花被片6或4片，2轮排列，或为9而3轮排列。浆果或核果，种子无胚乳。约45属2 000余种，产于热带及亚热带地区。我国约有20属、423种、43变种、5变型，主要分布于长江以南各省区。

分属检索表

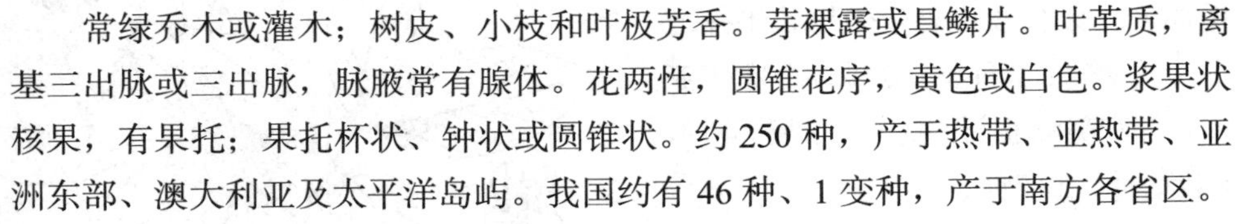
A_1 圆锥花序，花两性；叶常绿。
　B_1 花被片脱落；叶三出脉或羽状脉；果生于肥厚果托上……1 樟属 ***Cinnamomum***
　B_2 花被片宿存；叶羽状脉，花柄不增粗……2 楠木属 ***Phoebe***
A_2 伞形花序；叶常绿或落叶……3 山胡椒属 ***Lindera***

视频：香樟

1．樟属 *Cinnamomum* Trew

常绿乔木或灌木；树皮、小枝和叶极芳香。芽裸露或具鳞片。叶革质，离基三出脉或三出脉，脉腋常有腺体。花两性，圆锥花序，黄色或白色。浆果状核果，有果托；果托杯状、钟状或圆锥状。约250种，产于热带、亚热带、亚洲东部、澳大利亚及太平洋岛屿。我国约有46种、1变种，产于南方各省区。

樟（香樟）***C. camphora***（**L.**）**presl**（图6-9）

形态特征：常绿乔木，高达30 m。枝、叶及木材有樟脑气味。树皮黄褐色，有不规则的纵裂。叶互生，全缘，表面有光泽，叶背有白粉，离基三出脉，脉腋有腺体。圆锥花序腋生，花绿白或带黄色。核果卵球形，紫黑色；果托杯状。花期在4–5月，果期在8–11月。

图6-9　樟

1—果枝；2—花纵剖面；3—果

分布习性：产于南方及西南各省区。其他各国常有引种栽培。喜光，喜温暖湿润气候，耐寒性不强；对土壤要求不严，不耐干旱、瘠薄和盐碱土；抗二氧化硫、氯气及烟尘能力强。

园林应用：冠大荫浓，树姿雄伟，能吸烟

滞尘、涵养水源和美化环境，是城市绿化的优良树种，广泛作为庭荫树、行道树、防护林及风景林。

浙江樟（天竺桂）*C. japonicum* Sieb.（图 6-10）

形态特征：常绿乔木，高 10 ～ 15 m。叶革质，表面光亮，背面灰绿色，离基三出脉。圆锥花序腋生，花被裂片 6 片。核果长圆形；果托浅杯状，顶部极开张，基部骤然收缩成细长的果梗。花期在 4-5 月，果期在 7-9 月。

图 6-10　浙江樟

1—果枝

分布习性：产于江苏、浙江、安徽、江西、福建及台湾等省；也分布在朝鲜、日本。中性树种；幼年期耐荫；喜温暖湿润气候，排水良好微酸性土壤生长最好。

园林应用：长势强，树姿优美，抗污染，观赏价值高，能露地过冬，常作行道树或庭院树。

2．楠木属 *Phoebe* Nees

我国有 34 种、3 变种，产于长江流域及以南地区，以云南、四川、湖北、贵州、广西、广东为多。

楠木 *P. zhennan* S. Lee（图 6-11）

形态特征：大乔木，高达 30 m，树干通直。芽鳞被灰黄色长毛。小枝被灰褐色柔毛。叶革质，先端尖，基部楔形，中脉在表面下陷成沟，背面明显凸起。聚伞状圆锥花序开展；花梗与花等长。果椭圆形，果梗微增粗；宿存花被片卵形，革质、紧贴。花期在 4-5 月，果期在 9-10 月。

图 6-11　楠木

1—花枝；2—果

视频：楠木

分布习性：产于湖北、贵州、四川。喜光，幼年耐荫，不耐寒，喜温暖湿润气候及深厚、肥沃且排水良好的酸性土壤。

园林应用：树干通直，叶终年不谢，是良好的绿化树种。

3．山胡椒属 *Lindera* Thunb.

常绿或落叶乔、灌木，具香气。叶互生，全缘或三裂，羽状脉、三出脉或离基三出脉。花单性，雌雄异株，黄色或绿黄色；伞形花序，腋生；总苞片 4 片，交互对生；雄花能育雄蕊，通常为 9 枚。浆果或核果，果圆形或椭圆形，幼果绿色，熟时红色，后变紫黑色，内有种子 1 个；具果托。约 100 种，分布于亚洲、北美温热带地区。我国有 40 种、9 变种、2 变型。

黑壳楠 *L. mega phylla* Hemsl.（图 6-12）

形态特征：常绿乔木，树皮灰黑色。枝条圆柱形，紫黑色。顶芽大，卵形，芽鳞外面被白色微柔毛。叶互生，倒披针形至倒卵状长圆形，长 10 ～ 23 cm，革质，表面深绿色，有光泽，背面淡绿苍白色。伞形花序多花，常着生于叶腋具顶芽的短枝上，具总梗；雄花黄绿色，具梗，花被片 6 片，椭圆形；雌花黄绿色，花被片 6 片，线状匙形。果椭圆形至卵形，成熟时紫黑色；具果梗，粗糙，散布有明显栓皮质皮孔；宿存果托杯状，全缘，略成微波状。花期在 2–4 月，果熟期在 9–12 月。

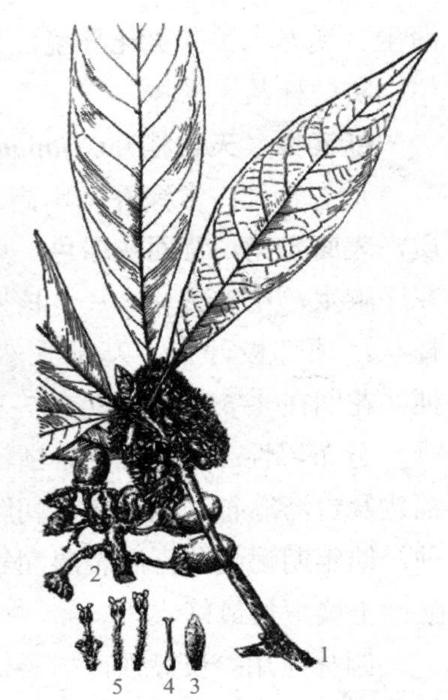

图 6–12　黑壳楠

1—花枝；2—果枝；3—花被片；4—雌蕊；5—雄蕊

分布习性：产于秦岭以南，至长江以南及西南各省。抗寒能力强，较耐旱。苗期喜阴，生长较快。

园林应用：常作行道树、风景树、庭院树。

山胡椒 *L. glauca*（Sieb. et Zucc.）Bl.（图 6–13）

形态特征：落叶灌木或小乔木，高可达 8 m；树皮平滑，灰白色。幼枝白黄色，初有褐色毛，后脱落。叶互生，宽椭圆形、倒卵形，表面深绿色，背面淡绿色，被白色柔毛，纸质，羽状脉；叶枯后不落，翌年新叶发出时落下。伞形花序腋生，总梗短或不明显。果球形，熟时黑褐色。花期在 3–4 月，果期在 7–8 月。

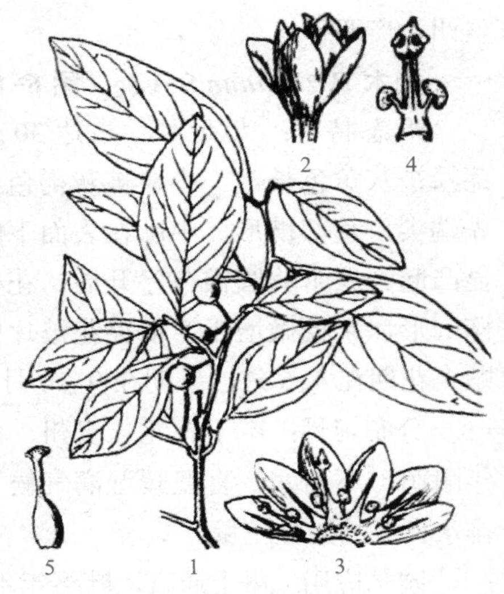

图 6–13　山胡椒

1—果枝；2—花；3—花纵剖面花枝；4—雄蕊；5—雌蕊

分布习性：广泛分布于我国黄河以南地区，常生于山野荒坡灌丛中；也分布在越南、朝鲜和日本。喜光，耐干旱瘠薄。

视频：山胡椒

园林应用：枝繁叶茂，可作庭院观赏树种。

6.1.1.4　八角科 Illiciaceae

在线答题

常绿乔木或灌木。单叶互生，有时聚生或假轮生于小枝的顶部，无托叶，无环状的托叶痕；叶脉羽状。花两性，花托短，辐射对称，单生或簇生，单生或有时 2 ～ 3 朵聚生于叶腋或叶腋之上；花被片多数，数轮排列，常有腺体，无花萼和花瓣之分。蓇葖果木质，单轮排列。约 50 种，分布于亚洲东南部和美洲，但主产地为我国西南部至东部，约 30 种。

八角属 ***Illicium* L.**

本属近 50 种，仅分布于北半球，多数分布于亚洲东部、东南部，少数在北美洲东南部和中南美洲；我国有 28 种、2 变种，产于西南部、南部至东部。

图 6-14　红茴香

1—花果；2—花；3—果

红茴香 ***I. henryi* A. C. Smith**（图 6-14）

形态特征：常绿灌木或乔木，高 3 ～ 8 m；树皮灰褐色至灰白色。叶互生或 2 ～ 5 片簇生，革质，倒披针形或倒卵状椭圆形；叶柄有不明显的狭翅。花粉红至深红，暗红色，腋生或近顶生，单生或 2 ～ 3 朵簇生；花梗细长；花被片 10 ～ 15 片。聚合果，蓇葖 7 ～ 9 个，花期在 4-6 月，果期在 8-10 月。

分布习性：产于我国中部至西南部地区。阴性树种。喜土层深厚、排水良好、腐殖质丰富、疏松的砂质壤土。不耐旱，尚耐瘠薄。

园林应用：花红色美丽，可植于庭院观赏。

6.1.1.5　毛茛科 Ranunculaceae

草本，稀木质藤本或灌木。叶互生或对生。花多两性，单生或成总状，圆锥状花序；雄蕊，雌蕊长多数，离生，螺旋状排列。聚合蓇葖果或聚合瘦果，少数为浆果或蒴果。本科约 48 属、2 000 种，主产于北温带。我国约有 40 属，近 600 种，分布在各地。

铁线莲属 ***Clematis* L.**

本属约 300 种，广布于北温带，少数产南半球。我国约 110 种，广布于南北各省而以西南部最多。

图 6-15　铁线莲

铁线莲 ***Clematis florida* Thunb.**（图 6-15）

形态特征：落叶或半常绿藤本，长约 4 m。叶常为二回三出羽状复叶，小叶卵形或卵状披针形，长 2 ～ 5 cm，全缘或有少数浅缺刻，叶表暗绿色，网脉明显。花单生叶腋，无花瓣；多花梗细长，于近中部处有 2 枚对生的叶状苞片；萼片花瓣状，常有 6 枚，乳白色，背有绿色条纹。花期在夏季，花白色。

变种、品种：重瓣铁线莲‘Plena’：花重瓣，雄蕊为绿白色，外轮萼片较长。蕊瓣铁线莲‘Sieboloii’：雄蕊有部分变为紫色花瓣状。

分布习性：产于长江中下游至华南地区；也栽培在日本及欧美等国家和地区。喜光，喜肥沃、排水良好的石灰质土壤。耐寒性差。

园林应用：本种花大而美，是点缀园墙、棚架、围篱及凉亭等垂直绿化的好材料，也可与假山、岩石配植或作盆栽。

在线答题

6.1.1.6　小檗科 Berberidaceae

灌木或多年生草本。叶互生，单叶或复叶；叶脉羽状或掌状。花序顶生或腋生，花单生，簇生或组成花序；花两性，萼片 6 ～ 9 片，常花瓣状，离生，2 ～ 3 轮；花瓣 6，扁平；雄蕊与花瓣同数而对生，花药 2 室，瓣裂或纵裂。浆果或蒴果。本科共 17 属，约 650 种，主产于北温带和亚热带高山地区。中国有 11 属，约 320 种。其分布在全国各地，但四川、云南、西藏等地的种类最多。

分属检索表

A_1 单叶；枝干节部具针刺……………………………………………………1 小檗属 ***Berberis***
A_2 羽状复叶；枝无刺。
　B_1 回羽状复叶，小叶缘有齿……………………………………………2 大功劳属 ***Mahonia***
　B_2 2 ～ 3 回羽状复叶，小叶全缘……………………………………3 南天竹属 ***Nandina***

1．小檗属 *Berberis* L.

灌木。枝通常具刺。单叶，在短枝上簇生，在幼枝上互生。花黄色，花瓣 6，萼片 6。浆果红色或蓝黑色。本属约 500 种，主产于北温带。我国约有 200 种，主产于西部和西南部地区。

小檗（黄芦木）***B. thunbergii*** **DC.**（图 6-16）

视频：小檗

形态特征：落叶灌木，高 1 ～ 3 m，多分枝。枝条开展，小枝常红褐色，有沟槽；茎刺通常不分叉。叶常簇生，薄纸质，倒卵形、匙形，长 0.5 ～ 2 cm，全缘，表面暗绿色，背面灰绿色。花黄色，伞形花序。浆果椭圆形，长约 1 cm，亮鲜红色。花期在 5 月，果期在 9 月。

图 6-16　小檗

变种、品种：①紫叶小檗‘Atropurpurea’：平时叶深紫色，观赏价值更高。②矮紫小檗‘Atropurpurea Nana’：株高仅 60 cm。③金边紫叶小檗‘Golden Ring’：叶紫红色并有金黄色的边缘，在阳光下色彩更好。④粉斑小檗‘Red Chief’：叶绿色，有粉红色斑点。⑤银斑小檗‘Kellerilis’：叶绿色，有银白色斑纹。⑥桃红小檗‘Rose Glow’：叶桃红色，有时还有黄、红褐等色的斑纹镶嵌。⑦金叶小檗‘Aurea’：在阳光充足的情况下，叶常年保持黄色。⑧红柱小檗‘Red Pillar’：树冠圆柱形，叶酒红色。⑨直立小檗‘Erecta’：枝干直立，小枝开展角也小于 40°。

分布习性：原产于日本，也栽培在我国各大城市。喜光，稍耐荫，耐寒，耐瘠薄。

园林应用：枝细密，春季开小黄花，入秋叶变红，果熟红美丽，可长时间挂于枝头，是良好的观果、观叶刺篱品种。栽培于庭院中或路旁，作绿化带或绿篱用。

阿穆儿小檗（黄芦木）*B. amurensis*Rupr.（图 6-17）

形态特征：落叶灌木，高 2 ～ 3 m。老枝淡黄色或灰色，稍具棱槽；茎刺三分叉，长 1 ～ 2 cm。叶纸质，倒卵状椭圆形，长 5 ～ 10 cm，缘具刺状细密尖齿，背面网脉明显。花淡黄色，花瓣端微凹，10 ～ 25 朵成下垂总状花序，长 6 ～ 10 cm。浆果椭圆形，长约 1 cm，红色。花期在 5-6 月，果期在 9-10 月。

图 6-17　阿穆儿小檗

分布习性：产于我国东北及华北山地；也分布在日本、朝鲜、俄罗斯。生于山地灌丛、沟谷、疏林中、溪旁或岩石旁。喜光，稍耐荫，耐寒性强，耐干旱。

园林应用：花果美丽，宜植于草坪、林缘、路边观赏；枝有刺且耐修剪，是良好的绿篱材料。

假豪猪刺 *B. soulieana* Schneid.

形态特征：常绿灌木，高 1 ～ 2 m。老枝圆柱形，有时具棱槽，暗灰色，具稀疏疣点；茎刺粗状，三分叉，腹面扁平，长 1 ～ 2.5 cm。叶革质，簇生，坚硬，长圆状椭圆形，长 3.5 ～ 10 cm，上面暗绿色，背面黄绿色，中脉隆起，叶缘有刺齿。花簇生，黄色；小苞片 2 片，卵状三角形，带红色；萼片 3 轮，外萼片卵形，中萼片近圆形，内萼片倒卵状长圆形；花瓣倒卵形。浆果长圆形，熟时红色，被白粉。花期在 3-4 月，果期在 6-9 月。

分布习性：产于湖北、四川、陕西、甘肃。生于山沟河边、灌丛中、山坡、林中或林缘。

园林应用：植株优美，花色金黄，适宜栽植在路边、山地、池畔。

2．十大功劳属 *Mahonia* Nuttall

常绿灌木。奇数羽状复叶互生，小叶具刺齿。花小，黄色，总状花序数条簇生；萼片 9，3 轮；花瓣 6，2 轮。浆果暗蓝色，外被白粉。约 100 种，产于亚洲和美洲，我国约 50 种。

阔叶十大功劳 *M. bealei*（Fort.）Carr.（图 6-18）

形态特征：常绿灌木，高达 4 m。小叶 9 ～ 15 枚，卵形至卵状椭圆形，长 5 ～ 12 cm，叶缘反卷，每边有大刺齿 2 ～ 5 个，侧生小叶基部歪斜，表面绿色有光泽，背面有白粉，坚硬革质。花黄色，有香气，总状花序直立，6～9条簇生。浆果卵形，蓝黑色；花期在4–5月，果熟期在9–10月。

分布习性：产于我国中部和南部；多生于山坡及灌丛种。性强健，耐荫，喜温暖气候。

园林应用：长江流域及其以南地区常植于庭院；北方则常在温室中作盆栽观赏。

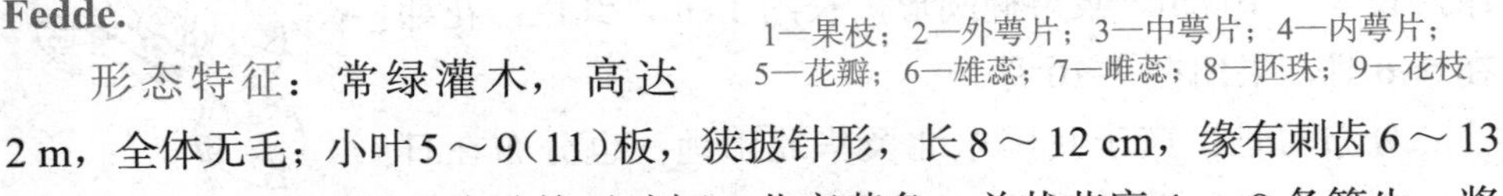

图 6-18　阔叶十大功劳

1—果枝；2—外萼片；3—中萼片；4—内萼片；5—花瓣；6—雄蕊；7—雌蕊；8—胚珠；9—花枝

十大功劳 ***M. fortnei*** **（Lindl.）Fedde.**

视频：十大功劳

形态特征：常绿灌木，高达2 m，全体无毛；小叶5～9(11)板，狭披针形，长8～12 cm，缘有刺齿6～13对，硬革质，有光泽，小叶均无叶柄；花亮黄色，总状花序4～8条簇生；浆果近球形，蓝黑色，被白粉；花期在7–8月。

分布习性：产于四川、湖北、浙江等省。耐荫，喜温暖湿润气候，不耐寒。

园林应用：常植于庭院、林缘及草地边缘，或作绿篱及基础种植。华北地区常作盆栽观赏。

3．南天竹属 *Nandina* Thunb.

本属仅1种，产于中国及日本。

南天竹 ***N. domestica*** **Thunb.**（图 6-19）

图 6-19　南天竹

1—果枝；2—呈小叶型变化；3—花蕾；4—外萼片；5—内萼片；6—花瓣；7—雄蕊；8—雌蕊

视频：南天竹

形态特征：常绿灌木，高达2 m，丛生而少分枝。2～3回羽状复叶，互生，中轴有关节，小叶椭圆状披针形，长3～10 cm，先端渐尖，基部楔形，全缘，两面无毛，冬天叶子变红色。花小而白色，成顶生圆锥花序，花期在5–7月。浆果球形，鲜红色，果熟期在9–10月。

变种、品种：①玉果南天竹‘Leucocarpa’：果黄白色；叶子冬天不变红。②橙果南天竹‘Aurentiaca’：果熟时为橙色。

③细叶南天竹（琴丝南天竹）‘Capillaris’：植株较矮小；叶形狭窄如丝。④五彩南天竹‘Porphyrocarpa’：植株较矮小；叶狭长而密，叶色多变，嫩叶红紫色，渐变为黄绿色，老叶绿色；果成熟时淡紫色。⑤小叶南天竹‘Parvifolia’：小叶形小；果红色。⑥矮南天竹‘Nana’（Pygmy）：矮灌木，树冠紧密球形；叶全年着色。

分布习性：原产于中国和日本；现各国广为栽培；喜半荫，喜温暖气候及肥沃、湿润且排水良好土壤，耐寒性不强，对水分要求不严，生长慢。

园林应用：茎干丛生，枝叶扶疏，秋冬叶色变红，红果经久不落。宜丛植于庭院房前、草地边缘或园路转角处。北方多作盆栽观赏，可剪取枝叶和果序瓶插，供室内装饰用。

6.1.1.7 木通科 Lardizabalaceae

在线答题

藤本，稀灌木。掌状复叶互生；无托叶。花单生或呈总状花序；萼片6，花瓣状，2轮；花瓣无，常具蜜腺。果呈浆果状。共9属，约35种；中国有7属、29种。

猫儿屎属 *Decaisnea* Hook

本属1种，产于喜马拉雅山脉地区以及中国西南部和中部。

猫儿屎 *D. insigmis*（Griff.）Hook. f. et Thoms.（图6-20）

形态特征：落叶灌木，高3～5 m，树冠开展。羽状复叶互生，小叶7～25片，卵状长椭圆形，长5～12 cm，基部稍偏斜，全缘，表面深绿色，背面灰白色。花杂性，萼片6片，花瓣状，长2～3 cm，黄绿色，无花瓣；成总状或头状花序。果为肉质，圆柱状，长4～8 cm，暗蓝色，形如猫屎。花期在4-7月，果熟期在7-10月。

图6-20 猫儿屎

1—枝；2—果

分布习性：产于我国秦岭以南、华中至西南地区及安徽山地，喜光，耐半荫，喜温暖湿润且排水良好的土壤，不耐寒。

园林应用：花果有观赏价值，可在庭院中种植。

视频：连香树

6.1.2 金缕梅亚纲 Hamamelidae

6.1.2.1 连香树科 Cercidiphyllaceae

在线答题

落叶乔木，有长、短枝之分，长枝具对生叶，短枝有重叠环状芽鳞片痕，有1叶及花序；芽生短枝叶腋，卵形，有2个鳞片。叶纸质，具掌状脉；有叶柄，托叶早落。花单性，雌雄异株，先叶开放；每花有1个苞片；无花被；雄花丛生，近无梗，雄蕊 8 ～ 13；雌花 4 ～ 8 朵，具短梗。蓇葖果 2 ～ 4 个；种子扁平，有翅。本属共 2 种：1 种产于我国和日本，另 1 种产于日本。

连香树属 ***Cercidiphyllum* Sieb. et Zucc.**

同科特征。

连香树 ***C. japonicum* Sieb. et Zucc.**（图 6-21）

形态特征：落叶大乔木，高 10 ～ 20 m；树皮灰色或棕灰色；芽鳞片褐色。单叶对生，广卵圆形，边缘有圆钝锯齿，先端具腺体，两面无毛，表面灰绿色带粉霜，掌状脉；有叶柄。雄花常 4 朵丛生，近无梗；苞片在花期红色，膜质，卵形；雌花 2 ～ 8 朵，丛生。蓇葖果荚果状，褐色或黑色，有宿存花柱；有果梗；种子有透明翅。花期在 4 月，果熟期在 8 月。

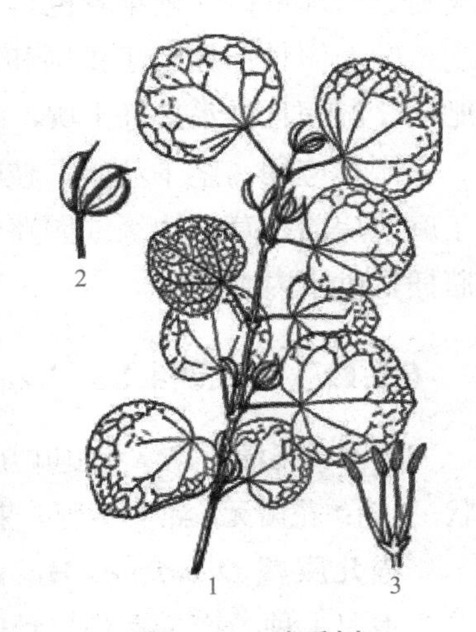

图 6-21　连香树

1—植株一部分；2—果实；3—雄花

分布习性：产于我国中西部山地；日本也有分布。喜光，喜温凉气候及湿润且肥沃的土壤。

园林应用：树姿优雅，幼叶紫色，秋叶黄色、橙色、红色或紫色，是山林风景树及庭荫树、观赏树种。

6.1.2.2　悬铃木科 Platanaceae

落叶乔木，树干皮呈片状剥落。单叶互生，掌状分裂，叶柄下芽；有托叶，早落。花单性，雌雄同株，花密集成球形头状花序，下垂。聚合果呈球形，小坚果有棱角，种子 1 粒。本科仅 1 属，约 11 种，分布于北温带和亚热带地区。我国引入栽培 3 种。

视频：二球悬铃木

悬铃木属 ***Platanus* L.**

属的形态特征同科。

英桐（悬铃木、二球悬铃木、英国梧桐）***P. acerifolia* Willd.**

形态特征：树高 35 m，胸高干径 4 m；枝条开展，幼枝密生褐色绒毛；干皮呈片状剥落。叶片三角状广卵形，宽 12 ～ 25 cm，3 ～ 5 裂，裂片三角形、卵形或宽三角形，叶裂深度约达全叶的 1/3，叶柄长 3 ～ 10 cm。球果通常为 2 球 1 串，也偶有单球或 3 球的，果径约 2.5 cm，有由宿存花柱形成的刺毛。花期在 4-5 月，果熟期在 9-10 月。

在线答题

品种：①银斑英桐‘Argento Variegata’：叶有白斑。②金斑英桐‘Pelseyana’：叶有黄色斑。③塔型英桐 ‘Pyramidalis’ ：树冠呈狭圆锥形，叶通常 3 裂，长度常大于宽度，叶基圆形。

分布习性：世界各国多有栽培；中国各地栽培的也以本种为多。喜光树，喜温暖气候，有一定抗寒力；对土壤的适应能力极强，能耐干旱、瘠薄。萌芽性强，很耐重剪。

园林应用：树形雄伟端正，叶大荫浓，树冠广阔，干皮光洁，繁殖容易，生长迅速，具有极强的抗烟、抗尘能力，对城市环境的适应能力极强，有“行道树之王”的美称。

6.1.2.3 金缕梅科 Hamamelidaceae

乔木或灌木，植物体有星状毛或簇生毛；单叶互生，稀对生；常有托叶，花较小，单性或两性，成头状、穗状或总状花序；萼片、花瓣、雄蕊均常为 4 ～ 5 枚，有时无花瓣。蒴果木质，2 ～ 4 裂。本科约 27 属、140 种，主产于东亚的亚热带地区。我国产 17 属，约 76 种。

分属检索表

A_1 胚珠及种子多个；头状或肉质穗状花序；叶常具掌状脉……1 枫香属 *Liguidambar*

A_2 胚珠及种子 1 个；总状或穗状花序；叶具羽状脉，不分裂。

　B_1 常绿或半常绿灌木或小乔木。

　　C_1 有花瓣，两性花，萼筒倒圆锥形，雄蕊定数，子房半下位……2 檵木属 *Loropetalum*

　　C_2 花无瓣，两性或单性花，萼筒壶形，雄蕊 1 ～ 10 枚，子房上位……3 蚊母树属 *Distylium*

　B_2 落叶乔木……4 山白树属 *Sinowilsonia*

1．枫香属 *Liquidambar* L.

本属有 5 种，产于北美及亚洲；我国产 2 种，引入栽培 1 种。

枫香（枫树、路路通）*L. formosana* Hance.（图 6-22）

形态特征：乔木，高可达 30 m。树冠广卵形。树皮灰色，老时不规则深裂；小枝被柔毛。叶常为掌状 3 裂，缘有锯齿。花单性同株，无花瓣。蒴果圆球形，木质；花柱长达 1.5 cm，宿存；刺状萼片宿存。花期在 3-4 月，果熟期在 10 月。

图 6-22　枫香

1—果枝；2—花枝；3—雄蕊；4—雌蕊花柱；5—部分果序；6—种子

变种：光叶枫香 var.*monticola* Rehd.et Wils.：又名山枫香。幼枝及叶背均无毛，叶背常灰白色，基部截形或圆形，宿存萼齿稍短。

分布习性：产于我国长江流域及其以南地区，西至四川和贵州省，南至广东省，东到台湾省；也分布在日本。喜光，幼树稍耐荫，喜温暖湿润气候及深厚湿润土壤，也能耐干旱瘠薄，但不耐水湿。

园林应用：枫香是我国南方著名的秋色叶树种。深秋叶色红艳，霜叶红于二月花，适宜池畔、低山、丘陵地区营造风景林。枫香对有毒气体具有较强的抗性和耐火性，可用于工矿区庭荫树或丛植于草地边缘。

2．檵木属 *Loropetalum* R. Brown.

本属共4种、1变种，分布于东亚的亚热带地区；我国有3种、1变种；另1种产于印度。

檵木（檵花、桎木）*L. chinense*（R. Br.）Oliv.（图6–23）

形态特征：常绿、半常绿灌木或小乔木，高4～12 m。小枝纤细，枝、嫩叶及花萼均被锈色星状短柔毛。叶小，卵形或椭圆形，互生，革质，先端锐尖，基部歪圆形，全缘，两面密生星状柔毛。花3～8朵簇生于小枝端，花瓣4片，浅黄白色，带状线形，苞片线形。蒴果木质，近卵形，褐色，有星状毛。花期在3–4月，果熟期在8–9月。

图6–23　檵木

1—果枝；2—花枝；3—花；4—去除花瓣的花；5—雄蕊侧面

变种：红花檵木 var.*rubrum* Yieh：叶暗紫色，花瓣淡紫红色，嫩枝被暗红色星状毛。宜植于庭院观赏。产于湖南长沙、浏阳和宁都等地区，为湖南省株洲市的市花。

分布习性：产于我国华东、华南及西南各省；也分布在日本、印度北部。喜温暖向阳的环境，耐半荫，耐寒、耐旱；要求肥沃且排水良好的酸性土壤。

园林应用：丛植、片植于草地、林缘、园路转弯处或与石山相配合，也可作风景林之下木。变种红花檵木用作彩色拼块、绿篱均可；枝条柔韧，耐修剪盘虬，是制作树桩盆景的好材料。

3．蚊母树属 *Distylium* Sieb. et Zucc.

本属共18种，分布于东亚、印度、马来西亚和中美洲；我国有13种3变种，分布于长江流域以南各省区。

蚊母树（蚊子树、门子树）*D. racemosum* Sieb. et Zucc.（图6–24）

形态特征：常绿乔木，高达25 m，栽培时常呈灌木状。树冠开展，呈球形；小枝略呈“之”字形曲折，嫩枝端具星状鳞毛；顶芽歪桃形，暗褐色。单叶互生，倒卵状长椭圆形至椭圆形，厚革质，光滑无毛，先端钝或稍圆，全缘，侧脉5～6对，在叶上不显着，叶下略隆起。总状花序腋生，具星状毛，无花瓣，花药红色。蒴果卵形，密生星状毛，顶端有2宿存花柱。花期在4月，果熟在8–9月。

图6–24　蚊母树

1—花枝；2—雄、雌蕊群；3—果实

品种：彩叶蚊母树‘Variegatum’：叶片上有白色或黄色条斑。

分布习性：产于我国东南各省；也分布在朝鲜、日本。喜光，也耐荫，喜温暖湿润气候，耐寒性不强。以排水良好且肥沃、湿润土壤最为适宜。

园林应用：蚊母树枝叶密集，经冬不凋，春日花药红色也颇美丽，植于路旁、庭前草坪及大树下，若修剪成球形，宜在门旁对植或作基础种植材料。对多种有毒气体的抗性强，防尘及隔声效果好，是理想的城市绿化及工矿区绿化树种。

4．山白树属 *Sinowilsonia* Hemsl.

1 种，分布于中国中部及其西北部地带。

山白树 *S. henryi* Hemsl.

形态特征：落叶灌木或小乔木，高可达 8 m；嫩枝有灰黄色星状绒毛；老枝秃净，略有皮孔；芽体无鳞状苞片，有星状绒毛。叶纸质或膜质，倒卵形，长 10 ～ 18 cm，宽 6 ～ 10 cm。雄花总状花序，萼筒极短，萼齿匙形；雄蕊近于无柄，花丝极短。蒴果无柄，卵圆形。种子长 8 mm，黑色，有光泽，种脐灰白色。

分布习性：分布于我国湖北、四川、河南、陕西及甘肃等省。根系发达，固土保水能力强，适合生长于林地郁闭度较大、湿润环境，适合中性至微酸性山地棕壤土。

园林应用：山白树树体通直，叶大花香，果序垂悬，可作观赏树种，可营造河岸林。

6.1.2.4　杜仲科 Eucommiaceae

本科仅 1 属 1 种，为中国特产。

杜仲属 *Eucommia* Oliv.

杜仲 *E. ulmoides* Oliv.（图 6-25）

图 6-25　杜仲

1—果枝；2—花枝

形态特征：落叶乔木；树冠圆球形。小枝光滑，无顶芽，具片状髓。叶椭圆状卵形，长 7 ～ 14 cm，缘有锯齿，老叶表面网脉下陷，皱纹状。翅果狭长椭圆形，扁平，顶端 2 裂。枝、叶、果及树皮断裂后均有白色弹性丝相连。花期在 4 月，叶前开放或与叶同放；果熟期在 10-11 月。

分布习性：原产于中国中部及西部。喜光，不耐庇荫；喜温暖湿润气候及肥沃、湿润、深厚且排水良好 的土壤。在过湿、过干或过于贫瘠的土上生长不良。

园林应用：树干端直，整齐优美，是良好的庭荫树、行道树及绿化造林树种。

6.1.2.5　榆科 Ulmaceae

落叶乔木或灌木；冠形宽广。芽具鳞片。单叶互生，常二列。花小，单被花，通常两性。果为翅果、核果、小坚果或有时具翅或具附属物。本科16属，约230种，广布于全世界热带至温带地区。我国产8属、46种、10变种，分布遍及全国。

分属检索表

A_1 叶羽状脉，侧脉7对以上。

B_1 叶缘常为重锯齿……………………………………………………………1 榆属 ***Ulmus***

B_2 叶缘具单锯齿。

C_1 花杂性；小坚果，小枝具坚硬的棘刺；叶基部不偏斜，边缘具单锯齿…………2 刺榆属 ***Hemiptelea***

C_2 花单性；坚果无翅，小而歪斜；叶缘具整齐之单锯齿………………………………3 榉属 ***Zelkova***

A_2 叶三出脉。侧脉6对以下。

B_1 核果球形……………………………………………………………………4 朴属 ***Celtis***

B_2 坚果周围有翅；叶之侧脉向上弯，不直达齿端………………………………5 青檀属 ***Pteroceltis***

1．榆属 *Ulmus* L.

乔木，稀灌木；树皮不规则纵裂，粗糙，稀裂成块片或薄片脱落。叶互生，二列，边缘具重锯齿或单锯齿，羽状脉。花两性，簇生或成短总状花序；翅果扁平，翅在果核周围，顶端有缺口。

榆树（白榆、家榆）*U. pumila* L.（图6-26）

形态特征：落叶乔木，高达25 m；树皮不规则深纵裂，粗糙；小枝灰色，排成2列状。叶卵状长椭圆形，长2～8 cm，叶缘多为单锯齿。花先于叶开放，开在去年生枝的叶腋处且成簇生状。翅果近圆形，长1～2 cm，果核部分位于翅果的中部，上端不接近。花期在3-4月；果期在4-6月。

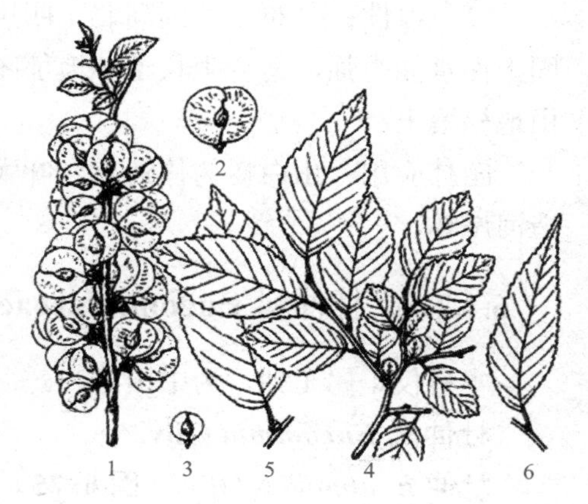

图6-26　榆树

1—果枝；2，3—果实；4，5，6—叶枝

变种、品种：①龙爪榆‘Tortuosa’：小枝卷曲或扭曲而下垂。②垂枝榆‘Pendula’：树干上部的主干不明显，分枝较多，树冠伞形；树皮灰白色，较光滑；1～3年生，枝下垂而不卷曲或扭曲。③钻天榆‘Pyramidalis’：树干直，树冠窄；生长快。

分布习性：分布于东北、华北、西北及西南各省区。华北及淮北平原农村的习见树木。朝鲜、俄罗斯、蒙古国也有分布。能耐干冷气候及中度盐碱，但不耐水湿（能耐雨季水涝）。在土壤深厚、肥沃、排水良好的冲积土及黄土高原上生长良好。

园林应用：可栽作行道树、庭荫树、防护林及“四旁”绿化树种。可用作绿篱；老茎残根萌芽力强，可制作盆景；可作防风林、水土保持林和盐碱地造林的主要树种。

【知识扩展】

如何区分榆树和小叶朴

榆树：榆科榆属；叶羽状脉，叶基部不歪斜；翅果。

小叶朴：榆科朴属；叶三出脉，叶基部歪斜；核果。

金叶荷兰榆 ***U. hollandica* 'Wredri'**

落叶小乔木，枝直立性强；叶金黄色，多皱，边缘向背反卷。我国河南、北京、大连等地已经引种栽培。

2．刺榆属 *Hemiptelea* Planch.

本属仅 1 种，分布于中国和朝鲜。

刺榆 ***H. davidii*（Hance）Planch.**（图 6-27）

形态特征：落叶小乔木，高 10 ～ 15 m；树皮深灰色或褐灰色，不规则的条状深裂；小枝具粗而硬的棘刺；刺长 2 ～ 10 cm。单叶互生，形似榆，羽状脉，长 2 ～ 6 cm，叶缘有整齐单锯齿，叶面有黑斑点。花杂性同株。小坚果扁而偏斜，上半部有一鸡冠状翅，长 2 ～ 4 mm。花期在 4–5 月，果期在 9–10 月。

图 6-27　刺榆

变种、品种：垂枝刺榆 'Pendens'：枝下垂到地面。

分布习性：产于东北、华北、西北、华东及华南地区。常生于海拔 2 000 m 以下的坡地次生林中，也常见于村落路旁、土堤上、石栎河滩，萌发力强。

园林应用：在北方园林中可用作刺篱。

3．榉属 *Zelkova* Spach

落叶乔木，树皮通常较光滑。单叶互生，具短柄，单锯齿整齐，羽状脉，脉端直达齿尖；托叶成对离生，膜质，狭窄，早落。花单性同株；坚果无翅。约 10 种，分布于地中海东部至亚洲东部。我国有 3 种，产于辽东半岛至西南以东的广大地区。

图 6-28　榉树

视频：榉树

榉树（大叶榉）***Z. schneideriana* Hand. -Mazz.**（图 6-28）

形态特征：落叶乔木，高达 15 m，老干薄鳞片状剥落后仍光滑；1 年生小枝红褐色，密被柔毛。叶卵形状椭圆形，长 2 ～ 10 cm，锯齿整齐（近桃形），表面粗糙，背面密生浅灰色柔毛。坚果歪斜，有褶皱，直径 2.5 ～ 4 mm。花期在 3-4 月，果期在 10-11 月。

分布习性：产于淮河流域、秦岭以南至华南、西南地区。在湿润肥沃的土壤中长势良好。

园林应用：本种枝叶细密，树形优美，秋叶黄色或红色，宜作庭荫树、行道树及观赏树，在江南园林中常见，是制作盆景的好材料。

【知识扩展】

如何区分珊瑚朴和榉树

珊瑚朴：小枝、叶片被锈色绒毛；叶基三主脉，全缘或钝齿；核果红色。

榉树：小枝、叶片无锈色绒毛；叶状羽脉，单锯齿；坚果淡绿色。

4. 朴属 *Celtis* L.

叶有锯齿或全缘，具 3 出脉。核果。本属约 60 种，广泛分布于全世界热带和温带地区。我国有 11 种、2 变种，产于辽东半岛以南广大地区。

视频：朴树

朴树（沙朴）*C. sinensis* Pers.（图 6-29）

图 6-29　朴树

1—果枝；2—花枝；3—幼苗；4—雄花；5—两性花；6—果核

形态特征：落叶乔木，高达 20 m，小枝幼时有毛。叶卵状椭圆形，长 2.5 ～ 10 cm，基部不对称，中部以上有浅钝齿，表面有光泽，背脉隆起并有疏毛。果黄色或橙红色，径 5 ～ 7 mm，果柄与叶柄近等长。花期在 4 月；果期在 9-10 月。

分布习性：产于淮河流域、秦岭经长江中下游至华南地区。多生于路旁、山坡、林缘。喜光，稍耐荫，对土壤要求不严，耐轻盐碱土；深根性，抗风力强，抗烟尘及有毒气体。

园林应用：冠大荫浓，秋叶黄色，宜作庭荫树、工厂绿化、防风、护堤树种。制作盆景。

图 6-30　小叶朴

小叶朴（黑弹树）*C. bungeana* Bl.（图 6-30）

形态特征：落叶乔木，高 15 ～ 20 m，树皮灰褐色，平滑；小枝通常无毛。叶长卵形，长 4 ～ 8 cm，先端渐尖，基部不对称，中部以上疏具不规则浅齿，无毛。果单生叶腋，核近球形，成熟时紫黑色，直径 4 ～ 7 mm，果柄长为叶柄长的 2 倍以上，果核表面光滑。花期在 5–6 月，果熟期在 9–10 月。

分布习性：产于我国东北南部、西北、华北，经长江流域至西南；也分布在朝鲜。喜光，稍耐荫，耐寒；喜中性黏质土壤。

园林应用：宜作庭荫树和城乡绿化树种。

珊瑚朴（大果朴）*C. julianae* Schneid.（图 6–31）

形态特征：落叶乔木，高达 30 m，树冠圆球形，树皮灰色，平滑；小枝、叶背、叶柄均密被黄褐色绒毛。叶厚纸质广卵形，长 6 ～ 14 cm，具浅钝齿。核果大，直径 1 ～ 1.3 cm，单生叶腋，熟时橙红色，味甜可食。花期在 4 月，果期在 10 月。

图 6–31　珊瑚朴

分布习性：产于长江流域及四川、贵州、陕西、甘肃等地。喜光，稍耐荫；喜温暖气候及湿润、肥沃土壤，但也能耐干旱和瘠薄，在微酸性、中性及石灰性土壤上都能生长。

园林应用：树高干直，冠大荫浓，春日枝上生满红褐色花序，状如珊瑚，入秋又有红果，颇为美观。抗烟尘及有毒气体，少病虫害，寿命较长。宜作厂矿区绿化、街坊绿化、庭荫树、观赏树等。

5．青檀属（翼朴属）*Pteroceltis* Maxim.

本属仅 1 种，中国特产。

青檀（翼朴）*P. tatarinowii* Maxim.（图 6–32）

形态特征：落叶乔木，高达 20 m；树皮长片状剥落；单叶互生，卵形，长 3 ～ 10 cm，3 主脉，侧脉不直达齿端，叶背淡绿，脉腋有簇毛。翅果状坚果，直径 10 ～ 17 mm，黄绿色或黄褐色。花期在 3–5 月，果期在 8–9 月。

图 6–32　青檀

视频：青檀

分布习性：我国特产，黄河流域及长江流域有分布。喜光，稍耐荫，耐干旱瘠薄，喜生于石灰岩山地。

园林应用：可作石灰岩山地绿化造林树种，也可作庭荫树。

【知识扩展】

如何区分榆树、朴树、榉树和青檀

榆树：榆科榆属，翅果，羽状脉，多重锯齿。

朴树：榆科朴属，核果，三出脉，中部以上锯齿，中部以下全缘。

榉树：榆科榉属，歪斜坚果，羽状脉，整齐单锯齿。

青檀：榆科青檀属，具翅坚果，三出脉，基部以上锯齿。

在线答题

6.1.2.6 桑科 Moraceae

多为木本，通常具乳液，有刺或无刺。单叶互生稀对生。花小，单性，雌雄同株或异株，常集成头状花序、柔荑花序或隐头花序。花序在果期发育成聚花果或隐花果。果形为瘦果或核果状。约 53 属、1 400 种。多产于热带、亚热带。我国产 17 属、160 余种，分布于长江以南地区。

分属检索表

A_1 柔荑花序或头状花序。

　B_1 至少雄花序为柔荑花序；叶缘有锯齿。

　　C_1 雌雄花均成柔荑花序；聚花果圆柱形……………………………………1 桑属 ***Morus***

　　C_2 雄花成柔荑花序，雌花成头状花序……………………………………2 构属 ***Broussonetia***

　B_2 雌雄花均成头状花序；叶全缘或 3 裂……………………………………3 柘属 ***Cudrania***

A_2 隐头花序；小枝有环状托叶痕 ……………………………………4 榕属 ***Ficus***

1．桑属 *Morus* L.

落叶乔木或灌木，无刺；枝无顶芽，冬芽具 3 ～ 6 枚芽鳞，呈覆瓦状排列。叶互生，边缘具锯齿，全缘至深裂，基生叶脉 3 ～ 5 出，侧脉羽状；托叶侧生，披针形，早落。花单性，雌雄异株或同株，组层柔荑花序；雄花，花被片 4 片，覆瓦状排列，雄蕊 4 枚，与花被片对生，在花芽时内折，退化雌蕊陀螺形；小瘦果包藏于肉质花被内，集成圆柱形聚花果（桑 j 葚）。

本属约 16 种，主要分布于北温带，但在亚洲热带山区达印度尼西亚，在非洲南达热带，在美洲可达安第斯山。我国产 11 种，在各地均有分布。

桑树（家桑）*M. alba* L.（图 6-33）

视频：桑树

形态特征：落叶乔木，树皮不规则浅纵裂；小枝褐黄色，嫩枝及叶含乳汁。单叶互生，卵形或广卵形，基部 3 ～ 5 出脉，边缘锯齿粗钝。花单性异株，腋生或生于芽鳞腋内，与叶同时生出；雄花序下垂，雌花宿存。聚花果（桑葚）卵状椭圆形，熟时黑色、红色、白色。花期在 4 月，果期在 5-6 月。

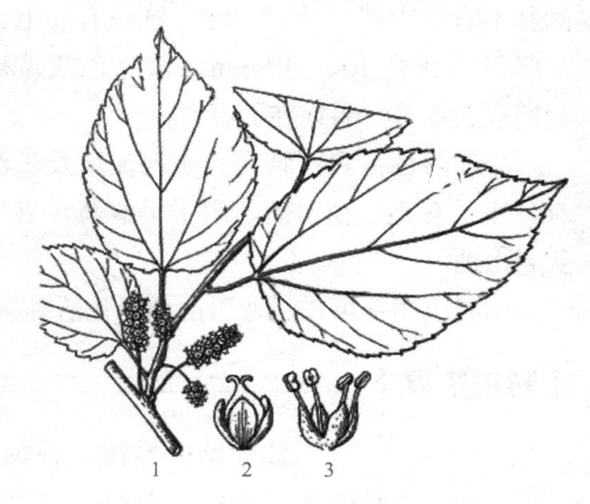

图 6-33　桑树

1—果枝；2—雌花；3—雄花

变种、品种：①龙桑‘Tortuosa’：枝条扭曲，状如龙游。②垂枝桑‘Pendula’：枝细长下垂。③裂叶桑‘Laciniata’：叶具深裂。

分布习性：本种原产于我国中

部和北部，现由东北至西南各省区，西北直至新疆均有栽培。喜光，适应性强，耐湿，叶耐干旱瘠薄，耐轻盐碱，耐烟尘和有害气体；寿命长达300年。

园林应用：秋季叶色变黄，颇为美观，能抗烟尘及有毒气体，适于城市、工矿区及农村四旁绿化。古代有在房前屋后栽种桑树和梓树的传统，因此，人们常用“桑梓”代表故土、家乡。

【知识扩展】

如何区分桑树和构树

桑树：桑科桑属；叶表面多无毛；雌雄花均为柔荑花序；聚花果圆柱形。

构树：桑科构属；叶两面密生柔毛；雄花成柔荑花序，雌花成头状花序；聚花果圆球形。

鸡桑 *M. australis* Poir.（图 6-34）

形态特征：灌木或小乔木，树皮灰褐色。叶卵形，长6～17 cm，先端急尖或渐尖，基部截形或近心形，边缘具粗锯齿，不分裂或3～5裂，表面粗糙，密生短刺毛，背面疏被粗毛。雌雄异株，花柱明显。聚花果短椭圆形，长1～1.5 cm，成熟时暗紫色。花期在3-4月，果期在4-5月。

图 6-34　鸡桑

1—果枝；2—雌花；3—雄花

分布习性：主产于华北、中南及西南，也分布在朝鲜、日本、斯里兰卡、不丹、尼泊尔及印度也有分布。生于海拔500～1 000 m石灰岩山地或林缘及荒地。

2. 构属 *Broussonetia* L’Her.ex Vent.

落叶乔木或灌木，有乳液，冬芽小。单叶互生，边缘具锯齿，基生叶脉三出，侧脉羽状；托叶侧生，早落。花雌雄异株；雄花为下垂柔荑花序或球形头状花序；雌花，密集成球形头状花序。聚花果球形，熟时橙红色。本属约4种，分布于亚洲东部和太平洋岛屿，以及我国的西南至东南各省区。

构树（楮、钞票树）***B. papyrifera*（L.）L’Hert. ex Vent.**（图 6-35）

图 6-35　构树

1—雄花枝；2—果核；3—雌蕊；4—雄花；5，6—雌花序及雌花；7—雌花枝；8—果序枝

形态特征：落叶乔木，高达16 m；树

皮浅灰色，不易裂开；小枝密生丝状刚毛。单叶互生，长 8 ～ 29 cm，先端渐尖，基部心形，边缘具粗锯齿，不分裂或 3 ～ 5 裂，小树之叶常有明显分裂，两面密生柔毛；叶柄长 3 ～ 8 cm。聚花果球形，直径 2 ～ 3 cm，成熟时橙红色，肉质。花期在 4–5 月，果期在 8–9 月。

变种、品种：斑叶构树 'Variegata'：叶上有白斑。

分布习性：产于我国南北各地。喜光，适应性强，能耐北方的干冷和南方的湿润气候；耐干旱瘠薄，也能生长在水边；喜钙质土，也可在酸性、中性土上生长。对烟尘及有毒气体抗性很强，少病虫害。

园林应用：城乡绿化的重要树种，适合作庭荫树、防护林、工矿区及荒山坡地绿化。

3．柘属 *Cudrania* Trec.

约 6 种，分布于大洋洲至亚洲。我国产 5 种，分布于西南至东南，以及海南岛，1 种在华北地区。

柘树（柘刺、柘桑）*C. tricuspidata*（Carr.）Bur.（图 6–36）

形态特征：落叶灌木或小乔木，高 1 ～ 7 m；树皮灰褐色，薄片状剥落，小枝有棘刺。叶卵形或倒卵形，全缘，有时 3 裂。雌雄异株，雌雄花序均为球形头状花序。聚花果近球形，直径约 2.5 cm，肉质为红色。花期在 5 月，果期在 9–10 月。

图 6–36　柘树

1—果枝；2—雌花枝；3—具刺枝；4—雌花；5—雌蕊；6—雄花

分布习性：产于华北、华东、中南、西南各省区（北达陕西、河北）；也分布在朝鲜、日本。喜光，耐干旱瘠薄，多生于山野路边或石缝中，为喜钙树种。

园林应用：可作绿篱、刺篱、荒山绿化及水土保持树种。

4．榕属 *Ficus* L.

木本，多为常绿，常具气根。枝上有环状托叶痕。叶多互生、全缘。雌雄同株，花小，生于中空的肉质花序托内，形成隐头花序。隐花果肉质，内具小瘦果。约 1 000 种，主要分布在热带、亚热带地区。我国约 98 种、3 亚种、43 变种、2 变型，分布在西南部至东部和南部，其余地区较稀少。

无花果 *F. carica* L.（图 6–37）

形态特征：落叶灌木或小乔木，高达 10 m。叶互生，厚纸质，广卵圆形，长 10 ～ 20 cm，通常 3 ～ 5 裂，

图 6–37　无花果

小裂片卵形，边缘具不规则钝齿，表面粗糙，背面密生细小钟乳体及灰色短柔毛；托叶卵状披针形，红色。隐花果大，梨形，长 5 ～ 8 cm，熟时黄色或紫红色。花果期在 5–7 月。

分布习性：原产于地中海沿岸。分布于土耳其至阿富汗。我国唐代即从波斯传入，现南北方均有栽培。喜光，喜温暖湿润气候，耐寒性不强，对土壤要求不严，较耐干旱；根系发达，生长快。

园林应用：长江流域及其以南地区常栽于庭院与公共绿地；北方常作温室盆栽。

榕树（细叶榕、小叶榕）***F. microcarpa*** **L.f.**（图 6–38）

图 6–38　榕树

视频：榕树

形态特征：常绿乔木，枝具下垂须状气生根。叶椭圆形至倒卵形，长 4 ～ 8 cm，先端钝尖，基部楔形，全缘或浅波状，羽状脉，侧脉 5 ～ 7 对，在叶缘处网结，革质，无毛。隐花果腋生，近扁球形，直径约 8 mm。花期在 5 月，果期在 7–9 月。

变种、品种：①黄金榕‘Golden Leaves’（‘Aurea’）：嫩叶金黄色，日照越强烈，叶色越明艳，老叶渐转绿色。②乳斑榕‘Milky Stripe’：叶边有不规则的乳白色或乳黄色斑，枝下垂。③黄斑榕‘Yellow Stripe’：叶大部分为黄色，间有不规则绿斑纹。④厚叶榕（卵叶榕、金钱榕）var. *crassilolia*（Shieh）Liao：叶倒卵状椭圆形，先端钝或圆，厚革质，有光泽。

分布习性：产于我国华南地区，印度及东南亚各国至澳大利亚。喜暖热多雨气候及酸性土壤；生长快，寿命长。

园林应用：树冠庞大而圆整，枝叶茂密，在广州、福州等地常栽作行道树及庭荫树。

黄葛树（黄桷树、黄葛榕）***F. virens Ait.*** **var.** ***sublanceolata*** **（Miq.）Corner**（图 6–39）

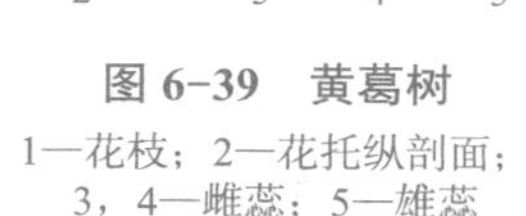

图 6–39　黄葛树

1—花枝；2—花托纵剖面；3，4—雌蕊；5—雄蕊

视频：黄葛树

形态特征：落叶乔木，高达 26 m。叶卵状长椭圆形，长 8 ～ 16 cm，先端急尖，基部心形或圆形，全缘，侧脉 7 ～ 10 对，坚纸质，无毛，叶柄长 2 ～ 3 cm；托叶长带形。隐花果球形，直径 5 ～ 7 mm，无梗。花果期在 4–8 月。

分布习性：产于华南及西南地区。喜光，喜暖湿气候及肥沃土壤；生长快，萌芽力强，抗污染。

园林应用：宜作庭荫树及行道树，是重庆市市树。

高山榕 ***F. altissima*** **Bl.**

形态特征：常绿乔木，高 25 ～ 30 m，树冠开展；干皮银灰色；老树常有支柱根。叶椭圆形或卵

状椭圆形，长10～20（30）cm，先端钝，基部圆形，全缘，半革质；无毛，侧脉4～5对。隐花果红色或黄橙色，腋生。花期在3-4月，果期在5-7月。

分布习性：产于东南亚地区，分布在我国两广及滇南地区；在热带地区通常栽作绿荫树。

园林应用：冠大荫浓，红果多而美丽，宜作庭荫树、行道树及园林观赏树。

6.1.2.7　胡桃科 Juglandaceae

乔木，具树脂，有芳香，被有橙黄色盾状着生的圆形腺体。奇数或稀偶数羽状复叶；小叶对生或互生，具或不具小叶柄，羽状脉，边缘具锯齿或稀全缘。花单性，雌雄同株，风媒。雄花序常柔荑花序，雌花序穗状。核果状或翅果状坚果。共9属，约60种，大多数分布于北半球热带到温带。我国产7属、27种、1变种，主要分布于长江以南地区，少数种类分布在北方。

分属检索表

A_1 枝具片状髓心。

　B_1 核果无翅；鳞芽……………………………………1 胡桃属 ***Juglans***

　B_2 坚果有翅，裸芽或鳞芽……………………………2 枫杨属 ***Pterocarya***

A_2 枝条髓心充实。

　B_1 雄柔黄花序下垂，3条簇生；果为核果状，外果皮4裂……………3 山核桃属 ***Carya***

　B_2 雌雄花序均直立，集生枝顶；小坚果扁平，两侧有窄翅……………4 化香树属 ***Platycarya***

1．胡桃属 *Juglans* L.

落叶乔木；枝髓片状分隔。奇数羽状复叶，揉之有香味。雌雄同株；雄性柔荑花序。雌花序穗状。核果，果核具不规则皱沟。本属约20种。我国产4种，普遍分布在南北方。

胡桃（核桃）***J. regia* L.**（图6-40）

形态特征：乔木，高达25 m；树皮幼时灰绿色，老时则灰白色，纵向浅裂；小枝无毛，具光泽，初灰绿色，后带褐色。奇数羽状复叶；小叶通常5～9枚，椭圆状卵形至长椭圆形，边缘全缘。雄性柔荑花序下垂，雌性穗状花序。果实近于球状。花期在5月，果期在10月。

分布习性：产于我国华北、西北、西南、华中、华南和华东各省区。平原及丘陵地区常见栽培，喜肥沃湿润的砂质壤土，常见于山区河谷两旁土层深厚的地方。

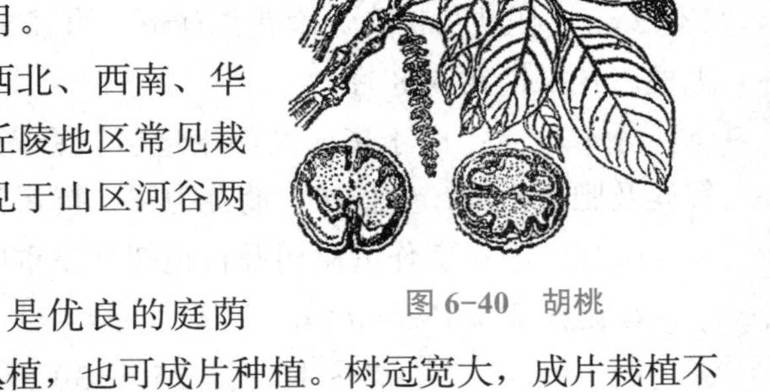

图6-40　胡桃

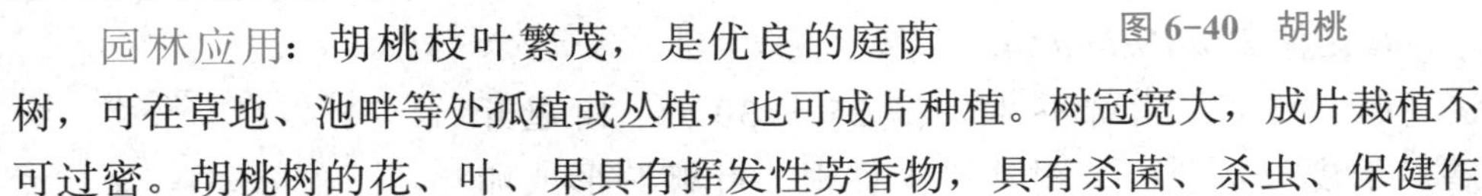

园林应用：胡桃枝叶繁茂，是优良的庭荫树，可在草地、池畔等处孤植或丛植，也可成片种植。树冠宽大，成片栽植不可过密。胡桃树的花、叶、果具有挥发性芳香物，具有杀菌、杀虫、保健作用，可成片栽植于风景疗养区。果实可食用，将绿化与生产相结合。

野胡桃（野核桃）*Juglans cathayensis* Dode

形态特征：乔木，高达 25 m；树皮灰褐色，浅纵裂。小枝、叶柄均被褐色腺毛。小叶 15 ～ 19 片，无柄，卵状长椭圆形，缘有细齿，两面有灰色星状毛，背面尤密。雄花序长 20 ～ 30 cm。核果卵形，有腺毛。果核具 6 ～ 8 钝纵脊。花期在 4–5 月，果熟期在 9–10 月。

分布习性：产于甘肃、安徽、江苏、浙江、湖北、湖南、四川、云南等地；多生于海拔 800 ～ 2 000 m 的山谷或山坡土壤肥沃湿润处。

2．枫杨属 *Pterocarya* Kunth

本属约 8 种，其中 1 种产于俄罗斯高加索，另 1 种产于日本和我国山东，还有 1 种产于越南北部和我国云南东南部，其余 5 种为我国特有。

图 6–41　枫杨

1—花枝；2—果枝；3—冬态枝；4—具苞片雌花；5—雌花；6—雄花；7—果

视频：枫杨

枫杨（平柳、柜柳、水麻柳）*P. stenoptera* C. DC.（图 6–41）

形态特征：乔木，高达 30 m。树皮灰褐色，纵裂。枝具片状分隔，裸芽密被褐色毛。羽状复叶，叶轴有翅。小叶 10 ～ 28 片，纸质，矩圆形，长 5 ～ 10 cm，缘有细锯齿，两面有细小腺鳞，下面脉腋有簇生毛。果序下垂，坚果近球形，具 2 长圆形果翅。花期在 3–4 月，果熟期在 8–9 月。

分布习性：广泛分布于我国华北、华东、华中至华南各省区，在长江流域和淮河流域最为常见。喜光，较耐寒，耐湿性强，但不耐长期积水。

园林应用：树冠宽广，枝叶茂密，作庭荫树和行道树，也常用于水边护岸固堤及防风林树种。

3．山核桃属 *Carya* Nutt.

本属约17种；我国约4种，引入1种。

图 6–42　薄壳山核桃

1—花枝；2—雌花；3—果核横剖面；4—冬态枝

薄壳山核桃（长山核桃、美国山核桃）*C. illinoensis* K Koch.（图 6–42）

形态特征：落叶乔木，在原产地高 45 ～ 55 m；树冠初为圆锥形，后变为长圆形至广卵形。树皮灰褐色浅纵裂。

奇数羽状复叶互生，小叶 11 ～ 17 片，为不对称的卵状披针形，常镰状弯曲，有锯齿。雄花为柔荑花序 3 出下垂；雌花 3 ～ 10 朵成短穗状。果长圆形，有 4 条纵棱，核长卵形或长圆形，平滑、淡褐色，核壳较薄。花期在 5 月，果熟期在 10–11 月。

分布习性：原产于美国东南部及墨西哥，20 世纪初引入我国，各地均有栽培，以江苏南部、浙江、福建一带较为集中。喜光，喜温暖湿润气候，但有一定抗寒性。在平原、河谷深厚疏松且富含腐殖质的砂质壤土及冲击土处生长最快，耐水湿，但不耐干旱。

园林应用：优良的城乡绿化树种，可作行道树、庭荫树及成片营造果材两用林，很适于河流沿岸、湖泊周围及平原地区“四旁”绿化和营造防护林带。另外，将其孤植、丛植于坡地、草坪中也颇为壮观。

【知识扩展】

如何区分胡桃和薄皮山核桃

胡桃：胡桃科胡桃属，枝髓片状，果实有肉质皮，雄花序单生。小叶通常5～9枚。

薄皮山核桃：胡桃科山核桃属，枝髓实心，果实有木质皮，雄花序 3 条聚生。小叶 11 ～ 17 枚。

4．化香树属 *Platycarya* Sieb. et Zucc.

2 种；1 种分布于我国黄河以南各省区以及朝鲜和日本，另 1 种是我国特有。

化香树（化香、花果儿树）***P. strobilacea* Sieb. et Zucc.**（图 6–43）

图 6–43　化香树

1—花枝；2，3—雄花及苞片；4，5—雌花及苞片；6—果序；7—果

形态特征：落叶小乔木，高 4 ～ 6 m。羽状复叶互生，小叶 5 ～ 23 片，长 4 ～ 14 cm，边缘有细尖重锯齿；下面初被毛，后仅沿中脉或脉腋有毛。果序球果状，长 3 ～ 5 cm，果苞披针形，先端刺尖，黑褐色，小坚果两侧具狭翅。花期在 5–6 月，果熟期在 10 月。

分布习性：产于长江流域至西南地区，常生于低山丘陵的疏林和灌木丛中。极喜光，耐干旱瘠薄；对土壤要求不严，酸性土至钙质土均可生长。

园林应用：可丛植，可作为荒山绿化先锋树种。

6.1.2.8　杨梅科 Myricaceae

常绿或落叶，灌木或乔木。单叶互生，具油腺点，芳香；无托叶。花单

性，雌雄同株或异株，柔荑花序，无花被。核果，外被蜡质瘤点及油腺点。2属，约 50 种，分布于东亚及北美；我国有 1 属 4 种。

杨梅属 *Myrica* L.

本属约 50 种，分布于温带至亚热带；我国有 4 种，产于西南部至东部。

杨梅 *Myrica rubra*（Lour.）Sieb.et Zucc.（图 6-44）

图 6-44　杨梅

形态特征：常绿乔木，树冠整齐，近球形。树皮黄灰黑色，老时浅纵裂。幼枝及叶背有黄色小油腺点。叶倒披针形，长 4 ～ 12 cm，先端较钝，基部狭楔形，全缘或近端部由浅齿；叶柄长 0.5 ～ 1 cm。雌雄异株，雄花序紫红色。核果球形，直径 1.5 ～ 2 cm，深红色，也有紫、白等颜色，多汁。花期在 3-4 月，果熟期在 6-7 月。

分布习性：产于长江以南各省区，以浙江栽培最多；也分布在日本、朝鲜及菲律宾。中性树，稍耐荫，不耐烈日直射；喜温暖湿润气候及酸性且排水良好的土壤，在中性及微碱性土也可生长，不耐寒。

园林应用：杨梅枝繁叶茂，树冠圆整，初夏又有红果累累，十分可爱，是园林绿化结合生产的优良树种。孤植、丛植于草坪、庭院，或列植于路边都很合适；若采用密植方式用来分隔空间或起遮蔽作用也很理想。

6.1.2.9　山毛榉科（壳斗科）Fagaceae

木本。单叶互生，侧脉羽状；托叶早落。花单性同株，单被花，雄花序多为柔荑状，稀为头状；雌花 1 ～ 3 朵生于总苞中；总苞在果熟时木质化，并形成盘状、杯状或球状之“壳斗”，外有刺或鳞片。每壳斗具 1 ～ 3 个坚果。8 属，约 900 种，主产于北半球温带、亚热带和热带。我国产 6 属，约 300 种；其中，落叶树类主产于东北、华北及高山地区；常绿树类产于秦岭和淮河以南，在华南、西南地区最盛，是亚热带常绿阔叶林的主要树种。

分属检索表

A_1 雄花序为直立或斜伸之柔荑花序；总苞球状，密被针刺，内含 1 ～ 3 个坚果……………1 栗属 *Castanea*

A_2 雄花序为下垂之柔荑花序；总苞杯状或盘状，总苞之鳞片分离………………………2 栎属 *Quercus*

【知识扩展】

如何区分板栗属和栎属

板栗属：枝无顶芽，叶有芒状锯齿；雄花序为直立或斜伸之柔荑花序；总苞全包果实，球形，密被长针刺；内有坚果 1 ～ 3 个。

栎属：枝有顶芽，叶缘有锯齿或波状；雄花序为下垂柔荑花序；总苞半包果实，有各式鳞片；内有坚果 1 个。

1．栗属 *Castanea* Mill.

落叶乔木，稀灌木。枝无顶芽，芽鳞 2～3。叶二列，缘有芒状锯齿。雄花序为直立或斜伸之柔荑花序；雌花生于雄花序之基部或单独成花序；总苞（壳斗）球形，密被长针刺，熟时开裂，内含 1～3 个褐色坚果。约 12 种，分布于北温带；我国产 3 种。

图 6-45　板栗

1—花枝；2—雄花；3—雌花；4—果枝；5—壳斗及果；6—果

板栗 *C. mollissima* Bl.（*C. bungeana* Bl.）（图 6-45）

形态特征：乔木，树冠扁球形。树皮灰褐色，交错纵深裂，小枝有灰色绒毛；无顶芽。叶椭圆形，长 9～18 cm，缘齿尖芒状，背面灰白柔毛。雄花序直立；总苞球形，密被长针刺，内含 1～3 个坚果。花期在 5-6 月，果熟期在 9-10 月。

分布习性：中国特产树种，栽培历史悠久。分布在我国辽宁以南各地，但以华北和长江流域栽培得较为集中，其中河北省是著名产区。大多分布在丘陵山地的谷地、缓坡和河滩地。喜光，耐旱。

2．栎属（麻栎属）*Quercus* L.

单叶互生，叶缘有锯齿或波状，稀全缘。雄花序为下垂柔荑花序；坚果单生，总苞盘状或杯状，其鳞片离生，不结合成环状。约 350 种，主产于北半球温带及亚热带；我国约 90 种，分布在南北方，多为温带阔叶林的主要成分。

图 6-46　栓皮栎

1—果枝；2—雄花枝；3，4，5—花序；6—叶之背面；7—壳斗及果

栓皮栎 *Q. variabilis* Bl.（图 6-46）

视频：栓皮栎

形态特征：落叶乔木，高达 25 m，胸径 1 m；树冠广卵形。树皮灰褐色，深纵裂，木栓层特厚。小枝淡褐黄色，无毛；冬芽圆锥形。叶长椭圆形或长椭圆状披针形，长 8～15 cm，先端渐尖，基部楔形，缘有芒状锯齿，背面被灰白色星状毛。雄

花序生于当年生枝下部，雌花单生或双生于当年生枝叶腋。总苞杯状，鳞片反卷，有毛。坚果卵球形或椭球形。花期在 5 月，果熟期在翌年 9–10 月。

分布习性：广泛分布于华北、中南及西南各地，以鄂西、秦岭、大别山区为其分布中心。喜光，但幼树以有侧方庇荫为好。对气候、土壤的适应性强，耐干旱、瘠薄。以深厚、肥沃、适当湿润且排水良好的壤土和砂质壤土最适宜，不耐积水。

园林应用：栓皮栎树干通直，枝条广展，树冠雄伟，秋季叶色转为橙褐色，季相变化明显，是良好的绿化观赏树种。孤植、丛植，或与其他树混交成林，均甚适宜。因根系发达，适应性强，树皮不易燃烧，又是营造防风林、水源涵养林及防火林的优良树种。

槲栎 *Q. aliena* Bl.（图 6–47）

形态特征：落叶乔木，高达 25 m，胸径 1 m；树冠广卵形。小枝无毛，芽有灰毛。叶倒卵状椭圆形，长 10 ～ 22 cm，先端钝圆，基部耳形或圆形，缘具波状缺刻，侧脉 10 ～ 14 对，背面灰绿色，有星状毛；叶柄长 1 ～ 3 cm。总苞碗状，鳞片短小。花期在 4–5 月，果熟期在 10 月。

图 6–47 槲栎

1—果枝；2—雄花序

变种、品种：锐齿槲栎‘var. *acuteserrata* Maxim.’：叶缘波状粗齿先端尖锐，叶形较小。产于黄河以南各省区；也分布在朝鲜、日本。常生于海拔 700 ～ 2 500 m 的山地稍荫湿处。

分布习性：产于辽宁、华北、华中、华南及西南各省区。喜光，稍耐荫，耐寒，耐干旱瘠薄，喜酸性至中性的湿润深厚且排水良好的土壤，是暖温带落叶阔叶林的主要树种之一。

园林应用：槲栎叶片大且肥厚，叶形奇特、美观，叶色翠绿油亮、枝叶稠密，属于美丽的观叶树种。适宜浅山风景区造景之用。

夏栎 *Q. robur* L.

形态特征：落叶乔木，高达 40 m。幼枝被毛，不久即脱落；小枝赭色，无毛，被灰色长圆形皮孔；冬芽卵形，芽鳞多数，紫红色，无毛。叶片长倒卵形至椭圆形，长 6 ～ 20 cm，顶端圆钝，基部为不甚平整的耳形，叶缘有 4 ～ 7 对深浅不等的圆钝锯齿，叶面淡绿色，叶背粉绿色。果序纤细，着生果实 2 ～ 4 个。壳斗钟形；小苞片三角形，排列紧密，被灰色细绒毛。坚果当年成熟，卵形或椭圆形，无毛；果脐内陷。花期在 3–4 月，果期在 9–10 月。

分布习性：原产于法国、意大利等地。已经引入我国新疆、北京、山东、辽宁、青岛、陕西等地，在新疆伊宁、塔城、乌鲁木齐生长得很好，寿命长达800年。

园林应用：叶形别致，秋季转红，是很好的庭荫树和观赏树。

在线答题

6.1.2.10 桦木科 Betulaceae

落叶乔木或灌木。单叶互生；托叶早落。花单性同株；雄花为下垂柔荑花序，1～3朵生于苞腋；雌花为球果状、穗状或柔荑状，花被萼筒状或无，2～3朵生于苞腋。坚果有翅或无翅，外具总苞；种子无胚乳。6属，约200种，主产于北半球温带及较冷地区。

分属检索表

A_1 小坚果扁平，具翅，包藏于木质鳞片状果苞内，组成球果状或柔荑状果序…………1 桦木属 ***Betula***

A_2 坚果卵形或球形，无翅，包藏于叶状或囊状草质总苞内，组成簇生或穗状果序。

B_1 果实小而多数，集生成下垂之穗状，总苞叶状……………………………………2 鹅耳枥属 ***Carpinus***

B_2 果实较大，簇生，外被叶状，囊状或刺状总苞………………………………………3 榛属 ***Corylus***

1. 桦木属 *Betula* L.

本属约100种，主产于北半球；我国产26种，主要分布于东北、华北至西南高山地区，是我国主要的森林树种之一。

白桦 *B. platyphylla* Suk.（图 6-48）

视频：白桦

形态特征：落叶乔木，高达25 m，胸径50 cm；树冠卵圆形。树皮白色，纸状分层剥离，皮孔黄色。小枝细，红褐色，外被白色蜡层。叶三角状卵形或菱状卵形，缘有不规则重锯齿，侧脉5～8对，背面疏生油腺点，无毛或脉腋有毛。果序单生，下垂，圆柱形。坚果小而扁，两侧具宽翅。花期在5-6月，果熟期在8-10月。

图 6-48 白桦

1—果枝；2—花枝；3，4—果苞；5—果

分布习性：产于东北林区及华北高山；也分布在朝鲜及日本北部。强阳性，耐严寒，喜酸性土（pH 值为5～6），耐瘠薄。适应性强。

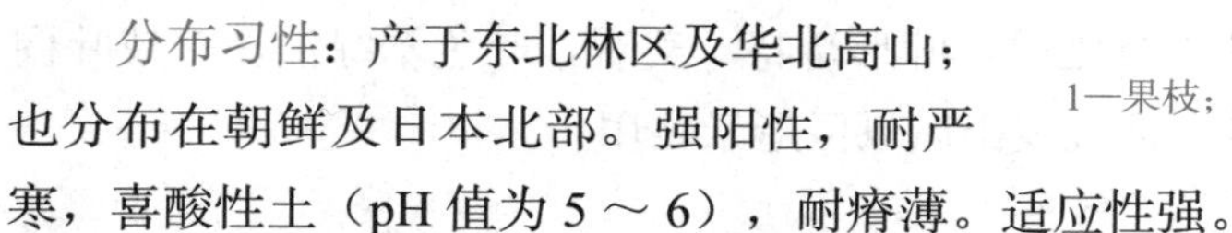

园林应用：白桦枝叶扶疏，姿态优美，树干修直，洁白雅致。孤植、丛植于庭院、草坪、池畔、湖滨或列植于道旁均颇为美观。

2. 鹅耳枥属 *Carpinus* L.

视频：鹅耳枥

落叶乔木或灌木；单叶互生，叶缘常具细尖重锯齿，羽状脉整齐。雄花无花被。小坚果卵圆形，有纵纹，每2枚着生于叶状果苞基部；果序穗状，下垂；果苞不对称，淡绿色，有锯齿。约60种，分布于北温带，主产于东亚；我国约产30种，广布于南北各省区，喜生于石灰岩母质发育的土壤上。

鹅耳枥 *C. turczaninowii* Hance（图 6-49）

形态特征：落叶小乔木或灌木状，高达5 m；树冠紧密而不整齐。树皮灰褐色，浅裂。小枝细，有毛；冬芽红褐色。叶卵形，长 3 ～ 5 cm，先端渐尖，基部圆形或近心形，缘有重锯齿，表面光亮，背面脉腋及叶柄有毛，侧脉 8 ～ 12 对。果穗稀疏，下垂；果苞叶状，不对称，一边全缘，一边有齿；坚果卵圆形。花期在 4–5 月，果熟期在 9–10 月。

图 6–49　鹅耳枥

分布习性：广泛分布于东北南部、华北至西南各省。稍耐荫，喜生于背阴的山坡及沟谷中，喜肥沃湿润的中性及石灰质土壤，也能耐干旱瘠薄。

园林应用：枝叶茂密，叶形秀丽，果穗奇特，颇为美观，可植于庭院观赏，尤宜制作盆景。

千金榆 *C. Cordata* Bl.（图 6–50）

形态特征：落叶乔木，高达 18 m；幼枝及叶背微被毛。叶椭圆形或卵形，长 8 ～ 14 cm，侧脉 14 ～ 21 对。果序长 5 ～ 12 cm，果苞膜质，椭圆形，排列紧密，基本对称。春季开花，雌雄同株，柔荑花序。果穗上有多数叶状果苞，小坚果生于果苞基部。

分布习性：产于东北至华北地区。喜光。最喜排水好的湿润土壤。耐旱、耐热。

园林应用：冠形优美，枝叶紧密，夏季叶色突出，秋色美丽，落叶迟。适宜城市环境，可作行道树和庭院树种。

图 6–50　千金榆

1—叶与果序；2—果苞；3—小坚果

3．榛属 *Corylus* L.

本属约 20 种，分布于北温带；我国产 7 种。

华榛（山白果、榛树）*C. chinensis* Franch.（图 6–51）。

形态特征：落叶大乔木，高 30 ～ 40 m，胸径 2 m。树干端直，大枝横伸，树冠广卵形。幼枝密被毛及腺毛。叶广卵形至卵状椭圆形，长 8 ～ 18 cm，缘有不规则钝齿，背面脉上密生淡黄色短柔毛。坚果常 3 枚聚生，总苞瓶状，上部深裂。

分布习性：产于云南、四川、湖北、甘肃等省山地。喜温暖湿润气候及深厚肥沃的中性或酸性土壤。

园林应用：适宜植于池畔、溪边及草坪、坡地。

图 6–51　华榛

在线答题

6.1.2.11 木麻黄科 Casuarinaceae

常绿乔木或灌木。小枝轮生或假轮生，细长有节，绿色，节间有细纵棱脊，酷似麻黄或木贼。叶小，退化为鳞片状，4 ～ 16 枚轮生，基部合生成鞘状。花单性同株或异株，无花梗、花被。雄花排成柔荑花序，风媒花；雌花排成头状花序。果序球形或椭圆形，小苞片木质，成熟时开裂似蒴果，内有 1 坚果，形小，上部具膜质翅。本科仅 1 属，约 65 种，主产于大洋洲。我国引入 13 种，主要在南方栽植。

木麻黄属 *Casuarina* L.

形态特征同科。

木麻黄（马毛树、短枝木麻黄、驳骨树）*C. equisetifolia* L.（图 6-52）

形态特征：常绿乔木，树干直立，高 30 ～ 40 m，树冠狭长圆锥形远观似松。幼树树皮赭红色，老树深褐色，纵裂，内皮鲜红或深红。大枝红褐色，有密实的节；小枝灰绿色，似松针，柔软下垂。枝上有节，节上具 7 ～ 8 条槽，触摸有凹凸不平感，节脆易抽离脱落。每轮通常有 7 枚鳞片叶，三角形或批针形，紧贴节间。花单性，雌雄异株，少数同株；雄花序棒状圆柱形，顶生；雌花序紫红色。果序球形或近球形，生于短枝顶端。花期在 4–6 月，果期在 7–10 月。

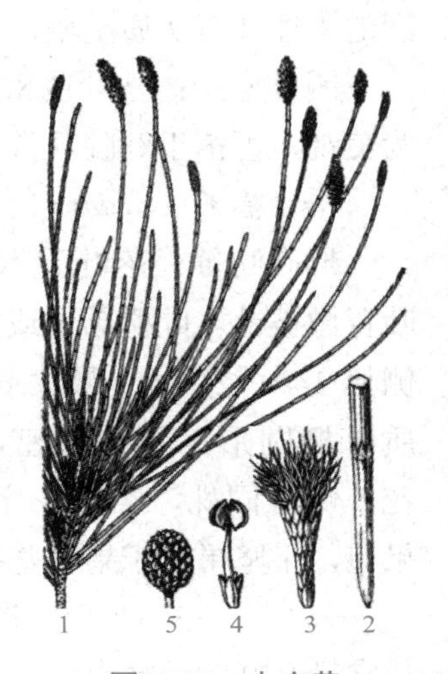

图 6-52 木麻黄

1—小枝；2—球果；3—雌蕊；4—雄花序；5—鳞片叶

分布习性：原产于澳大利亚，我国广东、浙江、福建、广西、台湾等南部省份均有栽植。喜光，喜温暖、湿润气候。耐盐碱，抗沙压和海潮，耐贫瘠土壤，不耐寒。有固氮根，抗风性好。

园林应用：木麻黄树干通直，小枝酷似松针，姿态优美，可作混交风景林区。防风固沙作用良好；在南方沿海城市可作行道树、滨海沙地防护林或绿篱。

6.1.3 石竹亚纲 Caryophyllidae

在线答题

紫茉莉科 *Nyctaginaceae*

单叶全缘，具柄，无托叶。花辐射对称，两性或单性，通常为聚伞花序；常围以有颜色的苞片所组成的总苞；萼为花冠状，圆筒形或漏斗状，有时钟形，下部合生成管，顶端 5 ～ 10 裂。瘦果，不开裂，常为宿存花萼的基部所包围，有棱或有翅，常具腺体。约 30 属、300 种，分布于热带和亚热带地区，主产于热带美洲。我国有 7 属、11 种、1 变种，其中常见栽培 3 种，主要分布于华南和西南地区。

叶子花属（三角花属）***Bougainvillea* Comm. ex Juss.**

本属约 18 种。原产于南美，有一些种常栽培于热带及亚热带地区。我国有 2 种，供观赏用。

视频：叶子花

叶子花（毛宝巾，九重葛，三角花）***B. spectabilis* Willd.**（图 6-53）

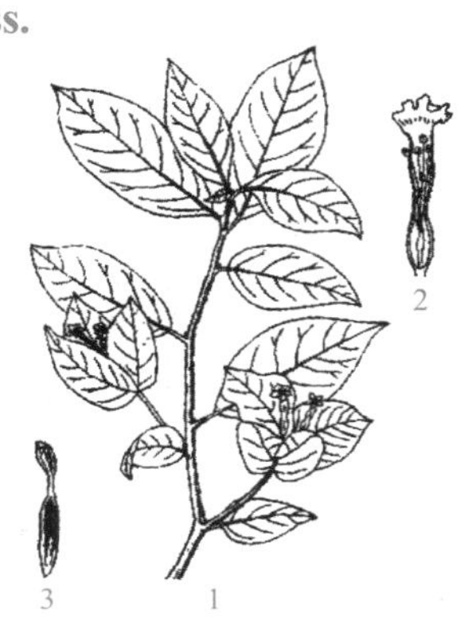

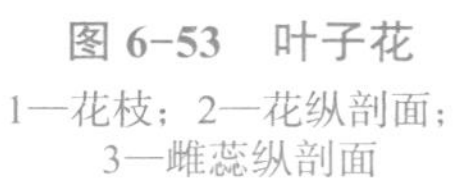

图 6-53　叶子花

1—花枝；2—花纵剖面；3—雌蕊纵剖面

形态特征：藤状灌木，常绿，高达 10 m。枝、叶密生柔毛；刺腋生、下弯。叶片纸质，椭圆形或卵形，基部圆形，有柄，有光泽。花序腋生或顶生，每 3 朵组成聚伞花序，被 3 枚大苞片包围；苞片椭圆状卵形，暗红色或淡紫红色，偶尔有白色。果实密生毛，但少见结果。花期很长，若温度适宜，可常年开花。

分布习性：原产于热带美洲。我国各地均有栽培。阳性树种，不耐荫，不耐寒，耐高温，怕干燥。对土壤要求不严，耐贫瘠、耐碱、耐干旱。

园林应用：叶子花是珠海市和深圳市市花。枝叶繁茂，四季常绿，苞片大且艳丽，若气候适宜，常年开花。北方多盆栽，温室越冬。作为攀缘植物，是优良的棚架、围墙、屋顶等立体绿化材料。经人工绑扎，攀缘于花格之上可形成花屏。可作树桩盆景，也可修剪成灌木或小乔木。

6.1.4　五桠果亚纲 Dilleniidae

6.1.4.1　芍药科 Paeoniaceae

形态特征见属，为单属科。

芍药属 ***Paeonia* L.**

在线答题

灌木；根圆柱形或具有纺锤形的块根；当年生分枝基部或茎基部具数枚鳞片；叶二回或三回羽状复叶；叶柄长 10 ～ 15 cm；小叶 19 ～ 33 枚，卵状披针形，多全缘，少数 3 裂；花顶生或腋生；大型；花色丰富，有紫色、深红色、粉红色、黄色、白色、豆绿色等；苞片 2 ～ 6 片，叶状，披针形，宿存；萼片 3 ～ 5，宽卵形；花瓣 5 ～ 13（栽培者多为重瓣），倒卵形；蓇葖果；种子数粒，黑色或深褐色，光滑。约 35 种，分布于欧亚大陆温带地区。我国有 11 种，主要分布于西南巴郡山谷、秦岭、西北陕甘盆地，少数分布于东北、华北及长江沿岸各省；现各地栽培。

牡丹（富贵花、木本芍药、洛阳花）***P. suffruticosa* Andr.**（***P.moutan* Sims.**）（图 6-54）

形态特征：落叶灌木，高达 2 m，枝多而粗壮。二回三出复叶，小叶宽卵形，3 裂至中部，裂片不裂或 2 ～ 3 浅裂，表面绿色，无毛，背面淡绿色，有

视频：牡丹

时被白粉，沿叶脉疏生短柔毛或近无毛。花单生枝顶，大型，直径 10 ～ 17 cm；花梗长 4 ～ 6 cm；花色变异大，有紫色、深红色、粉红色、黄色、白色、豆绿色等；苞片 5，长椭圆形；萼片 5，绿色，宽卵形；花瓣 5 或重瓣，倒卵形，顶端呈不规则波状。蓇葖果，长圆形，密生黄褐色硬毛。花期在 4–5 月，果期在 6 月。

变种：矮牡丹 Var.*spontanea* Rehd.：高 0.5 ～ 1 m，叶纸质，叶背及叶轴具短柔毛，顶端小叶宽椭圆形，长 4 ～ 5.5 cm，3 深裂，裂片再浅裂。花白色或浅粉色，单瓣型，直径 11 cm。特产于陕西延安一带山坡疏林中。

图 6–54　牡丹

1—植株；2—根；3—心皮

分布习性：原产于中国西部与北部，在秦岭伏牛山、中条山、嵩山均有野生。目前全国栽培甚广，而且早已引种国外。喜光，但忌夏季暴晒，喜温暖而不酷热气候，较耐寒；但对一些喜光品种，在开花期以略遮阴为宜。喜深厚肥沃、排水良好、略带湿润的砂质壤土；较耐碱，在 pH 值为 8 的土壤中能正常生长。

园林应用：牡丹花大且美，香色俱佳，有“国色天香”“牡丹花王”等美称，常作专类花园重点美化之用，又可植于花台、花池观赏，或自然式孤植或丛植于岩旁、草坪边缘或庭院，也可盆栽室内观赏或作切花瓶插。

紫斑牡丹 *P. rockii*（S.G. Haw et L.A.Lauener）T. Hong et J.J.Li（P.papaverace auct. non Andr.）（图 6–55）

形态特征：落叶灌木，高 0.5 ～ 1.5 m。叶通常为 3 回（稀二回）羽状复叶，小叶 17 ～ 33 片，小叶片长 2.5 ～ 4 cm；顶生小叶不裂或 2 ～ 4 浅裂，叶背疏生柔毛。花大，花生枝顶，花瓣约 10 片，白或粉红色，花瓣内面基部有紫色斑块。花期在 4–5 月，果期在 6 月。

分布习性：特产于我国四川北部、甘肃、陕西南部太白山区、河南西部，西北地区作油用栽培多。

园林应用：同牡丹。

图 6–55　紫斑牡丹

1—植株；2—雄蕊；3—蓇葖果

在线答题

6.1.4.2　山茶科 Theaceae

乔木或灌木，常绿。叶革质，单叶互生，羽状脉，全缘或有锯齿，具柄，无托叶。花两性；通常大而整齐，白色、红色及黄色；单生或簇生叶腋，稀形成花序；萼片 5 ～ 7 片，常宿存；花瓣常为 5 片。蒴果，室背开裂，浆果或核果状不开裂，种子圆形、多角形或扁平，有时具翅。约 36 属、700 种，分隶于 6 个亚科，广泛分布于东西两半球的热带和亚热带，尤以亚洲最为集中。我国有 15 属、480 余种，主产于长江流域以南。

山茶属 ***Camellia* L.**

常绿小乔木或灌木。叶多革质，羽状脉，有锯齿和短柄。花两性，单花或 2 ～ 3 朵并生，有短柄；苞片 2 ～ 6 片；萼片 5 ～ 6 片，脱落或宿存；花冠白色或红色，有时黄色，基部有一点连合；花瓣 5 ～ 12 片，栽培种常为重瓣，覆瓦状排列。木质蒴果，室背开裂，种子球形或有角棱，无翅，种皮角质。约 280 种，分布于东亚北回归线两侧。我国是中心产地，有 238 种。

山茶（薮春、山椿、耐冬、海石榴）***C.japonica* L.**（图 6-56）

形态特征：常绿灌木或小乔木，嫩枝紫褐色无毛。叶革质，椭圆形，上面深绿色，干后发亮，下面浅绿色，边缘有细锯齿。花顶生，以白色和红色为主；苞片及萼片约 10 片；花瓣 6 ～ 7 片，倒卵圆形，无毛。蒴果圆球形，种子近球形或棱角。花期在 1-4 月，果期为 9-10 月。

图 6-56　山茶
1—花枝；2—雌蕊；3—开裂的蒴果

变种：①白山茶 var.*alba* Lodd.：花白色。②白洋茶 var.*alba-plena* Lodd.：花白色；重瓣，6 ～ 10 轮，外瓣大、内瓣小，呈规则的覆瓦状排列。③红山茶 var.*anemoniflora* Curtis：花红色，花型似秋牡丹，有 5 枚大花瓣，雄蕊有变成狭小花瓣者。④紫山茶 var. *lilifolia* Mak.：花紫色；叶呈狭披针形，有似百合的叶形。⑤玫瑰山茶 var.*magnoliaeflora* Hort.：花玫瑰色，近于重瓣。⑥重瓣花山茶 var.*polypetala* Mak.：花白色而有红纹，重瓣；枝密生，叶圆形；扦插易生根。⑦金鱼茶（鱼尾山茶）var.*spontanea forma trifida* Mak.：花红色，单瓣或半重瓣；叶端 3 裂如鱼尾状，又常有斑纹，为观赏珍品，可扦插繁殖。⑧朱顶红 var.*chutinghung* Yu：花型似红山茶，但呈朱红色，雄蕊仅余 2 ～ 3 枚。⑨鱼血红 var.*yuxiehung* Yu：花色深红，花形整齐，花瓣覆瓦状排列，有时外轮的 1 ～ 2 瓣带白斑。⑩什样锦 var.*shiyangchin* Yu：花色粉红，常有白色或红色的条纹与斑点，花型整齐，花瓣呈覆瓦状排列。

分布习性：四川、山东、江西等地有野生种，国内各地广泛栽培。喜半荫及温暖湿润气候，忌烈日及严寒，生长适温为 18 ℃～ 25 ℃，喜肥沃、疏松的微酸性土壤，pH 值以 5.5 ～ 6.5 为宜。不耐盐碱，忌积水土壤。对海潮风有一定的抗性。

● **小贴士** ◎

中国十大名花：梅花、牡丹、菊花、荷花、月季、杜鹃、茶花、兰花、桂花、水仙。

园林应用：山茶是中国的十大名花之一。花期正值冬末春初。无论孤植、丛植，还是群植均可。江南地区可丛植或散植于庭院、花径、假山旁、草坪及树丛边缘，也可片植为山茶专类园。北方宜盆栽，通常用来布置厅堂、会场。

茶 *C. sinensis*（Linn.）O. Kuntze.（图 6-57）

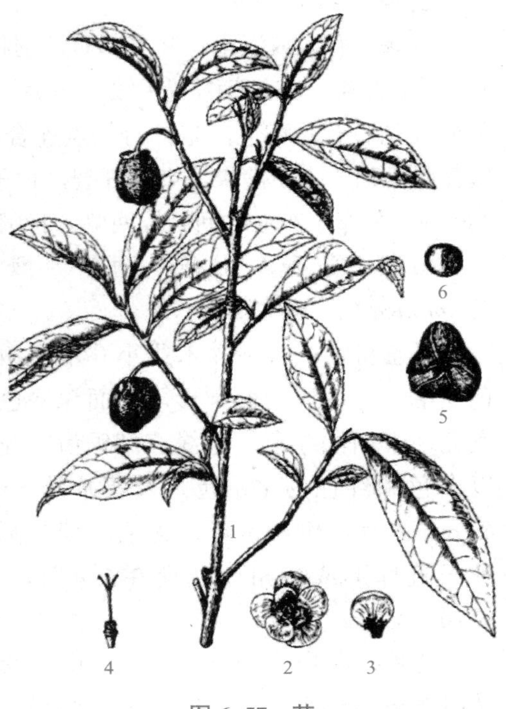

图 6-57 茶

1—果枝；2—花萼及花瓣；3—花瓣连雄蕊；4—雌蕊；5—果；6—种子

形态特征：灌木或乔木，高可达 15 m，但通常呈丛生灌木状。茶为深根性树种，主根可深达 4 m。叶革质，长椭圆形，叶缘有锯齿，叶脉明显。花白色，直径 2.5 ～ 3 cm，芳香，花单生叶腋或 2 ～ 3 朵组成聚伞花序；花梗下弯；萼片宿存。蒴果扁球形，3 棱；种子棕褐色。花期在 8-12 月，果期在次年 10-11 月。

变种：普洱茶 var.*assamica*（J.W.Mast.）Kitamura：大乔木，嫩枝有微毛，顶芽有白柔毛。叶薄革质，椭圆形，背面沿脉密被开张长柔毛，叶片干后变褐色。花腋生，花瓣 6 ～ 7 片，倒卵形，无毛。蒴果扁三角球形。产于云南西南部各地老林中。据记载，印度及缅甸所栽培的茶树是从云南引种过去的。

分布习性：原产于我国，在长江流域以南地区广泛栽培。喜光，喜温暖湿润气候，较耐寒。喜酸性、肥沃、排水良好的土壤，pH 值以 4 ～ 6.5 为宜，在盐碱土地上不能生长。

园林应用：茶枝叶繁茂，终年常绿。可以在园林中的路旁、台坡、池畔等地丛植，也可与竹、梅花、桂花等植物搭配，形成雅致的风格，如同诗中所讲“江南风致说僧家，石上清香竹里茶”，也可作绿篱。

6.1.4.3 猕猴桃科 Actinidiaceae

木质藤本。单叶，互生，无托叶。花两性或雌雄异株，组成腋生聚伞式或总状式花序；萼片5片，花瓣5片。果为浆果或蒴果。全球4属、370余种，主产于热带和亚洲热带及美洲热带，少数散布于亚洲温带和大洋洲。我国4属、全产，共计96种以上；主产于长江流域、珠江流域和西南地区。

猕猴桃属 *Actinidia* Lindl

本属约64种，产于亚洲至东南亚。我国是优势主产区，有52种以上，集中产地是秦岭以南和横断山脉以东的大陆地区。

猕猴桃（中华猕猴桃、羊桃藤、阳桃）*A. chinensis* Planck（图6-58）

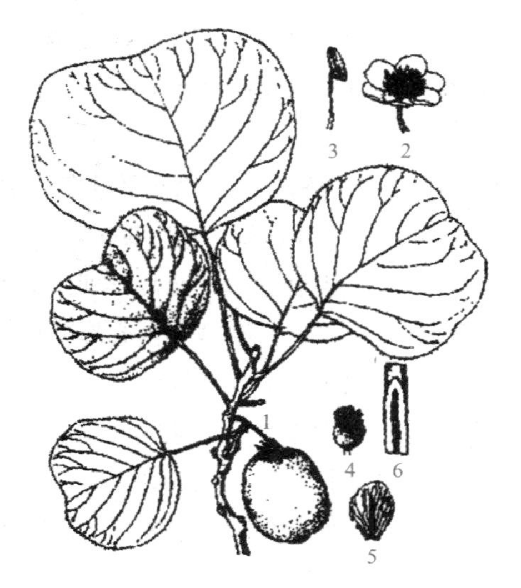

图6-58 猕猴桃

1—果枝；2—花；3—雄蕊；4—雌蕊；5—花瓣；6—髓心

形态特征：落叶藤本。幼枝生灰棕色柔毛，老时脱落；髓白色，片隔状。单叶互生，圆形、倒卵形，长6～17 cm，宽7～15 cm，先端突尖或平截，缘有刺毛状细齿，上面暗绿色，下面灰白色，密生星状绒毛；叶柄密生绒毛。雌雄异株，花3～6朵成聚伞花序，乳白色，后变黄，芳香，直径3.5～5 cm。浆果椭球形，被绒毛，熟时橙黄色。花期在4–6月，果熟期在8–10月。

变种：美味猕猴桃 var. *deliciosa*（A. Chev.）C. F.Liang et A. R. Fergusor.：又名毛阳桃。与原种的区别：小枝、叶柄和果实被硬毛；叶先端常具突尖或急尖。

分布习性：产于黄河及长江流域以南各地，可在北方的河南、陕西种植。喜光，耐半荫；喜温暖湿润气候，较耐寒；喜深厚湿润肥沃土壤。肉质根，不耐涝，不耐干旱。

园林应用：优良的庭院观赏植物和果树，有专门的观花品种，如‘江山娇’花朵深粉红色，‘越远红’花朵玫瑰红。适于棚架、绿廊、栅栏攀缘绿化，也可攀附在树上或山石陡壁上。

6.1.4.4 藤黄科 Guttiferae

乔木或灌木，罕草本，含白色或黄色黏液。单叶，全缘，羽状脉，对生或轮生，一般无托叶。花序各式，聚伞状，或伞状，或为单花；小苞片通常生于花萼紧接的下方，与花萼难以区分。花两性或单性。萼片2～6片，花瓣2～6片。果为蒴果、浆果或核果。约40属、1 000种，主要产于热带。我国有8属、87种，几乎遍布全国各地，主要产于西南地区。

金丝桃属 *Hypericum* L.

多年生灌木或草本。叶全缘，有透明或黑色腺点。花两性；单生或聚伞花序；萼片、花瓣各 4（5），黄至金黄色，偶有白色，有时脉上带红色，通常不对称。果为一室间开裂的蒴果，果爿常有含树脂的条纹或囊状腺体。约 400 余种，除南北两极地、荒漠地及大部分热带低地外遍布世界。我国约有 55 种、8 亚种，几乎遍布各地，但主要集中在西南地区。

视频：金丝桃

金丝桃（狗胡花、金线蝴蝶、过路黄、金丝海棠）*H. monogynum* L.（图 6-59）

形态特征：半常绿小乔木或灌木，高 0.5 ～ 1.3 m，丛状或通常有疏生的开张枝条，全株光滑无毛。茎红色，单叶对生，无柄；叶片椭圆形，先端锐尖至圆形，通常具细小尖突，基部楔形至圆形或上部者有时截形至心形，边缘平坦，坚纸质，上面绿色，下面淡绿色但不呈灰白色。花鲜黄色，单生枝顶或 3 ～ 7 朵成聚伞花序；花丝较花瓣长；花柱细长，仅顶端 5 裂。蒴果 5 室。种子深红褐色，圆柱形。花期在 5-8 月，果期在 8-9 月。

图 6-59　金丝桃

1—花枝；2—果枝

分布习性：产于我国黄河流域及以南区域，也引种到日本。金丝桃为温带树种，喜湿润半荫之地，不甚耐寒，忌干冷，忌积水。

园林应用：可植于庭院假山旁，或点缀草坪，或列植、丛植于路旁。

● 小贴士 ◎

金丝桃因其花冠如桃花，雄蕊金黄色，细长如金丝而得名。

金丝梅 *H. patulum* Thunb. ex Murray（图 6-60）

视频：金丝梅

形态特征：半常绿或常绿灌木。小枝拱曲，有两棱，红色或暗褐色。叶卵状长椭圆形，表面绿色，背面淡粉绿色，散布油点。花金黄色；花序具 1 ～ 15 朵花；萼片离生；雄蕊 5 束，较花瓣短；花柱 5 根，离生。蒴果卵形，有宿存萼。花期在 4-8 月，果熟期在 6-10 月。

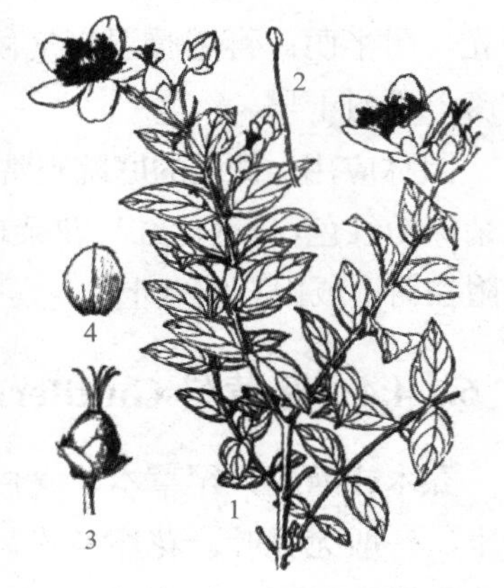

图 6-60　金丝梅

1—花枝；2—雄蕊；3—果实；4—萼

分布习性：产于陕西及长江流域以南及西南等省区。稍耐寒，性喜光。忌积水，适宜排水良好、湿润肥沃的砂质壤土。

园林应用：金丝梅花朵硕大，花色金黄醒目，每年的观赏期长达 10 个月，珍贵的野生观赏灌木。宜植于庭院内、假山旁及路边、草坪等处，可配置专类园，可作盆栽观赏，也可作切花，是西部地区城市绿化的良好材料。

【知识扩展】

如何区分金丝桃和金丝梅

金丝桃：花丝长于花瓣，花柱连合，顶端5裂。

金丝梅：花丝短于花瓣，花柱5离生。

6.1.4.5　杜英科 Elaeocarpaceae

在线答题

乔木或灌木；单叶；有托叶；花通常两性，排成总状花序或圆锥花序；萼片4～5片；花瓣4～5片或缺，顶端常撕裂状、镊合状或覆瓦状排列；雄蕊极多数，分离；果为核果、浆果或蒴果。共12属、400种，原产于东西两半球的热带、亚热带。我国有3属、51种，分布于西南至东部地区。

杜英属 ***Elaeocarpus*** **L.**

本属约200种，分布于东亚、东南亚及西南太平洋和大洋洲。我国有38种6变种，主要分布于华南及西南地区。

视频：杜英

杜英 ***E. decipiens*** **Hemsl.**

形态特征：常绿乔木，高5～15 m。叶革质，倒披针形，长7～12 cm，侧脉7～9对，在下面稍凸起，边缘有小钝齿。绿叶中常存有鲜红色的老叶。总状花序多生于叶腋及无叶的去年枝条上，长5～10 cm；花白色，萼片披针形，长5.5 mm；花瓣呈倒卵形，与萼片等长，上半部撕裂，裂片14～16个。核果椭圆形，长2～2.5 cm。花期在6–7月。

分布习性：产于我国南部及东南各省区。喜温暖潮湿环境，耐荫。对二氧化硫抗性强。

园林应用：常用作行道树、园景树。

6.1.4.6　椴树科 Tiliaceae

在线答题

多为木本。枝叶具星状毛。单叶互生，掌状脉。花聚伞花序或再组成圆锥花序；萼片镊合状排列；花瓣与萼片同数，分离。果为核果、蒴果、裂果，有时浆果状或翅果状。约52属、500种，主要分布于热带及亚热带地区。我国有13属、85种。

椴树属 ***Tilia*** **L.**

本属约80种，主要分布于亚热带和北温带。我国有32种。

视频：糯米椴

T. henryana **Szysz.**

形态特征：高达26 m。叶广卵形或近圆形，锯齿端长芒状，背面有淡褐色星状柔毛，脉腋有簇毛。聚伞花序，具花约20朵。坚果倒卵形，有5条纵棱。花期为6月。

分布习性：分布于我国江苏、浙江、江西和安徽。喜阳，耐干旱贫瘠，稍耐寒。

园林应用：可用作行道树或庭院观赏。

6.1.4.7 梧桐科 Sterculiaceae

在线答题

幼嫩部分常有星状毛，树皮常有黏液和富于纤维。叶互生，单叶，稀为掌状复叶，通常有托叶。花瓣 5 片或无花瓣。果通常为蒴果或蓇葖，极少为浆果或核果。本科有 68 属，约 1 100 种，分布于东、西两半球的热带和亚热带地区，只有个别种可分布到温带地区。

梧桐属 *Firmiana* Marsili

本属约 15 种，分布在亚洲和非洲东部。我国有 3 种，主要分布于广东、广西和云南。

梧桐 *F. simplex*（L.）W. Wight（图 6-61）

视频：梧桐

形态特征：落叶乔木，高达 16 m；树皮光滑，青绿色。单叶互生，心形，掌状，3 ～ 5 裂，直径 15 ～ 30 cm，裂片三角形，顶端渐尖，基部心形。圆锥花序顶生，单性同株；花萼 5 深裂几至基部，萼片条形，淡黄色；无花瓣。蓇葖果膜质，成熟前开裂成叶状。种子圆球形，表面有皱纹，直径约 7 mm。花期在 6 月，果期在 9-10 月。

图 6-61 梧桐

1—果枝；2—叶枝；3—花枝；4—雄花；5—雌花

分布习性：分布于我国南北各省，从海南岛到华北均有分布；也分布在日本。喜光，喜温暖、湿润气候，不耐寒，怕涝。

园林应用：常用作行道树及庭院绿化观赏树种。可与修竹、芭蕉搭配。

【知识扩展】

如何区分泡桐和梧桐

泡桐：玄参科泡桐属；树干非绿色；花乳白色微带紫，叶前开放；单叶对生，稀浅裂；蒴果，木质，椭圆形。

梧桐：梧桐科梧桐属；树干绿色；花黄绿色，叶后开放；单叶互生，掌状深裂；蓇葖果膜质有柄，舟形。

在线答题

6.1.4.8 木棉科 Bombacaceae

乔木，主干基部常有板状根。叶互生，掌状复叶或单叶，常具鳞秕；托叶早落。花两性，大而美丽，辐射对称；花萼杯状，顶端截平或不规则的 3 ～ 5 裂；花瓣 5 片，覆瓦状排列，有时基部与雄蕊管合生，有时无花瓣。蒴果，室背开裂或不裂；种子常为内果皮的丝状绵毛所包围。本科约有 20 属 180 种，广泛分布于热带（特别是美洲）地区。我国原产 1 属、2 种，引种栽培 5 属、5 种。

吉贝属 ***Ceiba*** **Mill.**

本属约 10 种，大都分布于美洲热带。我国有 1 种。

美丽异木棉（美人树、美丽木棉、丝木棉）***C. speciosa*** **（A.St.-Hil.）Ravenna**

形态特征：落叶乔木，高 10 ～ 15 m，树干下部膨大，幼树树皮浓绿色，密生圆锥状皮刺、侧枝放射状水平伸展或斜向伸展；掌状复叶，小叶 5 ～ 9 片，椭圆形；花单生，总状花序，花冠淡紫红色，中心白色，也有白色、粉红色、黄色等，即使同一植株也可能黄花、白花、黑斑花并存；蒴果椭圆形。花期在 10–12 月，冬季为盛花期。

生态习性：原产于南美洲，我国华南等地区也有栽培；喜光，喜温暖湿润气候，不耐寒；抗污染。

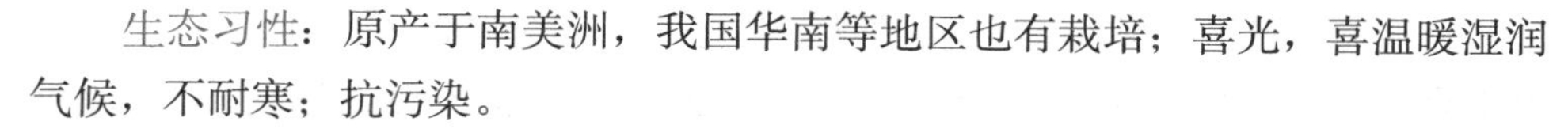

园林应用：花期由夏至冬，花朵大而艳，盛花期满树姹紫，是优良的观花乔木；华南地区常用作道路绿化、庭院绿化。常以绿色植物为背景衬托其盛花期的美景。

6.1.4.9 锦葵科 Malvaceae

茎皮纤维发达。叶互生，叶脉通常掌状，具托叶。花常单生，两性，辐射对称；萼片 3 ～ 5 片；其下面附有总苞状的小苞片（又称副萼）三至多数；花瓣 5 片，彼此分离，但与雄蕊管的基部合生。蒴果，常几枚果爿分裂，种子肾形或倒卵形。本科约有 50 属，约 1 000 种，分布于热带至温带。我国有 16 属，共计 81 种和 36 变种或变型，产于全国各地。

木槿属 ***Hibiscus*** **L.**

多为灌木；单叶互生，具掌状叶脉，具托叶。花两性，5 数，花常单生于叶腋间；小苞片 5 或多数；花萼钟状，5 齿裂，宿存；花瓣 5 片，各色，基部与雄蕊柱合生。蒴果胞背开裂成 5 果爿；种子肾形，被毛或为腺状乳突。本属约 200 余种，分布于热带和亚热带地区。我国有 24 种和 16 变种或变型（包括引入栽培种），产于全国各地。

木槿（木棉、荆条、朝开暮落花）***H. syriacus*** **L.（图 6–62）**

图 6–62　木槿

1—花枝；2—叶；3—花蕾

形态特征：落叶灌木，高 3 ～ 4 m，小枝密被黄色星状绒毛。叶菱形至三角状卵形，具深浅不同的 3 裂或不裂，边缘具不整齐齿缺；托叶线

形，疏被柔毛。花单生于枝端叶腋间；小苞片线形；花萼钟形，裂片5片，三角形；花钟形，淡紫色，朝开暮谢，花瓣倒卵形。蒴果卵圆形，密被黄色绒毛；种子肾形。花期在7–10月，果期在9–10月。

分布习性：我国东北南部至华南各地均有栽培。稍耐荫、喜温暖湿润气候，耐热又耐寒。

园林应用：木槿是夏、秋季重要观花灌木，南方多作花篱、绿篱；北方作庭院点缀及室内盆栽。木槿对二氧化硫与氯化物等有害气体有很强抗性，滞尘，是有污染工厂的主要绿化树种。

视频：木芙蓉

木芙蓉 *H. mutabilis* L.

形态特征：落叶灌木或小乔木；小枝、叶柄、花梗和花萼均密被星状毛与直毛相混的细绵毛。叶宽卵形至圆卵形或心形，常5～7裂，裂片三角形，主脉7～11条；托叶披针形，常早落。花大，单生于枝端叶腋间；小苞片8片，线形，基部合生；萼钟形，裂片5片；花初开时白色或淡红色，后变深红色，花瓣近圆形。蒴果扁球形，被淡黄色刚毛和绵毛，果爿5片；种子肾形，背面被长柔毛。

分布习性：产于我国南部。日本和东南亚各国也有栽培。喜光，稍耐荫；喜温暖湿润气候，不耐寒。

园林应用：花大色艳，花期长，花瓣一天重呈现不同颜色。可孤植、丛植于墙边、路旁、庭院等处，特别宜于配植水滨，也可作花篱。四川成都因普遍栽植此花而有“蓉城”之称。

朱槿（扶桑、佛桑、大红花、桑模、状元红）*H. rosa-sinensis* L.（图6–63）

形态特征：常绿灌木；小枝、叶脉、叶柄、花梗、苞片、花瓣均被柔毛。小枝圆柱形。叶阔卵形或狭卵形，先端渐尖，基部圆形或楔形，边缘具粗齿或缺刻；托叶线形。花单生于上部叶腋间，常下垂；小苞片6～7片，线形，基部合生；萼钟形，裂片5片，卵形至披针形；花冠漏斗形，玫瑰红色或淡红、淡黄等色，花瓣倒卵形。花期为全年。

图6–63　朱瑾
1—花枝；2—叶；3—花

分布习性：华南、西南等省均有栽培。喜温暖湿润气候，要求日光充足，不耐荫，不耐寒、旱。

园林应用：朱槿为美丽的观赏花木，花大色艳，花期长，花色繁多。盆栽朱槿是布置节日公园、花坛、会场及家庭养花的优先花木品种之一。

华木槿 *H. sinosyriacus* Bailey

形态特征：落叶灌木，高2～4 m，小枝幼时被星状柔毛。叶阔楔状卵圆形，长宽各7～12 cm，通常3裂，裂片三角形，边缘具尖锐粗齿，两面疏被星状柔毛，主脉3～5条。花单生于小枝端叶腋间；小苞片6片或7片，披针形，基部微合生；萼钟形，较小苞片为长或较短，裂片5片，卵状三角形；花白色或淡紫色，中心褐红色。花期在6–7月。

分布习性：产于江西、湖南、贵州、广西。较耐荫，耐寒性不如木槿。

园林应用：枝多叶茂，花较大，极具观赏价值，宜种植于庭院。

6.1.4.10　大风子科 Flacourtiaceae

常绿或落叶乔木或灌木。单叶，互生，有腺体；花梗常在基部或中部处有关节；萼片2～7片或更多；花瓣2～7片，通常花瓣与萼片相似而同数，通常与萼片互生。果实为浆果和蒴果，有的有棱条，角状或多刺。本科约有93属、1 300余种，主要分布于热带和亚热带地区。我国现有13属和2栽培属，约54种。主产于华南、西南，少数种类分布到秦岭和长江以南各省、区。

山桐子属 *Idesia* **Maxim.**

本属仅1种。分布于中国、日本和朝鲜。

山桐子 ***I. polycarpa*** **Maxim.**（水冬瓜、水冬桐、椅桐、斗霜红）（图6–64）

图6–64　山桐子

1—果枝；2—果实；3—雌花；4—雄花

形态特征：落叶乔木，高8～21 m；树皮淡灰色，不裂。叶薄革质或厚纸质，卵形或心状卵形，长13～16 cm，先端渐尖或尾状，基部心形，边缘有粗齿，齿尖有腺体，上面深绿色，下面有白粉，沿脉有疏柔毛，脉腋有丛毛，通常5基出脉，叶柄上有2个腺体。花单性，雌雄异株或杂性，黄绿色，芳香，花瓣缺，排列成顶生下垂的圆锥花序。浆果紫红色，扁圆形；种子红棕色，圆形。花期在4–5月，果熟期在10–11月。

分布习性：产于我国华东、华中、西北及西南地区。中性偏阴树种，喜光，喜温和湿润的气候，也较耐寒，耐旱。

园林应用：本种树形优美，果色朱红，形似珍珠，为山地、园林的观赏树种。

6.1.4.11　柽柳科 Tamaricaceae

落叶小乔木、灌木、亚灌木或草本。小枝纤细。叶互生，极小而鳞片状，无托叶；花辐射对称，两性，单生或排成总状花序或圆锥花序；萼片和花瓣均为4～5片；果为蒴果，3～5裂；种子有束毛或有翅。本科有5属，约90种，广泛分布于东半球的温带、热带和亚热带地区。我国有4属、27种，主要生长在西部和北方荒漠地带。

柽柳属 *Tamarix* L.

本属约 54 种，分布于欧洲西部、地中海地区至印度。我国约 16 种，分布或栽培在全国各地。

视频：柽柳

柽柳（三春柳、西湖柳、观音柳）*T.chinensis* Lour.（图 6-65）

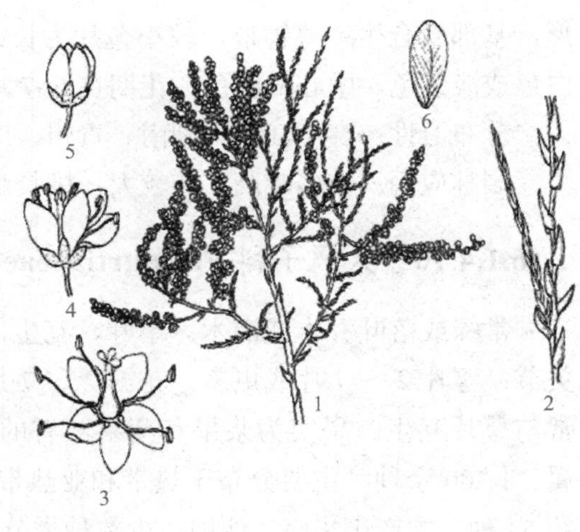

图 6-65　柽柳

1—花枝；2—叶枝；3，4—花；5—花蕾；6—花瓣

形态特征：落叶灌木或小乔木。树皮红褐色，老枝红紫色或淡棕色，小枝下垂。叶互生，披针形，鳞片状，小而密生，呈浅蓝绿色。总状花序集生于当年枝顶，组成圆锥状复花序；花粉红色，夏秋开花，有时每年开三次花。蒴果在 10 月成熟，通常不结果实。

分布习性：原产于我国，分布极广。防风、抗涝、抗旱、耐盐碱。沙荒地可生长。

园林应用：柽柳枝条细柔，姿态婆娑，开花如红蓼，颇为美观。在庭院中可作绿篱用，适于就水滨、池畔、桥头、河岸、堤防植之。街道公路之沿河流者，其列树如以柽柳植之，则淡烟疏树，绿荫垂条，别具风格。也可作盐碱地绿化树种。

在线答题

6.1.4.12　杨柳科 Salicaceae

落叶乔木或灌木，树皮通常味苦。单叶互生，稀对生；托叶鳞片状或叶状。花单性，雌雄异株，呈柔荑花序；花着生于苞片与花序轴间；基部有杯状花盘或腺体。蒴果 2 ～ 4（5）瓣裂。种子微小，基部围有多数白色丝状长毛。共 3 属，620 余种，分布于寒温带、温带和亚热带。我国有 3 属，320 余种，各省（区）均有分布，尤以山地和北方较为普遍。

分属检索表

A_1 芽鳞数枚；叶片通常宽大，柄长；雌花序下垂，苞片先端裂，花盘杯状；风媒花……1 杨属 ***Populus***

A_2 芽鳞 1 枚；叶片通常狭长，柄短；雌花序直立，苞片全缘，无杯状花盘；虫媒花……2 柳属 ***Salix***

【知识扩展】

如何区分杨属和柳属

杨属：髓心五角星，小枝顶芽发达；芽鳞数枚，叶柄宽阔，花序长；柔荑花序下垂，花的附属物具柄状花盘，风媒传粉。

柳属：髓心圆形，小枝没有顶芽；芽鳞 1 枚，叶柄较窄；或花序短，柔荑花序直立，花的附属物具蜜腺，虫媒传粉。

1. 杨属 *Populus* L.

乔木。树干通常端直；树皮常为灰白色；萌枝髓心五角状。有顶芽（胡杨无），芽鳞多数，常有黏脂；枝有长、短枝之分。单叶互生，叶形较宽，叶柄长，有托叶。柔荑花序下垂，常先叶开放；苞片先端尖裂或条裂，膜质，早落，花盘斜杯状。约100种，广泛分布于在世界各地。我国约62种（包括6杂交种），其中分布于我国的有57种，引入栽培约4种，杨树属植物是靠杨絮传播种子，待果开裂杨絮就四处飞扬，杨絮到处飘会造成环境污染。因此，用作行道树的树种应种雄株，不能种雌株。

小叶杨（南京白杨、河南杨、明杨、青杨）*P.simonii* Carr.（图6-66）

形态特征：乔木，高达20 m。树皮幼时灰绿色，老时暗灰色，沟裂；树冠近圆形。幼树小枝及萌枝有明显棱脊，常为红褐色，后变黄褐色。芽瘦尖，有黏质。叶菱状卵形、菱状椭圆形或菱状倒卵形，长3～12 cm，宽2～8 cm，中部以上较宽，先端短尖，基部楔形，边缘具细锯齿；叶柄黄绿色或带红色。花期在3–5月，果期在4–6月。

图6-66　小叶杨

1—雌花枝；2—蒴果；3—萌枝叶

变种、品种：①塔形小叶杨 f. fastigiata Schneid.：枝向上近直生，形成尖塔形树冠。产于辽宁、河北、山东及北京等地。常用作行道树。②垂枝小叶杨 f. pendula Schneid.：枝细长而下垂，叶形较小，有光泽。产于湖北及甘肃等省。

分布习性：在我国分布广泛，东北、华北、华中、西北及西南各省区均有分布；朝鲜也有。喜光，喜湿，耐瘠薄或弱碱性土壤，耐干旱，也较耐寒，适应性强，但在栗钙土中生长得不好。根系发达，抗风力强。

园林应用：树形美观，叶片秀丽，生长快速，适应性强，是水湿地带四旁绿化的良好选择。为防风固沙、护堤固土、绿化观赏的树种，也是东北和西北防护林与用材林主要树种之一。

加杨（加拿大杨、欧美杨）*P.× canadensis* Moench（图6-67）

形态特征：大乔木，高30 m。干直，树皮粗厚，深沟裂，树冠卵形；萌枝及苗茎

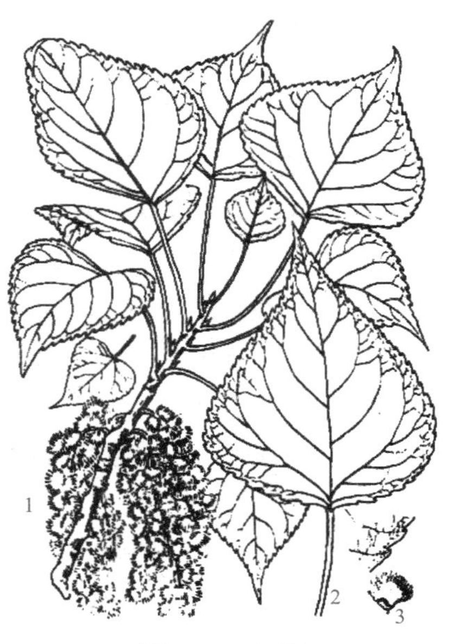

图6-67　加杨

1—果枝；2—叶；3—果

棱角明显。芽大，富黏质。叶近正三角形，长 7 ～ 10 cm，先端渐尖，基部截形或宽楔形，边缘半透明，有圆锯齿；叶柄侧扁而长，带红色，有时顶端具 1 ～ 2 个腺体。花期在 4 月，果期在 5–6 月。

分布习性：我国除广东、云南、西藏外，各省区均有引种栽培。性喜光，颇耐寒，耐瘠薄，喜肥沃湿润的冲积土、砂质壤土，对水涝、盐碱和薄土地均有一定耐性，也适应暖热气候。对二氧化硫抗性强，并有吸收能力。

园林应用：树冠阔，叶大，有光泽，宜作行道树、庭荫树、公路树及防护林等，孤植、列植均可，是华北江淮平原常见的绿化树种，适合工矿区绿化及四旁绿化。

新疆杨 *P. alba* var. *pyramidalis* Bge.

形态特征：落叶乔木，高达 30 m。枝条斜上，树冠圆柱形。树皮灰绿色，光滑。长枝叶掌状 3 ～ 5 深裂，侧裂片几乎对称，先端尖，背面有白色绒毛；短枝叶近圆形，有粗缺齿，背面绿色，近无毛；长枝叶常裂。仅见雄株。

分布习性：我国北方各省区常栽培。喜光，耐干旱；生长快，深根性，抗风力强；喜温暖湿润气候、肥沃的中性及微酸性土，抗烟尘、虫害、较耐盐碱。

园林应用：新疆杨树型优美，在草坪、庭前孤植、丛植，或于路旁植、点缀山石都很合适，也可用作绿篱及基础种植材料，是优美的风景树、行道树、防护林及四旁化树种。

毛白杨 *P. tomentosa* Carr.（图 6–68）

视频：毛白杨

形态特征：乔木，高达 30 m。树皮幼时暗灰色，壮时灰绿色，老时基部黑灰色，粗糙纵裂，皮孔菱形；小枝初被灰毡毛，后光滑。长枝叶阔卵形或三角状卵形，不裂；叶柄通常有 2 ～ 4 个腺点。短枝叶通常较小，三角状卵形，缘具深波状缺刻；叶柄先端无腺点。果序长达 14 cm。花期在 3 月，叶前开放，果期在 4–5 月。

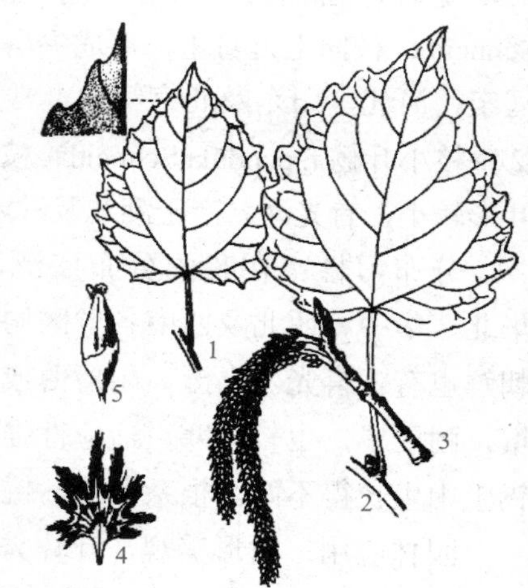

图 6–68　毛白杨

1，2—叶；3—雌花序；4—苞片；5—雌蕊

分布习性：中国特产，分布广泛，以黄河流域中、下游为中心分布区。强阳性树种，喜凉爽气候，耐旱，对土壤要求不严，但喜深厚肥沃、排水良好的砂质壤土。生长较快，适应性强，寿命长，对烟尘和毒气有一定抗性。

园林应用：毛白杨姿态雄伟，冠形优美，是城乡和工矿区常见的优良绿化树种。常用作行道树、园路树、庭荫树或营造防护林。

2．柳属 *Salix* L.

乔木或灌木；枝圆柱形，髓心近圆形。无顶芽。叶互生，通常狭而长，叶柄短；具托叶。柔荑花序直立；苞片全缘。蒴果2瓣裂；种子细小，基部围有白色长毛。本属520余种，主产于北半球温带地区。我国257种、122变种、33变型，各省区均产。

旱柳 ***S. matsudana*** **Koidz.（图6–69）**

视频：旱柳

形态特征：乔木，高达18 m，树冠广圆形。树皮暗灰黑色，有裂沟。枝直立或斜展。叶披针形，长5～10 cm，有细腺锯齿缘；叶柄短，长2～4 mm，在上面有长柔毛；托叶披针形或缺。花序与叶同时开放；雄花序圆柱形，雄蕊2枚；雌花序较雄花序短，背腹面各具1腺体。花期为4月，果期为4～5月。

图6–69　旱柳

1—花枝；2—雌花序；3—雄花；4—果实

变种、变型：①绦柳 f. pendula Schneid.：本变型枝长而下垂，与垂柳相似。其区别为本变型的雌花有2腺体，而垂柳只有1腺体；本变型小枝黄色，叶为披针形，下面苍白色或带白色，叶柄长5～8 mm；而垂柳的小枝褐色，叶为狭披针形或线状披针形，下面带绿色。②龙爪柳 f. tortuosa（Vilm.）Rehd.：枝卷曲向上。生长势较弱，树体较小，易衰老，寿命短。③馒头柳 f. umbraculifera Rehd.：分枝密，端稍齐整，树冠半圆形，如同馒头状。④旱垂柳 var. pseudo～matsudana Y. L. Chou：雌花仅有1条腹腺，雌花的苞片无毛。

分布习性：产于东北、华北平原、西北黄土高原，西至甘肃、青海，南至淮河流域及浙江、江苏等省，是平原地区常见树种。喜光，较耐寒，耐干旱。喜湿润排水、通气良好的砂质壤土，在河滩、河谷、低湿地都能生长成林。

园林应用：旱柳是重要的园林及城乡绿化树种。最宜沿河湖岸边及低湿处种植，也可孤植于草坪、对植于建筑两旁，或作庭荫树、行道树、公路树、防护林及沙荒造林，农村四旁绿化用。

垂柳（水柳、垂丝柳、清明柳）*S. babylonica* L.（图6–70）

形态特征：乔木，高达18 m，树冠开展疏散。树皮灰黑色，不规则开裂；枝细长下垂。叶狭披针形或线状披针形，长9～16 cm，锯齿缘，表面绿色，背面蓝灰绿色；叶柄长约10 mm。花序先叶开放或与叶同时开放。花期在3–4月，果期在4–5月。

图6–70　垂柳

分布习性：产于长江流域与黄河流域，其他各地均栽培，耐水湿，也能生于干旱处；喜光，喜温暖湿润气候及潮湿深厚的酸性及中性土壤；较耐寒。

园林应用：最宜配植在水边，如桥头、池畔、河流、湖泊等水系沿岸处。与桃花间植可形成“桃红柳绿”之景。

银芽柳（棉花柳）***S.*** **×** ***leucopithecia*** **Kimura**

形态特征：落叶灌木，高 2 ～ 3 m。叶长椭圆形，长 9 ～ 15 cm，缘具细锯齿，叶背面密被白毛，半革质。雄花序椭圆柱形，每个芽上有 1 个紫红色的苞片，早春叶前开放，柔荑花序，盛开时苞片脱落，花序密被银白色绢毛。雌雄异株，花期在 12 月至翌年 2 月。

分布习性：原产于日本，也栽培在我国江南一带。喜光，喜湿润，稍耐盐碱，耐修剪、耐涝。在土层深厚、湿润、肥沃的环境中生长良好。耐寒，在北京可露地过冬。

园林应用：银芽柳银色花序十分美观，是观芽植物，在园林中常配植于池畔、河岸、湖滨、堤防绿化。冬季还可剪取枝条瓶插观赏，是春节主要的切花品种，常与一品红、水仙、黄花、山茶花、蓬莱松叶等配材。

6.1.4.13　杜鹃花科 Ericaceae

常绿或落叶，灌木或乔木；单叶互生，无托叶；花两性，单生或成总状、穗状、伞形或圆锥花序；花萼宿存，4 ～ 5 裂；花冠合瓣，4 ～ 5 裂，少离瓣；雄蕊为花冠裂片的 2 倍。蒴果，少浆果或核果。种子细小。约 103 属、3 350 余种，多分布于寒带、温带及热带的高山上。我国有 20 属，约 900 种，各地均产，但以西南高山地区最盛。

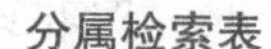

分属检索表

A_1 蒴果室间开裂；花大，花冠钟形、漏斗状或管状，裂片稍两侧对称………1 杜鹃花属 ***Rhododendron***

A_2 蒴果室背开裂；花小，花冠钟形、坛状或卵状圆筒形，裂片辐射对称………2 吊钟花属 ***Enkianthus***

1．杜鹃花属 *Rhododendron* L.

本属约 960 种，分布于北温带，主产于亚洲。我国产约 600 种，分布于全国，尤以四川、云南的种类居多，是杜鹃花属的世界分布中心。

杜鹃（映山红、照山红、山踯躅）***R. simsii*** **Planch.**（图 6–71）

形态特征：落叶或半常绿灌木，高可达 3 m；分枝多且细而直，有亮棕色或棕褐色扁平糙伏毛。叶纸质，卵状椭圆形，长 3 ～ 5 cm，叶表糙伏毛较稀，叶背者较密。

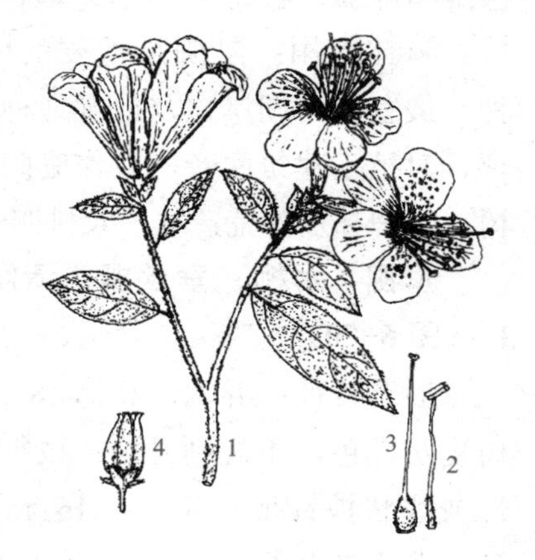

图 6–71　杜鹃

1—花枝；2—雄蕊；3—雌蕊；4—果

花 2 ～ 6 朵簇生枝端，花冠宽漏斗状，蔷薇色、鲜红色或深红色，有紫斑；萼片小，有毛。蒴果卵形，密被糙伏毛。花期在 4–6 月，果熟期在 9–10 月。

变种：①白花杜鹃 var. *Eriocarpum* Hort.：花白色或浅粉红色。②紫斑杜鹃 Var. *Mesembrinum* Rehd.：花较小，白色而具紫色斑点。③彩纹杜鹃 Var. *Vittatum* Wils.：花有白色或紫色条纹。

分布习性：产于长江流域及其以南各省山地。耐热性较强，适于疏松肥沃、排水良好的酸性土壤。

园林应用：杜鹃花为中国十大名花之一，品种极多。适于树下荫处自然式群植，并于林内适当点缀山石，以形成高低错落、疏密自然的群落；可不规则列植于花坛边缘、园路、溪流、池畔、山崖、石隙、草地、林间、路旁。

2．吊钟花属 *Enkianthus* Lour.

本属约 12 种，分布于中国、日本、印度、越南；我国产 7 种，分布于中部及南部。

灯笼花（灯笼树、钩钟花）*E. chinensis* Franch.（图 6–72）

图 6–72　灯笼花

1—果枝；2—雄蕊；3—果

形态特征：落叶灌木至小乔木，高 3 ～ 6 m。枝轮生。叶常聚生枝顶，纸质，长圆形至长椭圆形，长 3 ～ 45 cm，有圆钝细齿，两面无毛，网脉在下面明显。伞形总状花序；花下垂，花冠宽钟状，肉红色，长宽各 1 cm，雄蕊 10 枚。蒴果圆卵形，直径 6 ～ 8 mm，果柄顶端向上弯曲。花期在 5–6 月，果期在 9–10 月。

分布习性：产于长江以南各地。喜温暖湿润气候，以富含腐殖质的砂质壤土最宜；喜半荫。

园林应用：花朵小巧玲珑，衬以绿叶颇为秀丽，秋季叶红如火，极为艳丽。适于在自然风景区中配植应用，也可丛植于林下、林缘；也适于盆栽观赏。

6.1.4.14　柿树科 Ebenaceae

乔木或直立灌木；单叶，互生，很少对生，全缘；无托叶。花单性异株或杂性，雌花腋生，单生，雄花常生在小聚伞花序上或簇生，或为单生；花萼 3 ～ 7 裂，宿存，结果时增大。浆果多肉质。本科有 3 属，约 500 种，主要分布于两半球热带地区，在亚洲的温带和美洲的北部种类少。我国有 1 属，约 57 种。

柿属 *Diospyros* L.

单叶互生，全缘；花单性，雌雄异株或杂性；花萼、花冠常 4 裂。浆果肉质，基部通常有增大的宿存萼；种子扁平。约 500 种，主产于热带和亚热带地区。我国有 57 种、6 变种、1 变型、1 栽培种。

视频：柿树

柿 ***D.kaki*** **Thunb**（图 6-73）

图 6-73 柿
1—果枝；2—花

形态特征：落叶大乔木，通常高达 27 m；树皮灰黑色，方块状开裂。嫩枝初时有棱，叶近革质，卵状椭圆形，全缘。花雌雄异株，花冠淡黄白色，壶形或近钟形，4 裂。浆果，呈橙红色或鲜黄色；种子褐色，侧扁。花期为 5–6 月，果期为 9–10 月。

分布习性：原产于我国长江流域至黄河流域，日本也有栽培。阳性树种，喜温暖气候，充足的阳光和深厚、肥沃、湿润、排水良好的土壤，较能耐寒、耐瘠薄，抗旱性强，不耐盐碱。

园林应用：广泛应用于城市绿化，在园林中孤植于草坪或旷地，列植于街道两旁，尤为雄伟壮观，又因其对多种有毒气体抗性较强，较强的吸滞粉尘的能力，常用于城市及工矿区。

【知识扩展】

如何区分柿子和君迁子

柿子：枝叶有黄褐色毛，芽钝，果大，红黄色。

君迁子：枝叶有灰色毛，芽尖，果小，蓝黑色。

君迁子 ***D. lotus*** **L.**

形态特征：落叶乔木。高达 30 m。幼树树皮平滑，树皮方块状裂；叶近膜质，长椭圆形至长椭圆状 披针形，叶端渐尖，基部楔形或圆形，叶表光滑，叶背灰绿色。雄性柔荑花序生于去年生枝条上叶痕腋内，雌性柔荑花序顶生。浆果球形或圆卵形，幼时橙色，熟时变黑蓝色，外被白粉；宿存萼片 4。花期为 4–5 月，果期为 9–10 月。

分布习性：分布在我国南北方；也分布在日本、中亚各国和印度。耐半荫，耐瘠薄，耐寒，耐旱。

园林应用：树干挺直，树冠圆整；广泛栽植作园庭树或行道树。

6.1.5 蔷薇亚纲 Rosidae

在线答题

6.1.5.1 海桐花科 Pittosporaceae

常绿乔木或灌木，偶或有刺。叶多数革质，全缘，稀有齿或分裂，无托叶。花通常两性，花的各轮均为 5 数，单生或为伞形花序、伞房花序或圆锥花序；萼片常分离；花白色、黄色、蓝色或红色；雄蕊与萼片对生。蒴果沿腹缝裂开，或为浆果；

种子通常多数，常有黏质或油质包在外面。9 属，约 360 种，分布于旧大陆热带和亚热带。9 属均见于大洋洲，其中海桐花属种类最多。我国只有 1 属、44 种。

海桐花属 *Pittosporum* Banks

本属约 300 种，广泛分布于大洋洲，西南太平洋各岛屿，东南亚及亚洲东部的亚热带。我国有 44 种、8 变种。

海桐 *P. tobira*（Thunb.）Ait.（图 6-74）

图 6-74　海桐

1—果枝；2—花；3—雄蕊；4—雌蕊；5—果；6—种子

形态特征：常绿灌木或小乔木，高达 6 m。叶聚生于枝顶，两年生，革质，倒卵形，长 4～9 cm，先端圆形或钝，基部窄楔形，侧脉 6～8 对，叶柄长达 2 cm。伞形花序顶生或近顶生，密被黄褐色柔毛，花梗长 1～2 cm；苞片披针形；小苞片长 2～3 mm，均被褐毛。花白色，有芳香，后变黄色；萼片卵形；花瓣倒披针形，离生。蒴果圆球形，有棱或呈三角形，果片木质；种子多数，红色。花期在 3-5 月，果期在 9-10 月。

分布习性：分布于我国江苏南部、浙江、福建、台湾、广东等地；也分布在朝鲜、日本。适应性强，耐寒耐暑热，对 SO_2、HF、Cl_2 等有毒气体抗性强。

园林应用：海桐枝叶繁茂，树冠球形；叶色浓绿，经冬不凋，初夏花朵清丽芳香，入秋果实开裂露出红色种子，颇为美观。通常可作绿篱栽植，也可孤植、丛植于草丛边缘、林缘或门旁，列植在路边，有抗海潮及有毒气体能力，为海岸防潮林、防风林及矿区绿化的重要树种。

6.1.5.2　虎耳草科 Saxifragaceae

常单叶，稀复叶，互生或对生，一般无托叶。通常为聚伞状、圆锥状或总状花序，稀单花；花两性；花被片 4～5 基数；萼片有时花瓣状；花冠辐射对称，花瓣一般离生。蒴果、浆果、小蓇葖果或核果。有 17 亚科、80 属，1 200 余种，分布极广，几乎遍布全球，主产于温带。我国有 7 亚科、28 属，约 500 种，南北均产，主产于西南。

分属检索表

A_1 花丝扁平，钻形，有时具齿；灌木；花序全为孕性花，花萼裂片绝不增大呈花瓣状。

　B_1 叶无星状毛；花瓣 4，雄蕊 20～40；蒴果 4 瓣裂……………………………1 山梅花属 ***Philadelphus***

　B_2 叶通常被星状毛；花瓣 5，雄蕊 10（12～15）；蒴果 3～5 瓣裂……………………2 溲疏属 ***Deutzia***

A_2 花丝非扁平，线形，无齿；灌木或亚灌木，茎多分枝；花瓣镊合状排列…3 绣球（八仙花）属 ***Hydrangea***

1．山梅花属 *Philadelphus* L.

本属 70 多种，产于北温带，尤以东亚较多，欧洲仅 1 种，北美洲延至墨西哥。我国有22种、17变种，几乎全国均产，但主产于西南部各省区。

图6-75　山梅花

山梅花 *P. incanus* Koehne（图6-75）

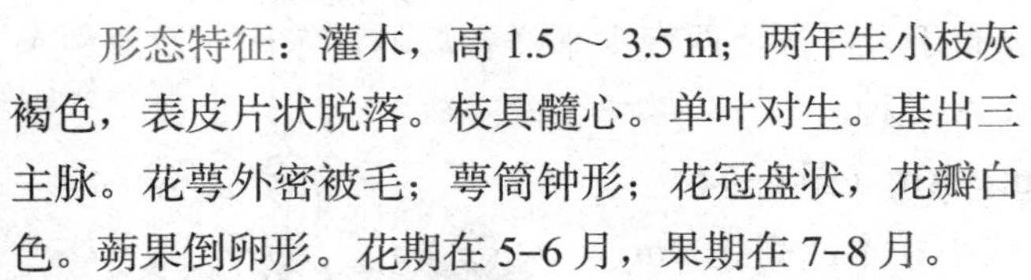

视频：山梅花

形态特征：灌木，高1.5～3.5 m；两年生小枝灰褐色，表皮片状脱落。枝具髓心。单叶对生。基出三主脉。花萼外密被毛；萼筒钟形；花冠盘状，花瓣白色。蒴果倒卵形。花期在5–6月，果期在7–8月。

分布习性：产于山西、陕西、甘肃、河南、湖北、安徽和四川。适应性强，喜光，喜温暖气候，耐寒耐热，怕涝。

园林应用：花香，花期较久，为优良的观赏花木。宜栽植于庭院、风景区，可作切花材料。

【知识扩展】

如何区分溲疏属与山梅花属

溲疏属：小枝常中空，叶无3或5主脉；花瓣5片，蒴果3～5裂。

山梅花属：小枝不中空，叶3或5主脉；花瓣4片，蒴果4瓣裂。

2．*溲疏属 Deutzia* Thunb.

落叶灌木，稀半常绿，通常被星状毛。小枝中空或具疏松髓心，表皮通常片状脱落。叶对生，具叶柄，边缘具锯齿，无托叶。萼、瓣各5，雄蕊10。蒴果3～5室，室背开裂。本属约60种。我国有53种（其中2种为引种或已归化种）1亚种、19变种，西南部最多。

溲疏（空疏、巨骨、空木）*D. scabra* Thunb.（图6-76）

视频：溲疏

图6-76　溲疏

形态特征：落叶灌木，高达3 m。树皮成薄片状剥落，小枝中空，红褐色。叶对生，有短柄；叶片卵形，长5～12 cm，顶端尖，基部稍圆，边缘有小齿，两面均有星状毛，粗糙。直立圆锥花序，花白色或带粉红色斑点；萼杯状，裂片三角形，早落，花瓣长圆形，外面有星状毛。蒴果近球形，顶端扁平。花期在5–6月，果期在10–11月。

分布习性：原产于长江流域各省，华东各地均有分布。喜光、稍耐荫，喜温暖湿润气候，但耐寒、耐旱。

园林应用：溲疏初夏白花繁密、素雅，常丛植于草坪一角、建筑旁、林缘配山石，也可作花篱及岩石园种植材料。

异色溲疏 *D.discolor* **Hemsl.**

视频：异色溲疏

形态特征：落叶灌木，高 2 ～ 3 m；老枝树皮片状脱落。叶纸质，椭圆状披针形或长圆状披针形，先端急尖，基部楔形或阔楔形，边缘具细锯齿；叶柄长 3 ～ 6 mm，被星状毛。聚伞花序；花大，白色，花蕾时内向镊合状排列。蒴果半球形，褐色，宿存萼裂片外反。花期在 6–7 月，果期在 8–10 月。

分布习性：产于陕西、甘肃、河南、湖北和四川等省区。

园林应用：花朵洁白素雅，开花量大，是优良的园林观赏树种，可植于草坪、路边、山坡及林缘，也可作花篱或岩石园种植材料。

3．八仙花属 *Hydrangea* L.

常绿或落叶亚灌木、灌木或小乔木，少数为木质藤本或藤状灌木。叶常对生或轮生。聚伞花序伞房状顶生；萼片大，花瓣状；孕性花较小，生于花序内侧。蒴果 2 ～ 5 室，顶端孔裂。本属有 73 种，产于北温带。我国有 46 种、10 变种。

八仙花（绣球、紫绣球、八仙绣球）***H. macrophylla*** **（Thunb.）Ser.（图 6–77）**

形态特征：灌木，高 1 ～ 4 m；小枝粗壮。叶大，对生，纸质或近革质，倒卵形。伞房状聚伞花序近球形，花密集，粉红色、淡蓝色或白色；花序中几乎是大型不育花；蒴果；花期在 6–8 月，果期在 8–9 月。

分布习性：我国长江流域及华南各地都有栽培。喜温暖湿润和半荫环境。

图 6–77　八仙花

园林应用：花大色美，是长江流域著名观赏植物。园林中可配置于稀疏的树荫下及林荫道旁，片植于荫向山坡，更适于植为花篱、花境。

东陵八仙花（东陵绣球）***H.bretschneideri*** **Dipp.**

形态特征：小灌木，高达 3 m。树皮片状剥落。叶椭圆形或倒卵状椭圆形，长 8 ～ 12 cm，先端尖，基部楔形，缘有锯齿，背面密生卷曲长毛；伞房花序，其边缘有不育花，先白色，后变浅粉紫色；可育花白色。蒴果具宿存萼。花期在 6–7 月，果期在 8–9 月。

分布习性：产于河北、山西、陕西、宁夏、甘肃、青海、河南等省区。喜光，稍耐荫、耐寒，忌干燥。

园林应用：花白色，伞房状聚伞花序，花大色美；可植于林下、林缘、建筑物北面、水边、溪旁；开花时观赏性极好。

6.1.5.3　蔷薇科 Rosaceae

在线答题

草本、灌木或乔木，落叶或常绿，有刺或无刺。冬芽常具数个鳞片，有时仅具 2 个。单叶或复叶，多互生，稀对生，通常有托叶。花两性，整齐，单生或排成伞房、圆锥花序；周位花或上位花；花萼基部通常多少与花托愈合成碟状或坛状萼管，萼片和花瓣同数，通常为4～5片；雄蕊多数（常为5的倍数），着生于花托或萼管的边缘；心皮1至多数，离生或合生，子房上位，有时与花托合生成下位子房。果实为蓇葖果、瘦果、梨果或核果，稀蒴果；种子通常不含胚乳，子叶出土。本科有4亚科，约120属、3 400余种，广泛分布于世界各地，尤以北温带居多，其中包括许多著名的花木。我国有55属、1 056种。

分属检索表

A_1 果实开裂之蓇葖果或蒴果；单叶或复叶，通常无托叶……………………………………Ⅰ绣线菊亚科

B_1 果实为蒴果；种子有翅；花形较大，直径在2 cm以上；单叶，无托叶……1 白鹃梅属 ***Exochorda***

B_2 果实为蓇葖果，开裂；种子无翅；花形较小，直径不超过2 cm。

C_1 单叶。

D_1 蓇葖果不膨大，沿腹缝线裂开；无托叶……………………………………………2 绣线菊属 ***Spiraea***

D_2 蓇葖果膨大，沿背腹两缝线裂开；有托叶……………………………………3 风箱果属 ***Physocarpus***

C_2 羽状复叶；大型圆锥花序……………………………………………………………4 珍珠梅属 ***Sorbaria***

A_2 果实不开裂；叶有托叶。

B_1 子房上位。

C_1 心皮通常多数，生于膨大之花托上，聚合瘦果或小核果；花萼宿存；常复叶………Ⅲ蔷薇亚科

D_1 瘦果，生在杯状或坛状花托里面………………………………………………………………5 蔷薇属 ***Rosa***

D_2 瘦果或小核果，着生在扁平或隆起的花托上。

E_1 托叶不与叶柄连合；雌蕊4～15枚，生在扁平或微凹的花托基部。

F_1 叶互生；花无副萼，黄色，5出；雌蕊5～8枚，各含胚珠1枚………………6 棣棠花属 ***Kerria***

F_2 叶对生；花有副萼，白色，4出；雌蕊4枚，各含胚珠2枚……………………7 鸡麻属 ***Rhodotypos***

E_2 托叶常与叶柄连合；雌蕊数枚，生在球形或圆锥形花托上，茎常有刺…8 悬钩子属 ***Rubus***

C_2 心皮常为1，稀2或5；核果；萼片常脱落；单叶……………………………………………Ⅳ李亚科

D_1 幼叶多为席卷式；果实有沟。

E_1 侧芽单生，顶芽缺。核常光滑或有不明显孔穴。

F_1 子房和果实均光滑无毛，花叶同开………………………………………………………9 李属 ***Prunus***

F_2 子房和果实常被短柔毛，花先叶开…………………………………………………10 杏属 ***Armeniaca***

E_2 侧芽3个，具顶芽；花1–2朵，常无柄；核常有孔穴……………………………11 桃属 ***Amygdalus***

D_2 幼叶常为对折式；果实无沟。

E_1 花单生或数朵着生在短总状或伞房状花序，基部常有明显苞片……………12 樱属 ***Cerasus***

E_2 花小形，10朵至多朵着生在总状花序上，苞片小形………………………………13 稠李属 ***Padus***

B_2 子房下位，萼片与花托在果实变成肉质的梨果，有时浆果状……………………………………Ⅱ梨亚科

C_1 心皮在成熟时变为坚硬骨质，果实内含1～5个小核。

D_1 叶边全缘；枝条无刺………………………………………………………………14 栒子属 ***Cotoneaster***

D_2 叶边有锯齿或裂片，稀全缘；枝条常有刺。

E_1 叶常绿；心皮5片，各有成熟的胚珠2枚……………………………………15 火棘属 ***Pyracantha***

E_2 叶凋落，稀半常绿；心皮1～5片，各有成熟的胚珠1枚…………………16 山楂属 ***Crataegus***

C_2 心皮在成熟时变为革质或纸质，梨果1～5室，各室有1枚或多枚种子。

D_1 复伞房花序或圆锥花序，有花多朵。

E_1 心皮一部分离生，子房半下位……………………………………………………17 石楠属 ***Photinia***

E_2 心皮全部合生，子房下位…………………………………………………………18 枇杷属 ***Eriobotrya***

D_2 伞形或总状花序，有时花单生。

E_1 各心皮内含种子3至多枚…………………………………………………………19 木瓜属 ***Chaenomeles***

E_2 各心皮内含种子1～2个。

F_1 子房和果实有不完全的6～10室，每室1枚胚珠；萼片宿存…………20 唐棣属 ***Amelanchier***

F_2 子房和果实2～5室，每室有2个胚珠。

G_1 花柱离生；果实常有多数石细胞…………………………………………………21 梨属 ***Pyrus***

G_2 花柱基部合生；果实多无石细胞……………………………………………22 苹果属 ***Malus***

1．白鹃梅属 *Exochorda* Lindl.

本属有5种，产于亚洲中部至东部；我国产3种。

白鹃梅 *E. racemosa*（Lindl.）Rehd.（图6-78）

图6-78 白鹃梅

1—花枝；2—花；3—果枝

形态特征：落叶灌木，高3～5 m，全株无毛。单叶互生，叶片椭圆形或倒卵状椭圆形，全缘或中部以上有疏齿；不具托叶。花白色，直径约4 cm，顶生总状花序，有花6～10朵；花萼、花瓣各5枚；雄蕊15～30枚；心皮5，合生，蒴果具5棱，熟时5瓣裂。花期在5月，果期在6-8月。

分布习性：产于江苏、浙江、江西、湖南、湖北等地。性强健，喜光，耐半荫，耐寒性颇强。

园林应用：春日开花，满树雪白，是美丽的观赏树种。宜作基础栽植，或于草地边缘、林缘路边丛植。

2．绣线菊属 *Spiraea* L.

落叶灌木。冬芽小，具2～8片外露的鳞片。单叶互生，边缘有锯齿或裂，稀全缘，通常具短叶柄，无托叶。花小，成伞形、伞形总状、复伞房或圆锥花序；萼筒钟状；萼片5片，通常稍短于萼筒；花瓣5，较萼片长；心皮5个，离生。蓇葖果；种子细小，无翅。本属约100种，广泛分布于北温带；我国有50余种。多数种类耐寒，具有美丽的花朵和细致的叶片，可栽于庭院观赏。

粉花绣线菊 *S. japonica* L. f.（图6-79）

图6-79 粉花绣线菊

1—花枝；2，3—花；4—雄蕊

形态特征：直立灌木，高约1 m。叶卵形或卵状长椭圆形，长2～8 cm，先端急尖或短渐尖，基部楔形，叶缘具缺刻状重锯齿，叶背灰蓝色，脉上有毛。花淡红色或深粉红色，有时白色，排列成复伞房花序，有柔毛，生于当年生枝顶。花期在6-7月，果期在8-9月。

分布习性：产于日本和朝鲜半岛，我国各地也有栽培。喜光，略耐荫。生长强健，适应性强，耐寒、耐旱、耐瘠薄。

园林应用：花色娇艳，花朵繁多，可作地被观花植物、花篱、花境，可布置草坪及小路角隅等处构成夏日佳景，也可作基础种植或地被材料。

菱叶绣线菊（杂种绣线菊）*S.*× *vanhouttei*（C. Briot）Zab.（图6-80）

形态特征：高达2 m，小枝拱曲，无毛。叶菱状卵形至菱状倒卵形，长2～3.5 cm，先端尖，基部楔形、通常3～5浅裂，缘有锯齿，表面暗绿色，背面蓝绿色，两面无毛。花纯白色，直径约8 mm：成伞形花序。花期在5-6月。

分布习性：麻叶绣球与三桠绣球的杂交种，1862年在法国育成，在世界各地广为栽培。

图 6-80　菱叶绣线菊

园林应用：花虽小却集成绣球形，密集着生于细长而拱形的枝条上，甚为美丽，宜植于草坪、路边或作基础种植。

珍珠花（喷雪花）*S. thunbergii Sieb.* ex Bl.

视频：珍珠绣线菊

形态特征：灌木，高达2 m；小枝细，拱形弯曲。叶菱状卵形或倒卵形，长2～3.5 cm，羽状脉或不显三出脉，近中部以上具少数圆钝齿或3～5浅裂，两面无毛，背面蓝绿色。花小白色，伞形花序具总梗。花期在4–6月。

分布习性：原产于中国及日本，我国北自辽宁、内蒙古南至两广皆有分布。性强健，喜阳光，好温暖，宜湿润且排水良好的土壤。

园林应用：花洁白秀丽，叶秋季变红，是可优美观赏的花木。宜植于山坡、路旁、水边、岩石园。

3．风箱果属 *Physocarpus*（Cambess.）Maxim.

本属约20种，主要产于北美，1种产于东南亚；我国产1种。

视频：北美风箱果

北美风箱果 *P. opulifolius* Maxim.

形态特征：灌木。叶三角状卵形至广卵形，基部广楔形；花梗及花萼外无毛或近无毛；落叶灌木，树皮成纵向剥裂。叶互生，具柄，通常3裂，叶基3出脉；叶缘有锯齿。花呈顶生伞形总状花序；花托杯形；萼片5，镊合状；花瓣开展，近圆形较萼片略长，白色，稀粉色。蓇葖果通常膨大，熟时沿腹背两缝线裂开；蓇葖果红色，无毛。有金叶‘Luteus’、红叶‘Diabolo’、矮生‘Nanus’、矮生金叶‘Dart’s Gold’等品种。

分布习性：原产于北美；东北及山东青岛等地也有栽培。喜光，耐寒，耐瘠薄，适应性强。

园林应用：深绿色的叶丛上面呈现出一团团的白花，朴素淡雅，淡红色蓇葖果也有观赏价值。

4．珍珠梅属 *Sorbaria*（Ser.）A. Br. ex Aschers.

本属约9种，原产于东亚；我国有5种。

珍珠梅 *S. sorbifolia*（L.）A. Br.（图 6-81）

视频：珍珠梅

形态特征：落叶丛生灌木，高2～3 m。羽状复叶互生，小叶11～17片，长卵状披针形，长4～7 cm，重锯齿；托叶叶质，卵状披针形至三角披针形。顶生大型密集圆锥花序；花小而白色，花蕾如珍珠；雄蕊40～50枚，长于花瓣1.5～2倍。蓇葖果沿腹缝线开裂。花期在7–8月，果期在9月。

图 6-81　珍珠梅

1—花枝；2—花；3—雄蕊

分布习性：产于华北、内蒙古及西北地区；华北各地习见栽培。耐寒，耐半荫，耐修剪。

园林应用：树姿秀丽，叶片幽雅，花序大而茂盛，小花洁白如雪而芳香，含苞欲放的球形小花蕾圆润如串串珍珠，花开似梅，花期很长又值夏季少花季节，是在园林应用上十分受欢迎的观赏树种，可孤植、列植，丛植效果甚佳。

5．蔷薇属 *Rosa* L.

落叶或常绿灌木，茎直立或攀缘，通常有皮刺。叶互生，奇数羽状复叶，具托叶，罕为单叶而无托叶。花单生呈伞房花序，生于新梢顶端；萼片及花瓣各 5，罕为 4；雄蕊多数，生于蕊筒的口部；雌蕊通常多数，包藏于壶状花托内。花托老熟即变为肉质之浆果状假果，特称蔷薇果，内含少数或多数骨质瘦果。

本属 200 余种，主产于北半球温带及亚热带；中国 90 余种，加引进种达 115 种。

黄刺玫 *R. xanthina* Lindl.（图 6-82）

形态特征：落叶丛生灌木，高 1～3 m；小枝褐色，有散生硬直皮刺，无刺毛。小叶 7～13，广卵形或近圆形，长 0.8～1.5 cm，先端钝或微凹；托叶带状披针形，大部贴生于叶柄，离生部分呈耳状，边缘有锯齿和腺。花单生于叶腋，重瓣或单瓣，黄色，径 4.5～5 cm。果近球形，红褐色，径 1 cm。花期在 4-6 月，果期在 7-8 月。

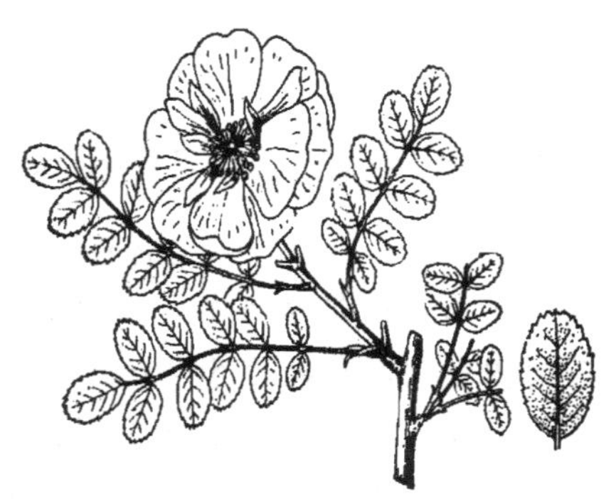

图 6-82　黄刺玫

视频：黄刺玫

分布习性：产于东北、华北至西北；朝鲜也有分布。性强健，喜光，耐寒、耐旱，耐瘠薄，少病虫害。

园林应用：春天开金黄色花朵，且花期较长，为北方园林春景添色不少。宜于草坪、林缘、路边丛植。

玫瑰 *R. rugosa* Thunb.（图 6-83）

形态特征：落叶直立丛生灌木，高达 2 m；茎枝灰褐色，密生刚毛与倒刺。小叶 5～9 片，椭圆形至椭圆状倒卵形，长 2～5 cm，缘有钝齿，质厚；表面亮绿色，多皱，无毛；托叶大部附着于叶柄上。花单生或数多聚生，常为紫色，芳香，直径 6～8 cm。果扁球形，直径 2～2.5 cm，砖红色，具宿存萼片。花期在 5-6 月，7-8 月零星开放；果熟期在 9-10 月。

图 6-83　玫瑰

视频：玫瑰

视频：现代月季

现代月季 ***R. hybrid*** **Hort.**

形态特征：灌木，是我国的香水月季、月季和七姊妹等输入欧洲后，在19世纪上半叶与当地及西亚的多种蔷薇属植物杂交，并经过多次改良而成的一大类群优秀月季，现代品种多达20 000个以上。目前广为栽培的品种有以下几个系统：杂种长春月季、杂种香水月季、丰花月季、壮花月季、微型月季、地被月季、藤本月季。

分布习性：广泛分布于东北北部至华南及西南。阳性，喜温暖气候，较耐寒。

园林应用：花色丰富，四季开花。宜植于庭院、专类园、盆栽、小区、道路等地。

野蔷薇 ***R. multiflora*** **Thunb.**

形态特征：灌木，高达3 m；枝细长，上升或攀缘状，皮刺常生于托叶下。小叶5～7（9），倒卵状椭圆形，缘有尖锯齿，背面有柔毛。花白色，直径1.5～2.5 cm，芳香；多朵密集成圆锥状伞房花序。花期在5-6月。果近球形，红褐色。

【知识扩展】

如何区分野蔷薇、月季和玫瑰

野蔷薇：攀缘灌木，小叶5～11枚，托叶的边缘篦齿状深裂。小枝和叶子有少量刺。花期为5～6月。结果时花萼脱落。

月季：常直立，小叶3～5枚，叶片光滑。枝干刺少但硬。花色丰富，四季开花，花大、花型多，香味较淡。现在市场上出售的玫瑰多是现代月季。果期花萼脱落。

玫瑰：小叶5～11枚，叶有褶皱。玫瑰枝干有很多的皮刺和刺毛，软。花期在5-6月，7-8月零星开放。花小、色彩少，香味浓郁，常用来提取香精。果期花萼宿存。

分布习性：产于华北、华东、华中、华南及西南；朝鲜、日本也有分布。性强健，喜光、耐寒，对土壤要求不严。

园林应用：初夏开花，花繁叶茂，芳香清幽。

视频：木香花

木香花 ***R. banksiae*** **Ait.**

形态特征：攀缘灌木，枝绿色，细长而刺少，无毛。小叶3～5枚，长椭圆状披针形，长2～6 cm，缘有细齿；托叶线形，早落。花白色或淡黄色，芳香，单瓣或重瓣，直径2～2.5 cm，萼片全缘；伞形花序。花期在5-7月。果近球形，直径3～4 mm，红色。

分布习性：原产于我国西南部，现广泛栽培在各地园林中。性喜阳光，耐寒性不强，在北京须选背风向阳处栽植。

园林应用：春末夏初，洁白或黄色的花朵镶嵌于绿叶之中，散发出浓郁芳香，令人回味无穷，普遍作为垂直绿化材料。

缫丝花 *R. roxburghii* Tratt.

形态特征：落叶灌木，高达 2.5 m，多分枝；小枝在叶柄基部两侧有成对细尖皮刺。小叶 9 ～ 15 枚，椭圆形，长 1 ～ 2 cm，无毛；叶轴疏生小皮刺；托叶狭，大部分着生于叶柄上。花淡紫红色，重瓣，杯状，直径 4 ～ 6 cm，微芳香，花托、花柄密生针刺；花期在 5–7 月。果扁球形，直径 3 ～ 4 cm，黄绿色，密生针刺。

分布习性：产于我国长江流域至西南部；也分布在日本。性强健，易栽培。

园林应用：花朵秀美，粉红色的花瓣中密生一圈金黄色的花药，十分别致，果实密刺颇具野趣。适用于坡地和路边丛植绿化，也用作绿篱材料。

6．棣棠花属 *Kerria* DC.

本属仅 1 种，产于中国和日本。

棣棠花 *K. japonica*（L.）DC（图 6–84）

形态特征：落叶丛生无刺灌木，高 1.5 ～ 2 m；小枝绿色，圆柱形，光滑，常拱垂，嫩枝有棱。叶互生，卵形至卵状椭圆形，长 4 ～ 8 cm，先端长尖，基部楔形或近圆形，缘有尖锐重锯齿，背面略有短柔毛。托叶膜质，带状披针形，有缘毛，早落。花金黄色，直径 3 ～ 4.5 cm，单生于侧枝顶端；瘦果倒卵形，黑褐色，生于盘状花托上，萼片卵状椭圆形，宿存。花期在 4–6 月，果期在 6–8 月。

图 6–84　棣棠花

视频：棣棠

分布习性：产于陕西、甘肃至华南、西南，多在山涧、岩石旁、灌丛中或乔木林下生长。性喜温暖、半荫而略湿之地。分株、扦插和播种。

园林应用：花、叶、枝具美，适宜丛植于篱边、墙际、水畔、坡地、林缘及草坪边缘。

7．鸡麻属 *Rhodotypos* Sieb. et Zucc.

本属仅 1 种，产于中国及日本。

鸡麻 *R. scandens*（Thunb.）Makino（图 6–85）

形态特征：落叶灌木，高 2 ～ 3 m；枝开展，紫褐色，嫩枝绿色，光滑。叶对生，卵形至卵状椭圆形，长 4 ～ 8 cm，端锐尖，基圆形，缘有尖锐重锯齿，表面皱；叶柄长 3 ～ 5 mm。花两性，纯白色，直径 3 ～ 5 cm，单生于新枝顶端。核果 4 个，倒卵形，长约 8 mm，黑色或褐色，光滑。花期在 4–5

图 6–85　鸡麻

视频：鸡麻

月，果期在6–9月。

分布习性：产于东北南部、华北至长江中下游地区，多生于山坡疏林及山谷林下荫处。喜光，耐半荫。耐寒、怕涝，适生于疏松肥沃排水良好的土壤。

园林应用：花叶清秀美丽，适宜丛植于草地、路旁、角隅或池边，也可种植山石旁。我国南北方各地均有栽培，供庭院绿化使用。

【知识扩展】

如何区分鸡麻和棣棠

鸡麻：花有副萼，白色，4出，叶对生。

棣棠：花无副萼，黄色，5出，叶互生。

8．悬钩子属 *Rubus* L.

本属约700种，分布于世界各地，主要产地在北半球温带；我国约210种。

覆盆子 *R. idaeus* L. var. *idaeus*

形态特征：灌木，高1～2 m；枝褐色或红褐色，疏生皮刺。小叶3～7片，花枝上有时具3小叶，不孕枝上常有5～7小叶片，顶生小叶常卵形，有时浅裂，顶生小叶基部近心形；叶柄长3～6 cm，顶生小叶柄长约1 cm，均被绒毛状短柔毛和稀疏小刺。花生于侧枝顶端成短总状花序或少花腋生；花白色。果为由小核果或瘦果集生于花托而形成的聚合果，近球形，多汁液，直径1～1.4 cm，红色或橙黄色。花期在5–6月，果期在8–9月。

分布习性：产于吉林、辽宁、河北、山西、新疆。生山地杂木林边、灌丛或荒野，海拔500～2 000 m；也分布在日本、俄罗斯（西伯利亚、中亚）、北美、欧洲。

园林应用：红彤彤、晶莹剔透的果实，营养美味，非常漂亮，适宜在园林中种植。

9．李属 *Prunus* L.

落叶小乔木或灌木；单叶互生，有叶柄，在叶片基部边缘或叶柄顶端常有2小腺体；托叶早落。花单生或2～3朵簇生，具短梗，先叶开放或与叶同时开放。核果，有沟，无毛，常被蜡粉。约有30种，主要分布于北半球温带，中国原产及习见栽培的有7种。

图6–86　李

1—果枝；2—花枝

视频：李树

李 *P. salicina* Lindl.（图6–86）

形态特征：落叶乔木，高9～12 m；树冠广圆形，树皮灰褐色；老枝紫褐色或红褐色。叶片长圆倒卵形、长椭圆形，长6～8（12）cm，宽3～5 cm，先端渐尖、急尖或短尾尖，基部楔形。花通常3朵并生，花瓣白色，长圆倒卵形，雄蕊多数，雌蕊 1。核果球形、卵球形或近圆锥形，直径 3.5 ～ 5 cm，栽培品种可达 7 cm，黄色或红色，有时为绿色或紫色，外被蜡粉。花期在 3–4 月，果期在 7–8 月。

分布习性：原产于我国，自东北南部、华北至华东、华中、西南均有分布。喜光，耐半荫，适应性强，酸性土至钙质土均能生长。

园林应用：李树花白色，团簇而生，是绿化观赏性植物的典型代表。

紫叶矮樱 *P.* ×*cistena*

形态特征：落叶灌木或小乔木，高达 2.5 m。小枝和叶均为紫褐色。叶长卵形或卵状长椭圆形，长 4 ～ 8 cm，先端渐尖，叶基部广楔形，叶缘有不整齐的细钝齿，叶面红色或紫色，背面色彩更红，新叶顶端鲜紫红色，当年生枝条木质部红色。花单生，中等偏小，淡粉红色，花瓣 5 片，微香，雄蕊多数，单雌蕊，花期在 4–5 月。

分布习性：在我国广泛分布。生长快、繁殖简便、耐修剪，适应性强。

园林应用：树型美观，枝和叶呈紫红色，观赏性极佳，是近年来园林绿化中的新宠。

紫叶李（红叶李）*P. cerasifera* Ehrh.‘Atropurpurea’

形态特征：落叶小乔木，高可达 8 m；小枝暗红色。叶片椭圆形、卵形或倒卵形，先端急尖，叶紫红色。花 1 朵，稀 2 朵；花淡粉白色；核果，暗红色，微被蜡粉。花期在 4 月，果期在 8 月。

视频：紫叶李

分布习性：原产于亚洲西北。我国各地园林中常见栽培，以观叶为主。适应性较强。

园林应用：华北庭院习见观赏树木之一。叶片常年呈紫色，引人注目。

10．杏属 *Armeniaca* Mill.

落叶乔木，罕灌木。叶芽和花芽并生，2 ～ 3 个簇生于叶腋。幼叶在芽中席卷状；叶柄常具腺体。花常单生，稀 2 朵，先于叶开放；萼 5 裂；花瓣 5 片，着生于花萼口部。核果，两侧有明显纵沟，果肉肉质。约 11 种，分布于东亚、中亚、小亚细亚和高加索。我国有 10 种，在淮河以北栽培较多，黄河流域各省为其分布中心。

杏 *A. vulgaris* Lam.（图 6–87）

形态特征：落叶乔木。叶互生，阔卵形或圆卵形叶子，边缘有钝锯齿；近叶柄顶端有二腺体；花单生，白色或微红色。圆、长圆或扁圆形核果，果皮多为白色、黄色至黄红色，向阳部常具红晕和斑点；暗黄色果肉，味甜多汁；核面平滑没有斑孔。花期在 3–4 月，果期在 6–7 月。

图 6–87　杏
1—果枝；2—花；3—种子

视频：杏

分布习性：产于我国各地，多数为栽培；也在世界各地。喜光，耐旱，抗寒，抗风，适应性强，深根性，寿命可超过百年，是低山丘陵地带的主要栽培果树。

园林应用：杏在早春开花，先花后叶，花繁姿娇；可与苍松、翠柏一起配植于池旁湖畔或植于山石崖边、庭院堂前，也适宜结合生产群植成林。

【知识扩展】

如何区分梅和杏

梅：小枝绿色，黏核，果核呈蜂窝状，叶子呈椭圆状卵形，长尾尖，花白色、粉色、红色或黄色，单瓣或重瓣。

杏：小枝红或灰褐色，离核，核无蜂窝状，叶子阔卵形，花粉色后期变白，单瓣。

梅 *A. mume* Sieb.

形态特征：落叶小乔木，高达 15 m；小枝细长，绿色光滑。叶卵形或椭圆状卵形，长 4 ～ 7 cm，先端尾尖或渐尖，基部广楔形至近圆形，锯齿细毛，无毛；花粉色、白色或红色，芳香；早春前叶开放。果近球形，熟时为黄色。

视频：梅花

分布习性：我国各地均可栽培，在长江流域以南各省分布最广，江苏和河南也有少数品种，某些品种已在华北成功引种；也分布在日本和朝鲜。性喜温暖，也能耐较低温度，耐瘠薄，阳性树种。

园林应用：最宜植于庭院、草坪、低山丘陵，可孤植、丛植、群植，又可盆栽或整剪成各式桩景，适合建专类园。

● 小贴士 ◎

梅花、兰花、竹子、菊花并称为“四君子”。松树、竹子、梅花并称为“岁寒三友”。

11．桃属 *Amygdalus* L.

落叶小乔木或灌木；腋芽常 3 个或 2 ～ 3 个并生。幼叶在芽中呈对折状，叶柄或叶边常具腺体。花单生，粉红色，罕为白色；果实外被毛；核表面具深浅不同的纵、横沟纹和孔穴。约 40 种，我国有 11 种，主要产于西部和西北部，栽培品种分布在全国各地。

视频：桃

图 6-88　桃

1—花枝；2—果枝；3—种子；4—雄蕊；5—叶

桃 *A. persica* L.（图 6-88）

形态特征：落叶小乔木，高 3 ～ 8 m；树皮暗红褐色，小枝向阳处红色，具大量小皮孔。叶片长圆披针形、椭圆披针形或倒卵状披针形，先端渐尖，基部宽楔形。花单生，先于叶开放；花梗极短或几无梗；萼筒钟形；花粉红色，罕为白色。果实卵形、宽椭圆形或扁圆形，色泽变化由淡绿白色至橙黄色，常在向阳面具红晕，外面密被短柔毛，稀无毛；核大，离核或黏核。花期在3–4月，果期在8–9月。

分布习性：原产于中国，各省区广泛栽培。世界各地均有栽植。喜光、耐旱、耐寒力强。不耐水湿，不耐阴。喜肥沃且排水良好的土壤，不适于碱性土和黏性土。

园林应用：着花繁密，盛花期烂漫芳菲，种植于山坡、水畔、石旁、墙际、庭院、草坪边观赏。常于水边桃柳间植，形成桃红柳绿的景象。

山桃 *A. davidiana*（Carrière）de Vos ex Henry

形态特征：落叶乔木，高达10 m；树皮暗紫色，有光泽；小枝较细，冬芽无毛。叶长卵状披针形，长5～10 cm。花淡粉红色，萼片外无毛；早春叶前开花。果较小，果肉干燥。

分布习性：分布于东北、华北、西北及四川、云南等省区。喜光，耐寒，耐旱，耐盐碱、瘠薄，忌水湿。

园林应用：树体较桃高大，花期也早，适应性更强。可孤植、丛植于庭院、草坪、水边等处赏花，或片植于山坡效果最佳，可充分显示其娇艳之美。

榆叶梅 *A. triloba*（Lindl.）Ricker

形态特征：落叶灌木，高达2～3 m；小枝细长。叶倒卵状椭圆形，长2.5～5 cm，先端有时有不明显的3浅裂，重锯齿。花粉红色，直径1.5～2（3）cm；春天叶前开花。果近球形，红色。

视频：榆叶梅

分布习性：主要产于东北、华北、西北及华东地区，在我国各地多数公园内均有种植。性喜光，耐寒、耐旱，对轻碱土也能适应，不耐水涝。

园林应用：枝叶茂密，花繁色艳，是我国北方园林、街道、路边等重要的绿化观花灌木树种。

12．樱属 *Cerasus* Mill.

落叶乔木或灌木；幼叶在芽中为对折状，后于花开放或与花同时开放；叶有叶柄和脱落的托叶，叶边有锯齿或缺刻状锯齿，叶柄、托叶和锯齿常有腺体。花常数朵着生在伞形、伞房状或短总状花序上；花瓣白色或粉红色；核果成熟时肉质；核球形或卵球形。樱属有百余种，分布于北半球温和地带，亚洲、欧洲至北美洲。我国有40余种，主要分布在我国西部和西南部；也分布在日本和朝鲜。

郁李 *C. japonica*（Thunb.）Lois.

视频：郁李

形态特征：灌木，高1～1.5 m。小枝细密。冬芽卵形，有3枚。叶片卵形或卵状披针形，长3～7 cm，先端渐尖，基部圆形，边有缺刻状尖锐重锯齿；叶柄长 2 ～ 3 mm。花 1 ～ 3 朵，簇生，花叶同开或先叶开放；花梗长 5 ～ 10 mm；花瓣白色或粉红色。核果近球形，深红色，直径约 1 cm。

分布习性：产于黑龙江、吉林、辽宁、河北、山东、浙江。生于山坡林下、灌丛中或栽培，海拔 100 ～ 200 m；也分布在日本和朝鲜。喜阳，耐严寒，抗旱力和抗湿力均强，一般土地中均可栽植。

园林应用：郁李花朵繁茂，在庭院中多丛植。

钟花樱（绯寒樱、福建山樱花）*C. campanulata*（Maxim.）Yü et Li

视频：钟花樱

形态特征：落叶乔木，高达 8 ～ 15 m。树皮茶褐色而有光泽。小枝无毛，腋芽单生。叶卵状椭圆形至倒卵状椭圆形，长 4 ～ 7 cm，缘有尖锐重锯齿。花瓣 5，绯红色，先端常凹缺，萼筒管状钟形，无毛，长约 6 mm，紫红色，花梗细长，4 ～ 5 朵成伞形花序。花期在 2–3 月。果卵球形，直径 5 ～ 6 mm，熟时红色。

分布习性：产于我国华南及台湾地区；也栽培在陕西。喜光，稍耐荫，不耐寒，要求深厚肥沃且排水良好的土壤。

园林应用：早春叶前开花，花姿娇柔，花色艳丽，别具风韵。可栽庭院观赏树或行道树。

毛樱桃 *C. tomentosa*（Thunb.）Wall.

视频：毛樱桃

形态特征：落叶灌木，高 2 ～ 3 m；幼枝密被绒毛。叶椭圆形或倒卵形，长 3 ～ 5 cm，缘有不整齐尖锯齿，两面具绒毛。花白色或略带粉红色，直径 1.5 ～ 2 cm；4 月与叶同放；果红色。

分布习性：主产于东北、内蒙古、华北、西北及西南地区；也分布在日本。性喜光，也很耐荫、耐寒、耐旱，耐瘠薄及轻碱土，适应性极强。

园林应用：树形优美，花朵娇小，果实艳丽，是集观花、观果、观型为一体的园林观赏植物。

樱桃 *C. pseudocerasus*（Lindl.）G. Don

视频：樱桃

形态特征：小乔木，高达 6 m。叶卵状椭圆形，长 5 ～ 10 cm，先端渐尖或尾尖，基部圆形。花白色，径 1.5 ～ 2.5 cm，2 ～ 6 朵成伞房状花序。果红色或橘红色。花期在 3–4 月，果熟期在 5–6 月。

分布习性：产于我国华北、华东、华中及四川地区。喜光、喜温、喜湿、喜肥，有一定的耐寒耐旱力。

园林应用：果实繁密，垂垂欲坠，花期甚早，花朵雪白或带红晕，是良好的观花、观叶树种。

樱花 *C. serrulata*（Lindl.）G. Don ex London

视频：樱花

形态特征：落叶乔木。树皮暗栗褐色，光滑；小枝无毛，腋芽单生。叶卵状椭圆形，长 4 ～ 10 cm，缘有芒状锯齿。花白色或淡粉红色，无香，直径 2.5 ～ 4 cm。花期在 4 月。

分布习性：产于中国、日本和朝鲜。喜光，喜肥沃、深厚且排水良好的微酸性土。耐寒，喜空气湿度大的环境。

园林应用：植株优美漂亮，叶片油亮，花朵鲜艳亮丽，是园林绿化中优秀的观花树种。

东京樱花 *C.* × *yedoensis*（Mats.）Yü et Li

形态特征：乔木，高达 15 m；树皮暗灰色，平滑；嫩枝有毛。叶椭圆状卵形或倒卵状椭圆形，长 5 ～ 12 cm，缘具尖锐重锯齿。

视频：东京樱花

分布习性：原产于日本。也分布在在北京、武汉、西安、青岛、南京、南昌和厦门等城市的庭院、公园中。性喜光、较耐寒，生长快，树龄短。

园林应用：花期早，先叶开放，着花繁密，花色粉红，远观似一片云霞，绚丽多彩，是著名的早春观赏树种。可孤植或群植于庭院、公园、草坪、湖边或居住小区等处。

13．稠李属 *Padus* Mill.

落叶小乔木或灌木；叶片在芽中呈对折状，单叶互生，具齿，稀全缘。花多数，成总状花序，基部有叶或无叶，生于当年生小枝顶端；萼筒钟状，裂片 5，花瓣 5，白色，先端通常啮蚀状；雌蕊 1，周位花。花梗长 1 ～ 1.5 cm，稀可达 2.4 cm。核果卵球形，外面无纵沟。约 20 种，我国有 14 种。

稠李 *P. racemosa*（Lam.）Gilib（图 6-89）

形态特征：落叶乔木，高达 13 m；小枝紫褐色有棱，幼枝灰绿色，近无毛；叶椭圆形或长圆状倒卵形，先端渐尖，基部宽楔形或圆形，缘具尖细锯齿，叶背灰绿色，脉腋有簇毛。花两性，腋生总状花序下垂；花瓣白色，略有异味；核果近球形，黑紫红色，直径 1 cm。花期在 4–5 月，果期在 5–10 月。

图 6-89　稠李

1—花枝；2—花蕊；3—花；4—果枝

分布习性：产于东北、华北等地。性喜光，稍耐荫，耐寒性较强，喜湿润土壤，河岸砂质壤土上生长良好。

园林应用：花序长而美丽，花朵白色繁密，秋叶变黄红色，果成熟时亮黑色，观赏效果好。

紫叶稠李 *P. virginiana* L.‘CanadaRed’

视频：紫叶稠李

形态特征：落叶小乔木，高达 7 m；小枝褐色。叶卵状长椭圆形至倒卵形，长 5 ～ 14 cm，新叶绿色，后变紫色，叶背发灰。花白色；成下垂的总状花序。果红色，后变紫黑色。

分布习性：北京、辽宁、吉林等地已经引种栽培。

园林应用：花序长而美丽，花朵白色繁密，夏秋叶片紫色，观赏性很高。

14．栒子属 *Cotoneaster* B. Ehrhart

灌木，无刺。单叶互生，全缘；托叶早落。花两性，成伞房花序，稀单生。小梨果红色或黑色，内含 2 ～ 5 小核，具宿存萼片。本属约 90 种，分布于亚、欧及北非温带；我国约 60 种，分布中心是西南地区。多数可作庭院观赏灌木。

平枝栒子（铺地蜈蚣）*C. horizontalis* Dcne（图 6-90）

形态特征：落叶或半常绿匍匐灌木；枝水平开张成整齐 2 列，宛如蜈蚣。叶近圆形至倒卵形，长 5 ～ 14 mm，先端急尖，基部广楔形，表面暗绿色，无毛，背面疏生平贴细毛。花 1 ～ 2 朵，粉红色，直径 5 ～ 7 mm，近无梗；花瓣直立，倒卵形。果近球形，直径 4 ～ 6 mm，鲜红色，常有 3 小核。花果期在 5–6 月，果熟期在 9–10 月。

视频：平枝栒子

分布习性：产于陕西、甘肃、湖北、湖南、四川、贵州、云南等地。喜光；耐干旱瘠薄。

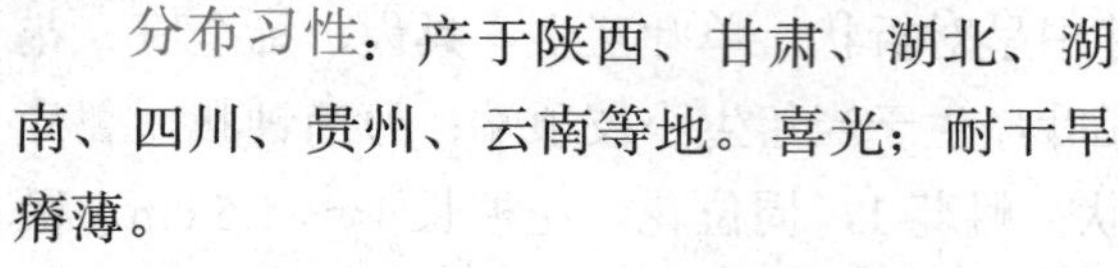

园林应用：结实繁多，入秋后红果累累，经冬不落，甚为夺目。宜作基础种植及布置岩石园的材料。

图 6-90　平枝栒子

1—果枝；2—小枝；3—花蕊；4—花蕊；5—子房；6—子房剖面

水栒子 *C. multiflorus* Bge

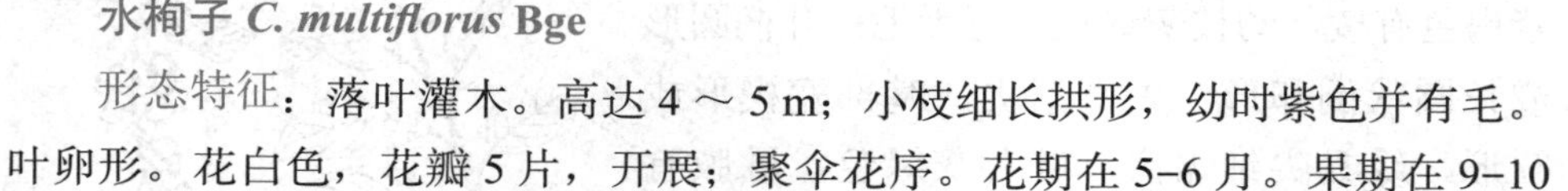

形态特征：落叶灌木。高达 4 ～ 5 m；小枝细长拱形，幼时紫色并有毛。叶卵形。花白色，花瓣 5 片，开展；聚伞花序。花期在 5–6 月。果期在 9–10 月，果红色。

视频：水栒子

分布习性：广泛分布于东北、华北、西北和西南；亚洲西部和中部其他地区也有。性强健。耐寒，喜光而稍耐荫，对土壤要求不严，极耐干旱和瘠薄；耐修剪。

园林应用：花果繁多而美丽。宜丛植于草坪边缘及园路转角处供观赏。

15．火棘属 *Pyracantha* Roem

本属有 10 种，分布于亚洲东部至欧洲南部；我国有 7 种，主要分布于西南地区。

火棘 *P. fortuneana*（Maxim.）Li（图 6-91）

视频：火棘

形态特征：常绿灌木，高达 3 m；枝常有棘刺。枝拱形下垂，幼时有锈色短柔毛。短侧枝常成刺状。叶互生，倒卵形至倒卵状长椭圆形，先端圆钝微凹，有时有短尖头，基部楔形，缘有圆钝锯齿，齿尖内弯，近基

图 6-91　火棘

部全缘，两面无毛。花白色，直径约 1 cm，复伞房花序。梨果近球形，红色，直径约 5 mm。花果期在 5 月，果熟期在 9–10 月。

分布习性：产于陕西、江苏、浙江、福建、湖北、湖南、广西、四川、云南、贵州等地。喜光，喜高温，耐旱，不耐寒，要求土壤排水良好。

园林应用：本种枝叶茂盛，初夏白花繁密，入秋果红如火，且留存枝头甚久，美丽可爱。在庭院中，常作绿篱及基础种植材料，也可丛植或孤植于草地边缘或园路转角处。果枝还是瓶插的好材料，红果可经久不落。

16. 山楂属 *Crataegus* L.

本属 1 000 余种，广泛分布于北半球温带，尤以北美东部为多；我国约 18 种。

山楂 *C. pinnatifida* Bge（图 6-92）

形态特征：落叶小乔木，高达 6 m。有枝刺。叶互生，叶三角状卵形至菱状卵形，长 5 ～ 12 cm，羽状 5 ～ 9 裂，裂缘有不规则尖锐锯齿；托叶大而有齿。花白色，直径约 1.8 cm，雄蕊 20 枚；伞房花序有长柔毛。萼片、花瓣各 5 片，雄蕊 5 ～ 25 枚；心皮 1 ～ 5。果近球形或梨形，直径约 1.5 cm，红色，有白色皮孔。花果期在 5–6 月，果熟期在 10 月。

图 6-92　山楂

视频：山楂

分布习性：产于东北、华北等地；朝鲜及俄罗斯西伯利亚地区也有分布。性喜光，稍耐荫，耐寒，耐干燥、贫瘠土壤。根系发达，萌蘖性强。

园林应用：树冠整齐，花繁叶茂，果实鲜红可爱，是观花、观果和园林结合生产的良好绿化树种。可作庭荫树和园路树或绿篱材料。

17. 石楠属 *Photinia* Lindl.

落叶或常绿，灌木或乔木。单叶，有短柄，边缘常有锯齿，有托叶。花小而白色，呈伞房或圆锥花序；萼片 5 片，宿存；花瓣 5 片，圆形；雄蕊约 20 枚；花柱 2 个，罕 3 ～ 5 个，至少基部合生；子房 2 ～ 4 室，近半上位。梨果，含种子 1 ～ 4 粒，顶端圆且凹。本属约 60 种，主产于亚洲东部及南部；我国有 40 余种，多分布于温暖的南方。

图 6-93　石楠

1—花枝；2—花；3—雌蕊

石楠 *P. serrulata* Lindl.（图 6-93）

形态特征：常绿小乔木，高达 12 m。叶长椭圆形至倒卵状长椭圆形，长 8 ～ 20 cm，先端尖，基部圆形或广楔形，缘有细尖锯齿，革质有光泽，幼叶带红色。花白色，直径 6 ～ 8 mm，成顶生复伞房花序。果球形，直径 5 ～ 6 mm，红色。花期在 5–7 月，果熟期在 10 月。

分布习性：产于我国中部及南部；山东、河北、北京等地有栽培；也栽培在日本、印度尼西亚等国家。喜光，稍耐荫；喜温暖，尚耐寒；喜排水良好的肥沃壤土，也耐干旱瘠薄。

视频：石楠

园林应用：本种树冠圆形，枝叶浓密，早春嫩叶鲜红，冬季又有红果，是美丽的观赏树种。园林中孤植、丛植及基础栽植都甚为合适，尤宜配植于整形式园林中。

【知识扩展】

如何区分石楠和珊瑚树

石楠：蔷薇科石楠属，叶互生，叶缘有细锯齿，果球形红色，梨果。

珊瑚树：忍冬科荚迷属，叶对生，近全缘，顶端有不规则波状锯齿，果卵圆形，先红后黑，核果。

椤木石楠 *P. davidsoniae* Rehd. et Wils（图 6–94）

形态特征：常绿乔木，高 6 ～ 15 m。树干及枝条上有刺。叶革质，长圆形至倒卵状披针形，长 5 ～ 15 cm，宽 2 ～ 5 cm，叶基楔形，叶缘有带腺的细锯齿。花多而密，呈顶生复伞房花序；花序梗、花柄均贴生短柔毛；花白色，直径 1 ～ 1.2 cm。梨果，黄红色，直径 7 ～ 10 mm。花期在 5 月，果熟期在 9–10 月。

视频：红叶石楠

分布习性：分布于华中、华南、西南各地；也分布在越南、缅甸、泰国。喜光，喜温暖，耐干旱，在酸性土和钙质土上均能生长。

图 6–94　椤木石楠

1—花枝；2—花；3—花蕊；4—果枝

园林应用：花、叶均美，可作刺篱用。

红叶石楠 *P.×fraseri*‘Red Robin’（*Photinia×fraseri*）

形态特征：光叶石楠与石楠的杂交种。常绿小乔木或灌木，高 3 ～ 5 m；多分枝，株形紧凑。叶革质，长圆形至倒卵状、披针形，叶端渐尖，叶基楔形，叶缘有带腺的锯齿，花多而密，复伞房花序，花白色，梨果黄红色。花期在 5–7 月，果期在 9–10 月。

分布习性：适应性强，耐修剪，是目前应用非常广泛的红叶树种之一。

园林应用：春、秋季新叶鲜红，冬季上部叶鲜红，下部叶转为深红，保持时间长，极具观赏性。

18．枇杷属 *Eriobotrya* Lindl

本属共 30 种，主产于亚洲温带及亚热带；我国有 13 种，分布在华中、华南、华西地区。

枇杷 *E. japonica*（Thunb.）Lindl.（图 6–95）

形态特征：常绿小乔木，高达 10 m。小枝、叶背及花序均密被锈色绒毛。叶粗大革质，常为倒披针状椭圆形，长 12 ～ 30 cm。花白色，芳香成顶生圆锥花序；花萼 5 裂，宿存；花瓣 5。梨果近球形或梨形，黄色或橙黄色，直径 2 ～ 5 cm。花果期在 10–12 月。果熟期在次年初夏。

图 6–95　枇杷

1—花枝；2—叶片断的下面；3—花纵面；4—雌蕊；5—果实；6—种子

分布习性：原产于我国中西部地区。性喜光，稍耐荫，喜温暖气候及肥沃湿润且排水良好的土壤，不耐寒。

园林应用：枇杷树形整齐美观，叶大荫浓，常绿而有光泽，冬季白花盛开，初夏黄果累累，南方暖地多于庭院内栽植，是园林结合生产的好树种。

19．木瓜属 *Chaenomeles* Lindl.

落叶或半常绿灌木或小乔木，有的具枝刺。单叶互生，缘有锯齿；托叶大。花单生或簇生；萼片 5 片，花瓣 5 片，雄蕊 20 枚或更多；花柱 5 个，基部合生；子房下位，5 室，各含多数胚珠。果为具多数褐色种子的大型梨果。本属共 5 种，我国有 5 种。

木瓜 *C. sinensis*（Thouin）Koehne（图 6–96）

形态特征：落叶小乔木，高 5 ～ 10 m。干皮成薄皮状剥落；枝无刺，但短小枝常成棘状；小枝幼时有毛。叶卵状椭圆形，长 5 ～ 8 cm，先端急尖，缘具芒状锐齿，叶柄有腺齿。花单生叶腋，粉红色，直径 2.5 ～ 3 cm。果椭圆形，长 10 ～ 15 cm，暗黄

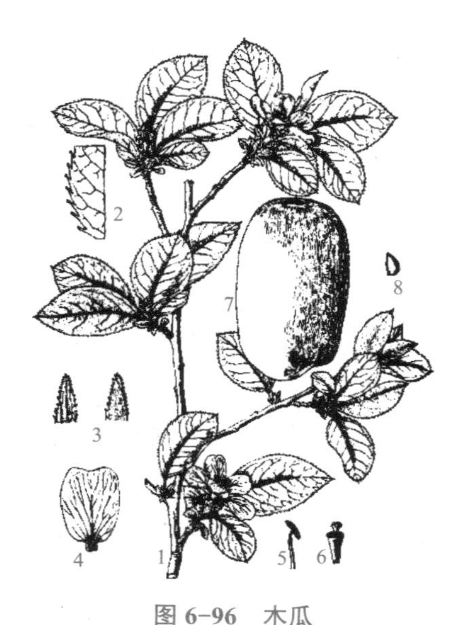

图 6–96　木瓜

1—花枝；2—叶缘；3—萼片；4—花瓣；5—雄蕊；6—雌蕊；7—果实；8—种子

色，木质，有香气。花期在4–5月，果熟期在8–10月。

分布习性：产于我国东部及中南部。喜光，喜温暖，有一定的耐寒性。要求土壤排水良好，不耐盐碱地和低湿地。

园林应用：本种花美果香，干皮斑驳秀丽，植于庭院观赏。

皱皮木瓜（贴梗海棠、贴梗木瓜）*C. speciosa*（Sweet）Nakai（图6–97）

视频：皱皮木瓜

形态特征：落叶灌木，高达2 m；枝开展，无毛，有刺。叶卵形至椭圆形，长3～8 cm，先端尖，基部楔形，缘有尖锐锯齿；托叶大，肾形或半圆形，缘有尖锐重锯齿。花3～5朵簇生于2年生老枝上，朱红、粉红或白色，直径3～5 cm；萼筒钟状，萼片直立。果卵形至球形，直径4～6 cm，黄色或黄绿色，芳香，萼片脱落。花期在3–4月，果熟期在9–10月。

图6–97　皱皮木瓜
1—果枝；2—叶

分布习性：产于我国中部及西部地区，栽培在全国各地，也栽培在缅甸。喜光，有一定的耐寒能力；对土壤要求不严，但不宜在低洼积水处栽植。

园林应用：本种早春叶前开花，鲜艳美丽，且有重瓣及半重瓣品种，秋天又有黄色、芳香的硕果，是一种很好的观花、观果灌木。宜于草坪、庭院或花坛内丛植或孤植，也可作为绿篱及基础种植材料。

小贴士

皱皮木瓜在早春时节花叶同放，没有花梗。有枝刺，结出的果实很大，几乎没有果梗，所以又被称为贴梗海棠。

毛叶木瓜（木瓜海棠）*C. cathayensis* Schneid.

视频：毛叶木瓜

形态特征：落叶灌木至小乔木，高2～3（6）m；枝近直立。具短枝刺。叶长卵形至披针形，缘具芒状细齿，表面深绿而有光泽，叶质较硬。花粉红色或白色，花期在3–4月。果卵形至椭球形，黄色有红晕，芳香；果熟期在9–10月。

分布习性：产于我国中部及西北地区。有一定的耐寒力，对土壤要求不高。

园林应用：花白色，具粉红晕，观花、观果效果良好。

【知识扩展】

如何区分毛叶海棠（木瓜海棠）和木瓜

木瓜海棠：枝有刺，花簇生，萼片全缘，叶幼时背被褐色绒毛，刺芒状锯齿，托叶大。

木瓜：枝无刺；花单生，萼片有细齿，树皮薄皮状脱落；托叶小。

日本木瓜 ***C. japonica*（Thunb.）Spach**

形态特征：落叶矮灌木。高不足 1 m；枝开展，有细刺，小枝紫红色。叶广卵形至倒卵形，缘有圆钝锯齿。花 3 ～ 5 朵簇生，火焰色或亮橘红色。果近球形，黄色。

分布习性：产于日本；也栽培在我国各地庭院中。喜光，较耐寒，喜排水良好的肥沃土壤。

园林应用：观花、观果灌木。宜于草坪、庭院或花坛内丛植或孤植。

玮丽贴梗海棠 ***C.* × *superba*（Frahm）Rehd**

形态特征：是贴梗海棠与日本贴梗海棠的杂交种。落叶灌木，分枝密，高达 1.5 ～ 2 m，冠幅达 1.8 m；侧枝具细刺。叶形、大小及边缘均介于双亲之间，但更近于日本贴梗海棠。花期在 3–5 月。

品种：白花‘Nivalis’（花白色带浅绿）、雪白‘Snow’、红花‘Rubra’、玫红‘Rosea’、朱红‘Sanguinea’、朱红重瓣‘Sanguinea Plena’及矮生‘Pygmaea’等品种是 1900 年前后发展起来的。

分布习性：原产于日本；也常栽培在我国各地庭院中。性健壮。

园林应用：花白色、粉红色、橙色和橙红色，春季开花；果熟时黄色，有芳香。

20. 唐棣属 *Amelanchier* Medic.

本属约 25 种，多分布于北美；我国有 2 种，产于华东、华中和西北等地。

东亚唐棣 ***A. asiatica*（Sieb. et Zucc.）Endl. ex Walp.**

视频：东亚唐棣

形态特征：落叶乔木。叶单叶，有锯齿或全缘，有叶柄和托叶。叶背面、花序总梗及花柄密被绒毛。花瓣细长，白色，梨果近球形或扁球形，浆果状，直径 1 ～ 1.5 cm。

分布习性：产于安徽黄山、浙江天目山、江西幕阜山；也分布在日本和朝鲜。性喜阳光。

园林应用：树形优美，花朵繁密，花穗下垂，花瓣细长，白色且有芳香，果实含钙量高，兼具较高的观赏价值与食用价值，是不可多得的园林绿化树种。

21．梨属 *Pyrus* L.

落叶或半常绿乔木，罕为灌木；有时具枝刺。单叶互生，常有锯齿，罕具裂，在芽内呈席卷状，具叶柄及托叶。花先叶开放或与叶同放，呈伞形总状花序；花白色，罕粉红色；花瓣具爪，近圆形，雄蕊 20 ～ 30，花药常红色；花柱 2 ～ 5，离生；子房下位，2 ～ 5 室，每室具 2 胚珠。梨果显具皮孔，果肉多汁，富石细胞，子房壁软骨质。种子黑色或黑褐色。

白梨 *P. bretschneideri* Rehd.（图 6-98）

图 6-98　白梨

1—花枝；2—果实

形态特征：落叶乔木，高 5 ～ 8 m；小枝粗壮，幼时有柔毛。叶卵形至卵状椭圆形，长 5 ～ 11 cm，基部广楔形或近圆形，有刺芒状尖锯齿，齿端微向内曲，幼时两面有绒毛，后变光滑；叶柄长 2.5 ～ 7 cm。花白色，花柱 5，罕为 4，无毛；花梗长 1.5 ～ 7 cm。果卵形或近球形，黄色或黄白色，有细密斑点，果肉软，花萼脱落。花期在 4 月，果期在 8-9 月。

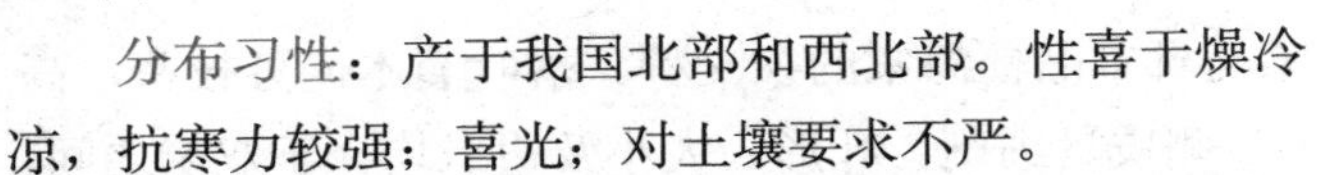

分布习性：产于我国北部和西北部。性喜干燥冷凉，抗寒力较强；喜光；对土壤要求不严。

园林应用：春天开花时满树雪白，树姿优美，因此在园林中是观赏结合生产的好树种。

【知识扩展】

如何区分李和梨

李：叶长倒卵形，雄蕊黄色；核果；紫红色。

梨：叶卵形，雄蕊紫红色；梨果；黄色。

杜梨 *P. betulaefolia* Bge.（图 6-99）

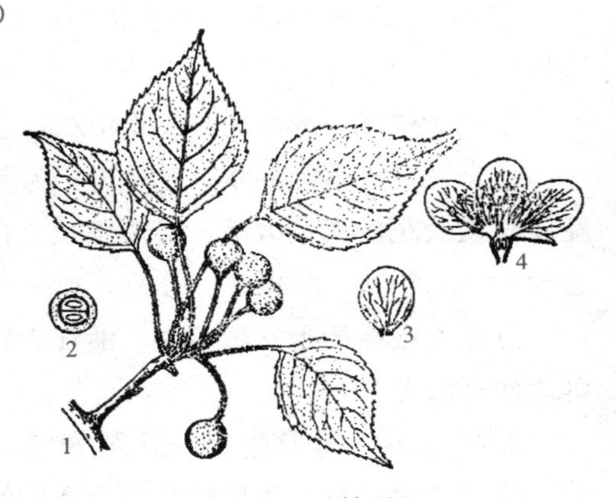

图 6-99　杜梨

1—果枝；2—子房；3—花瓣；4—花蕊

形态特征：落叶乔木，高达 10 m；小枝常棘刺状，幼时密生灰白色绒毛。叶菱状卵形或长卵形，长 4 ～ 8 cm，幼叶两面具灰白绒毛，老则仅背面有毛。花白色，直径 1.5 ～ 2 cm。果实小，近球形，直径约 1 cm，褐色。花期在 4 月下旬至 5 月上旬，果熟期在 8-9 月。

分布习性：主产于我国北部，也分布在长江流域。喜光，稍耐荫、耐寒，极耐干旱、瘠薄及碱土，深根性、抗病虫害力强，生长较慢。

园林应用：春季白花美丽，也常植于庭院观赏。

22．苹果属 *Malus* Mill.

落叶乔木或灌木；叶有锯齿或缺裂，有托叶。花白色、粉红色至紫红色，呈伞形总状花序；雄蕊 15 ～ 50 枚，花药通常黄色；子房下位，3 ～ 5 室，花柱 2 ～ 5 个，基部合生。梨果，无或稍有石细胞。本属约 40 种，广泛分布于北半球温带；我国有 25 种。

苹果 *M. pumila* Mill.（图 6-100）

图 6-100　苹果

1—花枝；2—花蕊；3—雄蕊；4—果实

形态特征：乔木，高达 15 m；小枝幼时密生绒毛，后变光滑，紫褐色。叶椭圆形至卵形，长 4.5 ～ 10 cm，先端尖，缘有圆钝锯齿，幼时两面有毛，后表面光滑，暗绿色。花白色带红晕，直径 3 ～ 4 cm，花梗与萼均具灰白绒毛，萼片长尖，宿存。果为略扁之球形，直径 5 cm 以上，两端均凹陷，端部常有棱脊。花期在 4-5 月，果熟期在 7-11 月。

分布习性：原产于欧洲东南部，小亚细亚及南高加索一带，近年在我国东北南部及华北、西北各地广泛栽培。温带果树，要求比较冷凉和干燥的气候，喜阳光充足，以肥沃深厚且排水良好的土壤为最好，不耐瘠薄。

园林应用：开花时节颇为可观；果熟季节，果实累累，色彩鲜艳，深受广大群众喜爱。

海棠花 *M. spectabilis*（Ait.）Borkh.（图 6-101）

图 6-101　海棠花

1—花枝；2—果枝

形态特征：小乔木，树型峭立，高可达 8 m；小枝红褐色。叶椭圆形至长椭圆形，长 5 ～ 8 cm。花在蕾时甚红艳，开放后呈淡粉红色，直径 4 ～ 5 cm，单瓣或重瓣；萼片较萼筒短或等长，三角状卵形，宿存；花梗长 2 ～ 3 cm。果近球形，黄色，直径约 2 cm，基部不凹陷。花期在 4-5 月，果熟期在 9 月。

分布习性：原产于中国，华北、华东尤为常见。喜光，耐寒，耐干旱，忌水湿。在北方干燥地带生长良好。

园林应用：本种春天开花，美丽可爱，为我国的著名观赏花木。植于门旁、庭院、亭廊周围、草地、林缘都很合适。

毛山荆子 ***M. mandshurica*** **（Maxim.）Kom. ex Juz.**

形态特征：乔木，高达 14 m，小枝细。叶卵状椭圆形，长 3 ～ 8 cm，锯齿细尖整齐，叶柄、叶脉、花梗、萼筒外常有疏毛；果倒卵形至椭圆形，深红色。花期在 4–5 月，果熟期在 9–10 月。

分布习性：产于内蒙古、东北、陕西、甘肃、宁夏、山西。喜光，耐寒，耐旱，根系发达，生长旺盛。

园林应用：春末夏初开白花，秋季红果累累，花、果均美丽。

视频：西府海棠

西府海棠 ***Malus×micromalus*** **Mak.**

形态特征：小乔木，树形俏丽，小枝紫褐色或暗褐色。叶较狭长，锯齿尖细。花粉红色，单瓣，有时为半重瓣。果红色。花期在 4–5 月，果熟期在 8–9 月。

分布习性：产于辽宁、河北、山西、山东、陕西、甘肃、云南等地；喜光，耐寒，耐旱。抗病虫害。

园林应用：本种春天开花粉红美丽，秋季红果缀满枝头，是良好的庭院观赏树兼果用树种。

视频：垂丝海棠

垂丝海棠 ***M. halliana*** **Koehne**

形态特征：小乔木，高达 5 m；枝开展，幼时紫色。叶卵形或狭卵形，锯齿细钝，叶质较厚硬，叶色暗绿而有光泽。花鲜玫瑰红色，4 ～ 8 朵簇生小枝端。果倒卵形，紫色。花期在 3–4 月，果熟期在 9–10 月。

分布习性：产于江苏、浙江、安徽、陕西、四川、云南等地，各地广泛栽培。性喜阳光，不耐荫，也不甚耐寒，喜温暖湿润环境，土壤要求不严，不耐水涝。

园林应用：本种花繁色艳，朵朵下垂，是著名的庭院观赏花木。

湖北海棠 ***M. hupehensis*** **（Pamp.）Rehd.**

形态特征：乔木，高 8 ～ 12 m；小枝紫色或紫褐色。叶卵状椭圆形，锯齿细尖。花蕾时有粉红色，开放后白色，有香气。果球形，黄绿色稍带红晕。花期在 4–5 月，果熟期在 9–10 月。

分布习性：产于我国中部、西部至喜马拉雅山脉地区。喜光，喜温暖湿润气候，较耐寒，耐湿涝，耐黏重土壤。

园林应用：花芳香、艳丽，秋季果实累累，甚为美丽。

6.1.5.4 豆科 Leguminosae

在线答题

木本或草本，直立或攀缘，常有能固氮的根瘤。叶常绿或落叶，通常互生，常为一回或二回羽状复叶；托叶有或无，有时叶状或变为棘刺。花常两性，辐射对称或两侧对称，通常排成总状花序、聚伞花序、穗状花序、头状花序或圆锥花序；花被 2 轮；萼片常为 5 片，分离或连合成管，有时二唇形；花瓣常为 5 片，常与萼片的数目相等，分离或连合成具花冠裂片的管，大小有时可不等，或有时构成蝶形花冠，近轴的1片称为旗瓣，侧生的2片称为翼瓣，远轴的2片常合生，称为龙骨瓣；雄蕊通常为10枚，有时5枚或多数，分离或连合成管，单体或二体雄蕊。果为荚果。约690属、17 600余种，是种子植物中的第三大科，广泛分布于全世界。

分属检索表

A_1 花辐射对称，花瓣镊合状排列，花药顶端有时有1个脱落的腺体………Ⅰ含羞草亚科 Mimosoideae
　B_1 雄蕊多数，通常在10枚以上；花丝连合呈管状……………………………………1 合欢属 ***Albizia***
　B_2 雄蕊10枚或较少，离生或有时仅基部合生…………………………………2 银合欢属 ***Leucaena***
A_2 花两侧对称，花瓣覆瓦状排列。
　B_1 花稍两侧对称，假蝶形，花丝通常分离………………………………Ⅱ云实亚科 Caesalpinioideae
　　C_1 叶通常为二回羽状复叶；花托盘状。
　　　D_1 花杂性或单性异株；落叶乔木……………………………………………………3 皂荚属 ***Gleditsia***
　　　D_2 植株通常具刺，多为攀缘灌木，亦有乔木……………………………………4 云实属 ***Caesalpinia***
　　C_2 叶为一回羽伏复叶或仅具单小叶，或为单叶。
　　　D_1 萼片在花蕾时离生达基部；叶通常为一回羽伏复叶………………………………5 决明属 ***Cassia***
　　　D_2 萼在花蕾时不分裂；单叶，全缘或2裂，有时分裂为2片小叶。
　　　　E_1 荚果腹缝具狭翅；能育雄蕊10枚；花紫红色或粉红色……………………………6 紫荆属 ***Cercis***
　　　　E_2 荚果无翅；能育雄蕊常3枚或5枚，倘为10枚则花白色、淡黄色或绿色………7 羊蹄甲属 ***Bauhinia***
　B_2 花明显两侧对称，花冠蝶下蝶形，雄蕊通常为二体（9＋1）…Ⅲ蝶形花亚科 ***Papilionoideae***
　　C_1 奇数羽状或掌状复叶，或3小叶复叶。
　　　D_1 雄蕊10枚离生或仅基部合生；荚果圆筒状，在种子间紧缩为念珠状…………8 槐属 ***Sophora***
　　　D_2 雄蕊10枚合生成1或2组。
　　　　E_1 叶为羽状复叶。
　　　　　F_1 直立木本。
　　　　　　G_1 托叶刺状或枝被刺毛…………………………………………………………9 刺槐属 ***Robinia***
　　　　　　G_2 小叶有透明油点；具旗瓣，无翼瓣及龙骨瓣，荚果含1种子……10 紫穗槐属 ***Amorpha***
　　　　　F_2 藤本；花萼5裂（3长2短）…………………………………………………11 紫藤属 ***Wisteria***
　　　　E_2 有3片小叶。
　　　　　F_1 乔木或直立灌木。
　　　　　　G_1 小托叶腺体状；枝有皮刺；旗瓣最大……………………………………12 刺桐属 ***Erythrina***
　　　　　　G_2 无小托叶，枝无皮刺；苞片宿存，其腋间常具2朵花…………………13 胡枝子属 ***Lespedeza***
　　　　　F_2 藤本……………………………………………………………………………14 油麻藤属 ***Mucuna***
　　C_2 偶数羽状复叶………………………………………………………………………15 锦鸡儿属 ***Caragana***

1．合欢属 *Albizia* Durazz.

乔木或灌木；叶通常脱落，互生，2回羽状复叶；花5数，排成头状花序或圆柱状的穗状花序，复再排成圆锥花序式；花萼钟状或漏斗状；花瓣常于中部以下合生成一狭管；雄蕊20～50枚，凸出；果为一带状的荚果，通常不开裂。约100种，广泛分布于全世界的热带和亚热带地区；我国有16种，大部分产于南部和西南部。

合欢（绒花树、马缨花、蓉花树）*A. julibrissin* Durazz.（图6-102）

形态特征：乔木，高可达16 m。二回羽状复叶，具羽片4～12对；小叶10～30对，矩圆形至条形，两侧极偏斜；托叶早落。花序头状，多数，呈伞房状排列，腋生或顶生。花淡红色，连雄蕊长25～40 mm，具短花梗。荚果条形，扁平。

变型：①紫叶合欢 f. rosea（Carr.）Rehd.。②矮合欢 f. rosea（Carr.）Rehd.：树型较矮小，花淡红色。

分布习性：产于我国东北至华南及西南部各省区。喜光，能耐砂质壤土、瘠薄土及干燥气候。

园林应用：合欢开花如红绒簇，为很好的庭院观赏树；常植为城市行道树、观赏树、工矿区绿化树等。

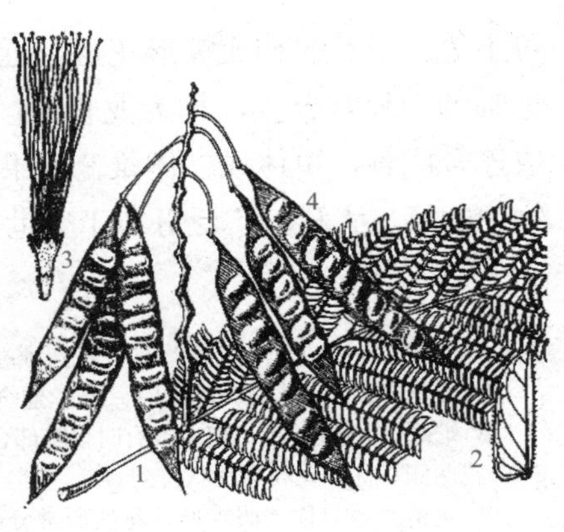

图 6-102　合欢

1—羽状复叶；2—小叶；3—花；4—果

山槐（山合欢、白合欢、马缨花）*A. kalkora*（Roxb.）Prain

形态特征：乔木，高 4 ～ 15 m。二回羽状复叶，羽片 2 ～ 3 对；小叶 5 ～ 14 对，条状矩圆形，基部近圆形，偏斜，中脉显著偏向叶片的上侧。头状花序 2 ～ 3 个生于上部叶腋或多个排成顶生的伞房状；花白色。荚果，扁平，条形，深棕色。

分布习性：产于我国华北、西北、华东、华南至西南部各省区。能耐干旱及瘠薄。生长快。

园林应用：花美丽，可植为风景树。

2．银合欢属 *Leucaena* Benth.

灌木或小乔木；叶为二回羽状复叶；小叶小，多对；花小，5 数，无柄，排成稠密的球形头状花序；萼管钟状，具短裂齿；花瓣分离；雄蕊 10 枚，长突出，分离；柱头头状；荚果扁平，草质，带状，薄，开裂，有褐色的种子多颗。共 40 种，分布于美洲和大洋洲。

银合欢（白合欢）*L. glauca*（L.）Benth.（图 6-103）

形态特征：小乔木，高达 8 m；树冠平顶状。二回偶数羽状复叶，第一对羽片着生处有一枚黑色腺体；羽片 4 ～ 8 对；小叶 4 ～ 15 对，中脉偏向小叶上部。头状花序 1 ～ 2 个腋生，有长花序梗；花白色；花瓣极狭。荚果条形，扁平。

分布习性：原产于热带美洲，现广泛分布于各热带地区。适应性强，喜光，耐干旱、瘠薄、盐碱，不择土壤；主根深，抗风力强，无病虫害，萌芽性强。

图 6-103　银合欢

1—花枝；2—花；3—雄蕊；4—雌蕊；5—果实

园林应用：适合作为工矿区、机关、学校、公园、生活小区、别墅、庭院、城镇绿化的围墙与花墙；果园、瓜园、花圃、苗圃的围墙。

3．皂荚属 *Gleditsis* L.

落叶乔木或灌木；干和枝有单生或分枝的粗刺；叶互生，一回或二回羽状复叶；托叶早落；小叶多数，近对生或互生，常有不规则的钝齿或细齿；花杂性或单性异株，组成侧生的总状花序或穗状花序，很少为圆锥花序；萼片和花瓣 8 ～ 5。荚果扁平，大而不开裂或迟裂，有 1 至多颗种子。约 16 种，分布于热带和温带地区；我国有 6 种，广泛分布于南北方各省区。

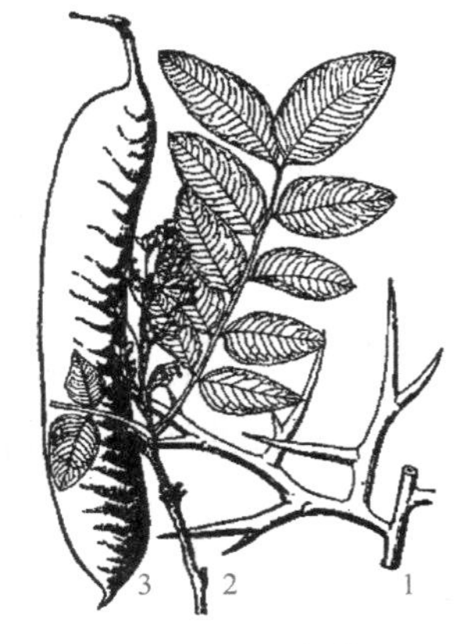

图 6-104　皂荚

1—枝刺；2—花枝；3—果实

视频：皂荚

皂荚（皂角）*G. sinensis* Lam（图 6-104）

形态特征：乔木，高达 15 m；刺粗壮，通常有分枝，圆柱形。羽状复叶簇生，具小叶 6 ～ 14 枚。花杂性，排成总状花序，腋生；花瓣 4 片，白色；雄蕊 6 ～ 8 枚。荚果条形，微厚，黑棕色，被白色粉霜。花期在 4-5 月，果期在 10 月。

分布习性：产于我国黄河流域及其以南地区。性喜光而稍耐荫，喜温暖湿润的气候及深厚肥沃适当的湿润土壤，但对土壤要求不严，在石灰质及盐碱地甚至黏土或砂土均能正常生长。

园林应用：皂荚树耐热、耐寒抗污染，可用于城乡景观林、道路绿化，密植并加以修剪即可成为很好的防风树和绿篱。

【知识扩展】

如何区分皂荚和山皂荚

皂荚：枝刺圆柱形；荚果直，不扭曲；1 回羽状复叶。

山皂荚：枝刺扁；荚果扭曲；萌芽枝上常有 2 回羽状复叶。

山皂荚（日本皂荚、山皂角）*G. japonica* Miq.

形态特征：乔木，高达 25 m；分枝刺扁，小枝淡紫色，无毛。一回兼二回羽状复叶，小叶 6 ～ 20 枚，卵状矩圆形或卵状披针形，先端钝，边缘有细圆锯齿。雌雄异株。果荚纸质，扭转。花期在 5-6 月，果期在 9-10 月。

分布习性：产于我国东南部、华北至华东地区；也分布在日本、朝鲜。喜光，喜土层深厚，耐干旱，耐寒，耐盐碱，适应性强。

4．云实属 *Caesalpinia* L.

本属约 100 种，分布于热带和亚热带地区；我国约 13 种，主产于西南部至南部。

云实（药王子、牛王刺）*C. sepiaria* Roxb.（图 6-105）

形态特征：落叶攀缘灌木，密生倒钩状刺。二回羽状复叶互生，羽片 6 ～ 16 枚；小叶 12 ～ 24 对，长椭圆形，长 10 ～ 25 mm，先端和基部圆。花美丽，总状花序顶生；长 15 ～ 30 cm；萼片 5 片，花瓣 5 片，黄色；雄蕊 10 枚，花丝下半部密生绵毛。荚果长椭圆形，扁平。花期在 5 月，果期在 8-9 月。

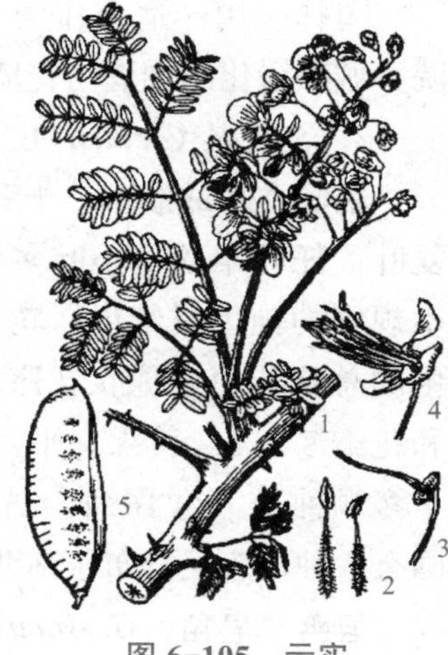

图 6-105　云实

1—花枝；2—雄蕊；3—雌蕊；4—花；5—荚果

分布习性：产于我国长江流域及其以南地区。喜温暖湿润的环境，适宜肥沃、排水良好的微酸性壤土生长。

园林应用：茎枝多刺，黄花繁多而美丽，可栽培庭院观赏用。

5．决明属 *Cassia* L.

本属约 600 种，分布于热带、亚热带和温带地区；我国原产 10 余种，广泛分布于各地。我国引入栽培以供观赏的约 10 种。

黄槐决明 *C. surattensis*（N. L. Burman）H. S. Irwin & Barneby

形态特征：落叶灌木或小乔木，高 5 ～ 7 m。叶为偶数羽状复叶；叶长 10 ～ 15 cm；叶轴及叶柄呈扁四方形，在叶轴上面最下 2 或 3 对小叶之间和叶柄上部有棍棒状腺体 2 ～ 3 枚；小叶 6 ～ 10 对，长椭圆形或卵形，全缘。总状花序生于枝条上部的叶腋内；花大，鲜黄色；雄蕊 10 枚。荚果扁平，开裂，果柄明显。花果期几乎全年。

分布习性：产于亚洲热带至大洋洲，也分布在我国云南地区。我国南方城市多栽培。喜光，要求深厚排水良好的土壤，生长快。

园林应用：花鲜黄、繁密而美丽，常年开花不断。广泛用作庭院观赏树、绿篱及行道树。

视频：紫荆

6．紫荆属 *Cercis* L.

乔木或灌木；叶互生，具柄，掌状脉；花稍左右对称，具柄，排成一总状花序或花束，生于老枝上；萼红色，萼管偏斜，短，陀螺形或钟状，具短而阔的 5 齿；花瓣红色或粉红色，不相等，上面 3 枚稍小；荚果压扁，腹缝有狭翅，迟裂。约 8 种，分布于北美、东亚和南欧；我国有 5 种，产于西南和中南地区。

紫荆（满条红、紫珠、裸枝树）*C. chinensis* Bunge（图 6-106）

形态特征：丛生或单生灌木，高 2 ～ 5 m。叶互生，近圆形，长 6 ～ 14 cm，宽 5 ～ 14 cm，先端急尖或骤尖，基部深心形，两面无毛。花 4 ～ 10 朵簇生于老枝上；花玫瑰红色；花梗细。荚果条形，扁平，沿腹缝线有狭翅；种子 2 ～ 8 粒，扁，近圆形，长约 4 mm。花 4 月叶前开放，果期在 5–8 月。

分布习性：产于我国黄河流域及其以南地区。性喜光，较耐寒。喜肥沃、排水良好的土壤，不耐淹。

园林应用：繁花簇生枝干，满树紫红，鲜艳夺目，是良好的庭院观花树种。宜栽于庭院、草坪、屋旁、街边、岩石及建筑物前。

图 6–106　紫荆

1—花枝；2—叶枝；3—花；4—花瓣；5—雄蕊与雌蕊；6—雄蕊；7—雌蕊；8—果实；9—种子

【知识扩展】

如何区分紫荆、丁香

紫荆：豆科紫荆属，单叶互生，近圆形，花紫红色，着生在老杆上，叶前开放，荚果。

丁香：木犀科丁香属，单叶对生，广卵形，基部心形，圆锥花序，顶生，蒴果。

湖北紫荆（云南紫荆、乌桑树、箩筐树）***C. glabra*** **Pampan.**

形态特征：乔木，高达 16 m；树皮和小枝灰黑色。叶较大，厚纸质或近革质，心脏形或三角状圆形，基部浅心形至深心形，幼叶常呈紫红色，成长后绿色，上面光亮，下面无毛或基部脉腋间常有簇生柔毛。总状花序短，总轴长 0.5 ～ 1 cm，有花数至十余朵；花淡紫红色或粉红色，先于叶或与叶同时开放，稍大，长 1.3 ～ 1.5 cm。荚果狭长圆形，紫红色。花期在 3–4 月，果期在 9–11 月。

视频：湖北紫荆

分布习性：产于我国东北、中部及西南部。喜光，耐干旱。

园林应用：花美，幼叶、荚果均为紫红色，观赏期长，是优美的观赏树。常成片或作园路树。

加拿大紫荆（红叶紫荆）***C. canadensis*** **L.**

形态特征：小乔木，高 7 ～ 15 m，树冠开张，老树皮鳞状剥落。叶心形，暗绿色，叶背面有毛，春季叶为鲜亮的紫红色，秋季叶黄色。花玫瑰粉色、淡紫红色。花期在 4–5 月。

变种：紫叶加拿大紫荆‘Forest Pansy’、白花加拿大紫荆‘Alba’。

分布习性：原产于美国东部、中西部和加拿大安大略省。耐寒性强，喜充足的阳光，对土壤要求不严，稍耐干旱和水湿，但以湿润且排水良好的土壤为好。

园林应用：春季花簇繁茂夺目，夏季结果，果实红褐色，秋季落叶前，叶色有金黄、橘红、紫红色，对比鲜明，异常美丽，可植于庭院、公园，也可植于路边。

7．羊蹄甲属 *Bauhinia* L.

本属约570种，分布于热带和亚热带地区；我国有35种，大部分布于南部和西南部。

洋紫荆（羊蹄甲、宫粉羊蹄甲）*B. variegata* L.

视频：洋紫荆

形态特征：落叶或半常绿乔木，高达8 m；树皮光滑，暗褐色。叶广卵形，近革质，宽度常超过于长度，宽7～11 cm，长5～10 cm，基部心形，叶先端2裂，深达叶长的1/3，裂片阔，钝头或圆。总状花序侧生或顶生，多少呈伞房花序式；花大，花瓣倒卵形或倒披针形，长4～5 cm，具瓣柄，紫红色或淡红色，杂以黄绿色及暗紫色的斑纹。荚果带状，扁平，长15～25 cm。花期为全年，其中3月最盛。

分布习性：产于我国南方，也分布在印度、中南半岛。喜光，需要排水良好的土壤。耐修剪。

园林应用：花大而且美丽，略有香味，花期长，生长快。可作庭院树、风景树、行道树。

【知识扩展】

如何区分紫荆属和羊蹄甲属

紫荆属：荚果腹缝具狭翅；能育雄蕊10枚；花紫红色或粉红色。

羊蹄甲属：荚果无翅；能育雄蕊通常3枚或5枚；尚为10枚时则花白色、淡黄色或绿色。

8．槐属 *Sophora* L.

灌木或小乔木，很少为草本；奇数羽状复叶，小叶对生，全缘；花排成顶生的总状花序或圆锥花序；萼5齿裂；花冠常白色或黄色，旗瓣圆形或阔倒卵形，通常比龙骨瓣短，翼瓣斜长圆形，龙骨瓣近于直立；雄蕊10枚，分离或很少与基部合生为环状；荚果具短柄，圆柱形、念珠状或稍扁，肉质至木质，不开裂或迟开裂；种子倒卵形或球形。约80种，分布于温带和亚热带地区；我国约有23种，南北均产之。

视频：国槐

国槐（槐、槐树、槐花树）*S. japonica* L.（图6-107）

图6-107　国槐

1—果枝；2—花；3，4，5—旗瓣、翼瓣、龙骨瓣；6—去雄蕊的花；7—种子

形态特征：乔木，高15～25 m。

羽状复叶长 15 ～ 25 cm；叶轴有毛，基部膨大；小叶 9 ～ 15 枚，卵状矩圆形，先端渐尖而具细突尖。圆锥花序顶生；萼钟状，具 5 小齿；花冠乳白色，旗瓣阔心形，具短爪，有紫脉；雄蕊 10 枚，不等长。荚果肉质，串珠状，长 2.5 ～ 5 cm，无毛，不裂。花期在 7–8 月。

变种、品种：堇花槐 var. *violacea* Carr.、毛叶槐 var. *pubescens*（Tausch.）Bosse、宜昌槐 var. *vestita* Rehd.、早开槐 var. *Praecox* Schwer.、金枝国槐 Golden Stem 等。

分布习性：原产于我国，现南北各省区广泛栽培；也分布在日本、越南。喜光而稍耐荫、耐寒。根深而发达。对土壤要求不严。

园林应用：枝叶茂密，绿荫如盖，适作庭荫树，在我国北方多用作行道树。配植于公园、建筑四周、街坊住宅区及草坪上，也极相宜。

白刺花（狼牙刺、铁马胡烧、狼牙槐）*S. davidii*（Franch.）Skeels（图 6–108）

形态特征：灌木，高 1 ～ 2.5 m；枝具锐刺。羽状复叶长 4 ～ 6 cm，具小叶 11 ～ 21 枚；小叶椭圆形或长卵形，先端圆，微凹而具小尖；托叶细小，呈针刺状。总状花序生于小枝的顶端，有 6 ～ 12 朵花；萼钟伏，长 3 ～ 4 mm，紫蓝色，密生短柔毛；花冠白色或蓝白色。荚果长 2.5 ～ 6 cm，串珠状，密生白色平伏长柔毛。

分布习性：产于我国华北、西北、华中至西南各地。耐旱性强。

园林应用：作园林观花灌木，种植于河谷、沙丘和山坡路边。

图 6–108　白刺花

1—花枝；2—花；3—果枝

9. 刺槐属 *Robinia* L.

本属约 20 种，分布于美洲。

刺槐（洋槐、槐树、刺儿槐）*R. pseudoacacia* L.（图 6–109）

形态特征：落叶乔木，高 10 ～ 25 m；树皮褐色，深纵裂。叶互生，奇数羽状复叶，常有刺状的托叶；小叶全缘，先端圆或微凹，基部圆形。总状花序腋生，序轴及花梗有柔毛；花萼杯状，浅裂，有柔毛；花冠白色，旗瓣有爪。荚果扁，长矩圆形，赤褐色；种子肾形，黑色。

图 6–109　刺槐

1—花枝；2—花萼展开；3，4，5—旗瓣、翼瓣、龙骨瓣；6—雄蕊；7—雌蕊；8—果实分布习性：原产于美国东部，17 世纪传入欧洲及非洲。20 世纪初从欧洲引入我国青岛，现于全国各地广泛栽植。刺槐喜光。喜温暖湿润气候。刺槐对土壤要求不高，适应性很强。

园林应用：刺槐树冠高大，叶色鲜绿，开花季节绿白相映，素雅而芳香。可作为行道树、庭荫树，工厂矿区绿化及荒山荒地绿化的先锋树种。

【知识扩展】

如何区分国槐和刺槐

国槐：豆科槐属；小枝绿色，无托叶刺；叶色深绿，先端稍尖；花绿白色，圆锥花序，夏季开花；荚果念珠状肉质，不开裂或很晚开裂。

刺槐：豆科刺槐属；小枝非绿色，有托叶刺；叶色浅绿，先端钝；花白色，总状花序下垂，春季开花；荚果开裂。

10．紫穗槐属 *Amorpha* L.

本属约 25 种，产于北美至墨西哥，我国引入栽培 1 种。

紫穗槐（棉槐、椒条、穗花槐）*A. fruticosa* L.（图 6-110）

视频：紫穗槐

形态特征：落叶灌木，高达 4 m，常丛生状；小枝密生柔毛。羽状复叶互生；小叶 11 ～ 25 枚，卵形、椭圆形或披针状椭圆形，长 1.5 ～ 4 cm，先端圆或微凹，有短尖，基部圆形，两面有白色短柔毛。穗状花序集生于枝条上部，长 7 ～ 15 cm；花冠紫色，旗瓣心形，没有翼瓣和龙骨瓣；雄蕊有 10 枚，每 5 个为一组，包于旗瓣之中，伸出花冠外。荚果下垂，弯曲，棕褐色，密生瘤状腺点，不开裂。

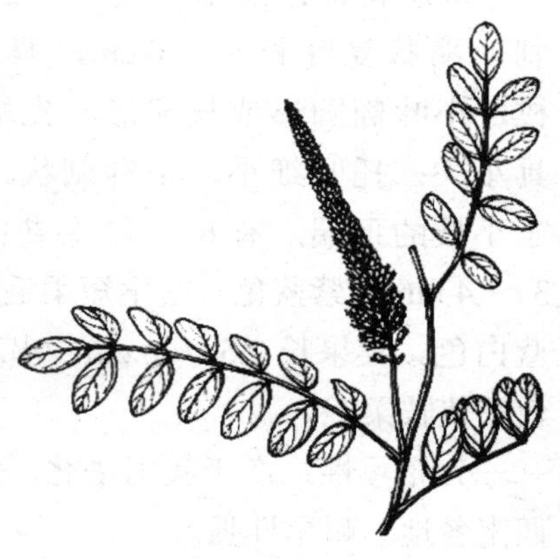

图 6-110　紫穗槐

分布习性：原产于美国。耐寒、耐旱、耐湿、耐盐碱、抗风沙、抗逆性极强。

园林应用：可作园林绿化植物使用。

11．紫藤属 *Wisteria* Nutt.

本属共 10 种，分布于东亚、澳大利亚和美洲东北部。

多花紫藤（多花紫藤藤、藤萝、朱藤）*W. floribunda* DC.

视频：多花紫藤

形态特征：落叶攀缘灌木，幼枝生短柔毛。奇数羽状复叶互生，小叶 13 ～ 19 枚，全缘，有小托叶。花紫色，多数，排成侧生总状花序，长 30 ～ 50 cm，下垂；序轴有短柔毛；花梗长 1 ～ 2 cm，有毛；花冠淡青色，长约 1.5 cm，旗瓣基部有耳，内面近基部有 2 个胼胝体状附属物。荚果大而扁平。

分布习性：原产于日本；也在我国长江以南普遍栽培。喜光，喜排水良好的土壤；极耐寒。

园林应用：在庭院中攀绕棚架，制成花廊，或攀绕枯木，有枯木逢生之意。还可以做成姿态优美的悬崖式盆景。

12．刺桐属 *Erythrina* L.

乔木或灌木，常有刺；叶互生，有羽状小叶3片；小托叶腺体状；花通常大，排成总状花序，在花序轴上数朵簇生或成对着生；萼常偏斜或2唇形；花瓣鲜红色，极不相等，旗瓣阔或狭，翼瓣短，有时极小或缺，龙骨瓣远较旗辩短小；荚果具长柄，线形，于种子间收缩成念珠状。约200种，分布于全球的热带和亚热带地区；我国有6种，产于西南部至南部。

图6-111　龙牙花

视频：龙牙花

龙牙花（珊瑚树、象牙红）*E. corallodendron* L.（图6-111）

形态特征：落叶小乔木，高达4 m。小叶3片，顶生小叶菱状卵形，长4～10 cm，宽2.5～7 cm，先端渐尖而钝，基部宽楔形，有时下面中脉上有刺；叶柄及小叶柄无毛，有刺。总状花序腋生；花冠深红色，长可达6 cm，旗瓣椭圆形，先端微缺，较翼瓣、龙骨瓣长得多；雄蕊二组，不整齐。荚果圆柱形长约10 cm；种子深红色，有黑斑。

分布习性：原产于美洲热带地区。喜向阳及不当风处生长，抗风力弱，能抗污染，生长速度中等，不耐寒，稍耐荫，宜在排水良好、肥沃的砂质壤土中生长。

园林应用：红叶扶疏，初夏开花，深红色的总状花序，好似一串串红色月牙，艳丽夺目，是一种美丽的观赏植物。适合在公园和庭院中栽植，若作盆栽，可用来点缀室内环境。

刺桐 *E. variegata* L.

视频：刺桐

形态特征：落叶乔木，高达20 m。树皮灰褐色，枝有明显叶痕及短圆锥形的黑色直刺。羽状复叶具3小叶，常密集枝端；托叶披针形，早落；叶柄长10～15 cm，通常无刺；小叶膜质，宽卵形；基脉3条，侧脉5对。总状花序顶生，长10～16 cm；花冠红色，旗瓣椭圆形；翼瓣与龙骨瓣近等长。荚果黑色，肥厚，种子暗红色。花期在3月，果期在8月。

分布习性：原产于亚洲热带地区。喜光，耐干旱瘠薄，不耐寒，抗风；生长快，耐修剪。

园林应用：花美丽，可栽作观赏树木。常作行道树及庭院观赏树。

13．胡枝子属 *Lespedeza* Michx.

本属约 90 种，分布于亚洲、澳大利亚和北美，我国约 60 种，广泛分布于全国。

胡枝子（胡枝子萩、胡枝条、扫皮）*L. bicolor* Turcz.（图 6-112）

形态特征：落叶灌木，高 0.5 ～ 3 m，常丛生。3 出复叶互生，有长柄，顶生小叶宽椭圆形或卵状椭圆形，长 3 ～ 7 cm，先端圆钝，有小尖，侧生小叶较小。总状花序腋生；花冠紫色，长 1.2 ～ 1.7 cm，花梗在花萼下无关节，每 2 朵花生于苞腋。花期在 7–9 月，果期在 9–10 月。

图 6-112　胡枝子

1—花枝；2—花；3，4，5—旗瓣、翼瓣、龙骨瓣；6—雌蕊和雄蕊；7—花萼；8—荚果

分布习性：产于我国东北、内蒙古、华北至长江以南广大地区；朝鲜、俄罗斯、日本也有分布。耐旱、耐寒、耐瘠薄、耐酸性、耐盐碱、耐刈割。

园林应用：可作园林观花灌木栽培。

14．油麻藤属 *Mucuna* Adans.

本属 100 ～ 160 种，多分布于热带和亚热带地区。我国约 15 种，广泛分布于西南部、中南部至东南部。

常春油麻藤（牛马藤、过山龙、常绿黎豆）*M. sempervirens* Hemsl.

形态特征：常绿藤本。三出复叶互生，坚纸质，有光泽，顶生小叶卵状椭圆形或卵状矩圆形，长 7 ～ 12 cm 先端渐尖，侧生小叶基部斜形，无毛。总状花序生于老茎；花冠深紫色，蜡质，有臭味，长约 6.5 cm；雄蕊二组。荚果木质，条状，长可达 60 cm，种子间缢缩。

分布习性：分布于我国西南至东南部；也分布在日本。

园林应用：花大蝶形，深紫色，适于攀附建筑物、围墙、陡坡、岩壁等处生长，是棚架和垂直绿化的优良藤本植物。

15．锦鸡儿属 *Caragana* Fabr.

落叶灌木，有时为小乔木，有刺或无刺；偶数羽状复叶；总轴顶常有一刺或刺毛；花单生，很少为 2 ～ 3 朵组成小伞形花序，着生老枝的节上或腋生幼枝基部；花冠黄色，稀白带红色，旗瓣卵形或近圆形，直展；雄蕊二体（9 ＋ 1）；荚果线形，成熟时圆柱状，2 瓣裂。约 80 种，分布于东欧和亚洲；我国约有 50 种，产于西南、西北、东北和东部。

锦鸡儿（娘娘袜）*C. sinica*（Buchoz）Rehd.（图 6-113）

形态特征：落叶灌木，高 1 ～ 2 m。小枝有棱，无毛。托叶硬化成针刺状；叶轴脱落或宿存变成针刺状；偶数羽状复叶互生，小叶 4 片，两对叶之间有约 1 cm 的距离。花单生，长 2.8 ～ 3.1 cm；花梗长约 1 cm，中部有关节；花冠黄色带红色，旗瓣狭长倒卵形。荚果长 3 ～ 3.5 cm 稍扁。

分布习性：我国华北、华东、华中及西南均有分布。喜光，常生于山坡向阳处。根系发达，具根瘤，抗旱耐瘠薄。萌芽力、萌蘖力均强，能在山石缝隙处生长。

园林应用：栽培于山坡或庭院，供观赏用或为绿篱。

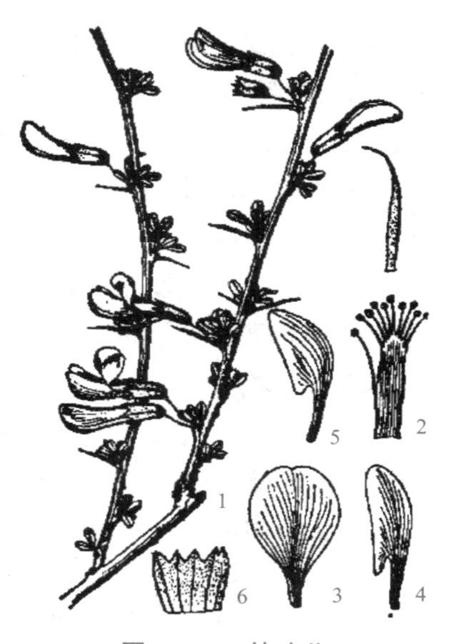

图 6-113　锦鸡儿

1—花枝；2—雄蕊；3—旗瓣；4—翼瓣；5—龙骨瓣；6—花萼

红花锦鸡儿（金雀儿、黄枝条）*Caragana rosea* Turcz.（图 6-114）

形态特征：多枝直立灌木，高约 1 m。小枝有棱，无毛。托叶硬化成细针刺伏；叶轴短，长 5 ～ 10 mm，脱落或宿存变成针刺状；小叶 4 片，假掌状排列。花单生，长 2.5 ～ 2.8 cm；花梗长 1 cm，中部有关节；花冠黄色，龙骨瓣白色，或全为粉红色，凋时变红色。荚果近圆筒形。

分布习性：主产于我国北部及东北部；也分布在俄罗斯。喜光，耐寒，耐干旱瘠薄。

园林应用：花炫丽，可植于庭院观赏。

图 6-114　红花锦鸡儿

1—果枝；2—花枝

视频：红花锦鸡儿

【知识扩展】

如何区分红花锦鸡儿和锦鸡儿

红花锦鸡儿：小叶 4，紧密簇生呈掌状排列；荚果近圆筒形；花冠黄色，龙骨瓣玫红色。

锦鸡儿：小叶 2 对，2 对叶之间距大；荚果稍扁；花冠黄色。

树锦鸡儿（金鸡儿、骨担草）*C. arborescens*（Amm.）Lam.（图 6-115）

形态特征：高大灌木或小乔木；高 2 ～ 7 m。树皮平滑，灰绿色。托叶三角状披针形，脱落，长枝上的托叶有时宿存并硬化成粗壮的针刺，长约

10 mm；叶轴细瘦，上面有沟，脱落；小叶 8 ～ 14 片，羽状排列，卵形、宽椭圆形至长椭圆形，长 10 ～ 25 mm。花 1 朵或偶有 2 朵生于一花梗上；花梗单生或簇生，长 2 ～ 6 cm，近上部有关节；花冠黄色。荚果条形。

图 6-115 树锦鸡儿
1—花枝；2—果实

变种、品种：典型叶树锦鸡儿 f. *typica* Kom.、倒卵叶树锦鸡儿 f. *obovata* Kom.、尖叶树锦鸡儿 f. *acuta* Kom.、狭叶树锦鸡儿 f. *angustifolia* Kom. 等。

分布习性：分布于东北、华北、西北；也分布在俄罗斯、蒙古国。耐干旱不强。

园林应用：可作庭院观赏及绿化树种。

6.1.5.5 胡颓子科 Elaeagnaceae

木本，常有棘刺，全体被银白色或褐色至锈盾形鳞片或星状绒毛。单叶互生，稀对生，全缘，羽状叶脉，具柄，无托叶。花两性或单性，单生或总状花序，白色或黄褐色，具香气，无花瓣；花萼常连合成筒，顶端 4 裂，稀 2 裂，雄蕊 4 或 8。坚果，外包以肉质花托成核果状，红色或黄色。本科有 3 属、80 余种，主要分布于亚洲东南地区、亚洲其他地区、欧洲及北美洲。我国有 2 属、60 种，遍布全国各地。

胡颓子属 *Elaeagnus* L.

木本，常具刺，全体被银白或褐色鳞片或星状绒毛。单叶互生，全缘、稀波状，常具叶柄。花两性，稀杂性，成伞形总状花序；具花梗。果实为坚果，为膨大肉质化的萼管所包围，呈核果状，长椭圆形，红色或黄红色；果核具 8 肋。本属约 80 种，广泛分布于亚洲东部及东南部的亚热带和温带。我国约 55 种，全国各地均产，在长江流域及以南地区更为普遍。

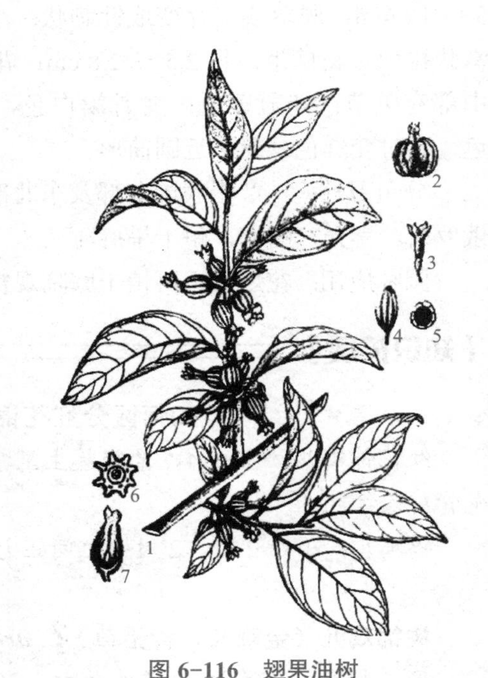

图 6-116 翅果油树
1—花果枝；2—果；3—花；4—种子；5—种子横切面；6—幼果横切面；7—幼果纵切面

翅果油树（软毛胡颓子、八棱果）*E. mollis* Diels（图 6-116）

形态特征：落叶小乔木，高达 10 m。幼枝灰绿色，密被灰绿色星状绒毛和鳞片。叶纸质，卵状椭圆形，表面疏生腺鳞，背面灰绿色，密被淡灰白色星状绒毛；花淡黄色，下垂，芳香，密被灰白色星状绒毛；常 1 ～ 3 花簇生幼枝叶腋。核果椭球形或卵形，长 1.5 ～ 2.2 mm，具明显的 8 棱脊，翅状，果肉粉质，子叶肥厚，含丰富的油脂。花期在 4–5 月，果期在 8–9 月。

分布习性：产于陕西（户县）、山西南部。喜温暖气候及深厚肥沃的砂质壤土，也耐瘠薄，不耐水湿，多生于荫坡和半荫坡；萌芽力强，生长快，根系发达，富根瘤菌，有固氮作用。

园林应用：是优良油料树种和水土保持树种，也可用于城市园林绿化。

秋胡颓子（牛奶子、甜枣）*E. umbellata* Thunb.

形态特征：落叶直立灌木，高 4 m，具长 1 ～ 4 cm 的刺；幼枝密被银白色和少数黄褐色鳞片。叶纸质或膜质，椭圆形至卵状椭圆形，边缘全缘或皱卷至波状，叶表幼时具白色星状短柔毛或鳞片，叶背面密被银白色和散生少数褐色鳞片。黄白色，芳香，密被银白色盾形鳞片，1 ～ 7 朵花成伞形花序腋生。果实近球形或卵圆形，幼时绿色，被银白色或有时全被褐色鳞片，成熟时红色。花期在 4–5 月，果期在 9–10 月。

分布习性：产于华北、西北及西南各省区。欧洲及亚洲西部和中部都有分布。性喜光，略耐荫。在自然界常生于山地向阳疏林或灌丛中。

园林应用：果红色美丽，可植于庭院观赏或作防护林。果可食用。

6.1.5.6　山龙眼科 Proteaceae

乔木或灌木，稀为多年生草本。单叶互生，稀对生或轮生，无托叶。花两性，稀单性，辐射对称或两侧对称，排成总状、穗状或头状花序，单被花，花被片 4 枚；雄蕊 4 枚，与花萼对生；子房 1 室。蓇葖果或坚果，稀核果。种子扁平，常有翅，无胚乳。约 60 属、1 300 种；主产于大洋洲和非洲南部，亚洲和南美洲也有分布。我国有 4 属（其中 2 属为引种）、24 种、2 变种，分布于西南部、南部和东南 部各省区。

银桦属 *Grevillea* R. Br.

本属约 300 余种，主产于澳大利亚和马来西亚东部；我国引入栽培 2 种。

银桦 *G. robusta* A. Cunn.（图 6–117）

形态特征：常绿乔木，高 10 ～ 25 m。树皮暗灰色或暗褐色，具浅皱纵裂；嫩枝被锈色绒毛。叶互生，长 15 ～ 20 cm，二回羽状深裂，裂片狭长渐尖，边缘背卷，表面深绿色，背面密被银灰色丝毛。总状花序，腋生，花偏于一侧，无花瓣，萼片 4 片，花瓣状，橙黄色。蓇葖果有细长花柱，宿存；种子长盘状，

图 6–117　银桦

1—花序及花；2—果枝；3—果实及种子；4—雄蕊；5—雌蕊

边缘具窄薄翅。花期在5月，果期在7-8月。

分布习性：原产于澳大利亚东部；在我国西南、华南等省区的城镇中栽培作行道树或风景树。喜光，喜温暖气候，不耐寒，过分炎热气候也不适宜，喜肥沃疏松的偏酸性土壤；生长迅速。

园林应用：树干通直，树冠高大整齐，初夏有橙黄色花序点缀枝头；宜作行道树及风景树。

6.1.5.7 千屈菜科 Lythraceae

在线答题

草本或木本。单叶对生，全缘，有托叶。花两性，整齐或两侧对称，排成总状、圆锥或聚伞花序；萼4～16裂，列片间常有附属体，萼筒常有棱脊，宿存；花瓣于萼片同数或无；雄蕊4枚至多数，生于萼筒上。蒴果；种子多数，无胚乳。本科约24属、500种，主产于热带，南美最多。我国9属，约30种。

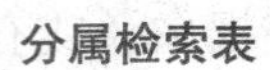

分属检索表

A_1 木本……………………………………………………1 紫薇属 ***Lagerstroemia***

A_2 草本或灌木…………………………………………2 萼距花属 ***Cuphea***

视频：紫薇

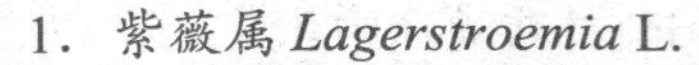

1. 紫薇属 *Lagerstroemia* L.

本属约55种，产于亚洲和大洋洲；我国16种，引种2种。

紫薇（痒痒树、百日红）***L. indica* L.**（图6-118）

形态特征：落叶灌木或小乔木，高3～8 m；树皮薄片剥落后特别光滑；小枝四棱状。单叶对生或近对生；叶椭圆形或卵形，长3～7 cm，全缘，近无柄。花两性；花亮粉红色至紫红色，直径达4 cm；花瓣6片，皱波状或细裂状，具长爪；成顶生圆锥花序；花期很长，6-9月开花不绝。蒴果近球形，6瓣裂。

图6-118 紫薇

1—花枝；2—果枝

品种：花除紫色外，还有白花的银薇'Alba'，其实还有平瓣、皱瓣、红爪、红丝、大花、小花等不同变化、粉红花的粉薇'Rosea'、红花的红薇'Rubra'、亮紫蓝色的翠薇'Purpurea'、天蓝色的蓝薇'Caerulea'，以及二色'Versilolor'、斑叶'Variegata'、矮生'Nana'、匍匐'Prostrata'等。

分布习性：产于我国华东、中南及西南各地；也分布在朝鲜、日本、越南、菲律宾及澳大利亚。喜光，有一定耐寒能力，在北京可露地栽培。

园林应用：花美丽而花期长，是极好的夏季观花树种。秋叶也常变成红色或黄色，适于园林绿地及庭院栽培观赏，也是盆栽和制作桩景的好材料。

【知识扩展】

如何区分紫薇和石榴

紫薇：千屈菜科；花常组成 7 ～ 20 cm 的顶生圆锥花序；蒴果成熟开裂。

石榴：石榴科；花 1 ～ 5 朵，生于枝顶；浆果近球形。

2．萼距花属 *Cuphea* Adans. ex P. Br

草本或灌木，多数有黏质的腺毛；叶对生或轮生；花左右对称，单生或排成总状花序；花萼延长而呈花冠状，有棱，基部有距，顶端 6 齿裂并常有同数的附属体；花瓣 6，不相等；蒴果长椭圆形，包藏于萼内。约 300 种，原产于美洲和夏威夷群岛。我国引入栽培约 7 种。

小瓣萼距花 *C. micropetala* H. B. K.（图 6-119）

形态特征：直立灌木，高达 1 m，粗壮，多少被刚毛或几乎无毛；分枝多而稍压扁，常带紫红色。叶密集，近对生，薄革质，线状披针形或长椭圆状披针形，顶端长渐尖，基部渐狭，下延至叶柄，稍粗糙，叶脉在两面均凸起。花单生，腋生、腋外生或生于叶柄之间，组成顶生带叶的总状花序；被绒毛，下部深红色，有距，上部黄色，由下向上渐收缩，近顶处约束成缢状，口部偏斜，雄蕊突出于萼筒之外，红色。

图 6-119　小瓣萼距花

1—花枝；2—基部叶；3—平卧萼距花

分布习性：原产于墨西哥；我国广州也有栽培。

园林应用：花色纯正高雅。花期全年不断，是少有的开花期很长的露地花卉。植株低矮，分枝多，覆盖能力强，且开花时犹如繁星点点，有极佳的美化效果。

细叶萼距花（满天星）*C. hyssopifolia* H. B. K.

形态特征：常绿小灌木，高 45 ～ 60 cm。叶对生或近对生，线状披针形，长达 2 ～ 2.5 cm，宽 3 ～ 5 mm，在枝上密生。花腋生，萼筒绿色，长约 6 mm，花瓣 6 片，相等，淡紫、粉红至白色，雄蕊内藏。蒴果绿色，形似雪茄。花期自春至秋。

视频：细叶萼距花

品种：金叶‘Aurea’、黄斑叶‘Cocktail’、白花‘Alba’、密生‘Mad Hatter’等。

分布习性：原产于墨西哥及危地马拉；我国华南及西南地区也有栽培。稍耐荫，不耐寒，耐瘠薄。

园林应用：枝叶密集，花色鲜艳，花期长，并宜作花坛、花境及花篱材料，也可盆栽观赏。

6.1.5.8　瑞香科 Thymelaeaceae

在线答题

木本，稀草本。单叶对生或互生，全缘，叶柄短；无托叶。花两性，稀单性，整齐，成头状、伞形、穗状或总状花序，萼筒花冠状，4～5裂；花瓣常缺或被鳞片所代替，雄蕊2～10枚。坚果或核果，稀浆果。本科约42属，460种，广泛分布于温带至热带，我国产9属，约90种。

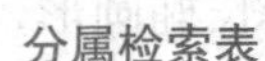

分属检索表

A_1 花柱甚短，柱头大，头状……………………………………………………1 瑞香属 ***Daphne***

A_2 花柱甚长，柱头长而线形……………………………………………2 结香属 ***Edgeworthia***

1．瑞香属 *Daphne* L.

本属约95种，我国35种，主产于西南及西北部。

芫花 *D. genkwa* Sleb.et Zucc.（图6-120）

视频：芫花

形态特征：落叶灌木，高达1 m。枝细长直立，幼时密被淡黄色绢状毛。叶对生，或偶为互生，长椭圆形，长3～4 cm，端尖，基部楔形，全缘，背面脉上有绢扶毛。花先叶开放，花被淡紫色，长1.5～2 cm，端4裂，外面有绢状毛，3～7朵簇生枝侧，无香气。核果肉质，白色。花期在3月，果熟期在5-6月。

图6-120　芫花

1—花枝；2—花；3—子房

分布习性：我国长江流域及山东、河南、陕西等省。常野生于路旁及山坡林间。性喜光，不耐庇荫，耐寒性较强。

园林应用：春天叶前开花，颇似紫丁香，宜植于庭院观赏。

2．结香属 *Edgeworthia* Meisn.

本属共4种，全产于我国。

结香 *E. chrysantha* Lindl.（图6-121）

视频：结香

形态特征：落叶灌木，高1～2 m。枝通常三叉状，棕红色。单叶互生，全缘，常集生于枝端：叶长椭圆形至倒披针形，长6～15 cm，表面疏生柔毛，背面被长硬毛；具短柄。头状花序在枝端腋生，先于

图6-121　结香

叶或与叶同时开放多；花黄色，芳香，花被筒长瓶状，长约 1.5 cm，外被绢状长柔毛，端4裂，开展；雄蕊8枚，2层。核果卵形。花期在3–4月，先叶开放。

分布习性：北自河南、陕西，南至长江流域以南各省区均有分布。性喜半荫，喜温暖湿润气候及肥沃且排水良好的砂质壤土。耐寒性不强，过干和积水处都不相宜。

园林应用：多栽于庭院观赏，水边、石间栽种尤为适宜；北方多盆栽观赏。

小贴士 ◎

结香因其枝条柔软，弯之可打结而不断，常称为打结花。

6.1.5.9 桃金娘科 Myrtaceae

常绿乔木或灌木；具芳香油。单叶，对生或互生，全缘，具透明油腺点，无托叶。花两性、整齐，单生或集生成花序；萼4～5裂，花瓣4～5；雄蕊多数，分离或成簇与花瓣对生。浆果、蒴果，稀核果或坚果；种子多有棱，无胚乳。约100属、3 000余种，主要分布于美洲热带、大洋洲及亚洲热带。我国原产及驯化的有9属、126种、8变种，主要产于广东、广西及云南等靠近热带的地区。

分属检索表

A_1 萼片与花瓣均连合成花盖，开花时横裂脱落……1 桉属 ***Eucalyptus***

A_1 萼片与花瓣分离，不连合成花盖；无花柄，呈穗状花序……2 红千层属 ***Callistemon***

1．桉属 *Eucalyptus* L. Herit

本属约600种，主产于澳大利亚及其附近岛屿，我国引种栽培约100种。

蓝桉（灰杨柳、有加利）***E. globulus* Labill**（图 6–122）

形态特征：常绿乔木；干多扭转，树皮薄片状剥落；嫩枝略有棱。叶蓝绿色，异型；萌芽及幼苗的叶对生，卵状矩圆形，基部心形，无柄，有白粉；大树之叶互生，镰状披针形。花单生叶腋，直径达4 cm，近无柄；花通常单生叶腋；萼管表面有4条凸起棱角和小瘤状凸，被白粉。蒴果倒圆锥形，径2～2.5 cm，有4条棱。花期在4–5月

图 6–122 蓝桉

1.—花枝；2—幼树的对生叶；3、4—花及纵剖面；5—果；6—种子；7—幼苗

及10–11月，果熟期在夏季至冬季。

分布习性：分布在我国广西、云南、四川等地，最北可到成都和汉中。喜光，适应性较强，生长快，但耐湿热性较差。

园林应用：昆明及川西一带栽培较多，常作行道树及造林树种，是“四旁”绿化的良好树种，缺点是树干扭曲不够通直。

2．红千层属 *Callistemon* R. Br.

本属约20种，产于澳大利亚。我国栽培有3种。

红千层（串钱柳）*C. rigidus* R. Br.（图 6–123）

形态特征：常绿灌木，高2～3 m。树皮不易剥落；单叶互生，暗绿色，线形，长5～8 cm，宽3～6 mm，中脉和边脉明显，全缘，两面有小凸点，叶质坚硬。穗状花序紧密，长约10 cm，似瓶刷状；花红色，无梗，花瓣5；雄蕊鲜红色，多数，长约2.5 cm。蒴果直径7 mm，半球形，顶端平。夏季开花。

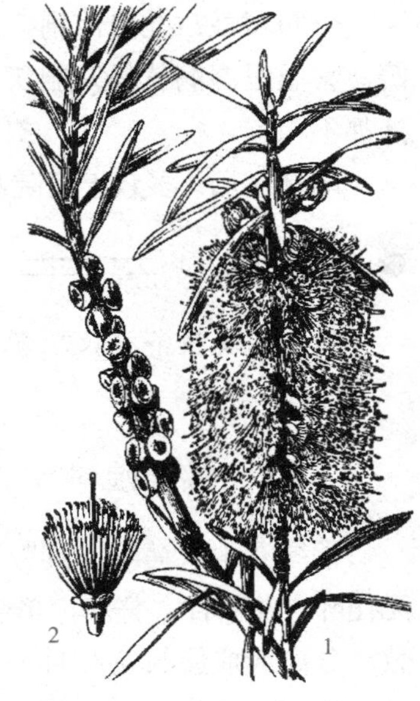

图 6–123　红千层

1—花枝及果枝；2—花

分布习性：原产于澳大利亚，也栽培在我国广东及广西等地。性喜暖热气候，华南、西南可露地过冬，在华北多盆栽观赏。

园林应用：可丛植于庭院或作瓶花供观赏。

6.1.5.10　石榴科 Punicaceae

本科共1属、2种，产于地中海至亚洲西部地区。我国引入栽培的有1种。

在线答题

石榴属 *Punica* Linn.

石榴（安石榴）*P. granatum* Linn.（图 6–124）

形态特征：落叶灌木或乔木，高3～5 m，很少达10 m，枝顶常成尖锐长刺，幼枝具棱角，无毛，老枝近圆柱形。叶倒卵状长椭圆形，纸质，无毛而有光泽，在长枝上对生，短枝上簇生。花大，红色、黄色或白色，1～5朵生枝顶；花萼钟形宿存，紫红色或淡黄色，质厚，外面近顶端有1个黄绿色腺体，边缘有小乳突。浆果近球形，直径5～12 cm，通常为淡黄褐色或淡黄绿色，有时白色，稀暗紫色。种子多数，红色至乳白色，肉质的外种皮供食用。花期在5–6月，果熟期在9–10月。

图 6–124　石榴

品种：①月季石榴‘Nana’：小灌木，叶线形狭小，枝条细密而上升，花果均较小；重瓣或单瓣，花期长，成树全年天天开花，树上常年挂有鲜果，故又名四季石榴，是制作盆景的极佳材料。②白石榴‘Albescens’：花白色，单瓣；

浆果褐黄色至白色泛红。③重瓣白花石榴‘Multiplex’：花白色，重瓣，花期在5–7月。④黄石榴‘Flavescens’：花黄色。此外，还有许多优良可食用品种。

分布习性：原产于巴尔干半岛至伊朗及其邻近地区。喜光，喜温暖气候，有一定的耐寒能力。

园林应用：石榴树姿优美，花果并丽，被人们喻为繁荣、昌盛、团结、吉庆、团圆的佳兆。石榴花大色艳且花期长，正值花少夏季，尤为引人注目，各地公园和风景区常植以美化环境。

视频：石榴

6.1.5.11 八角枫科 Alangiaceae

本科仅有1属。

八角枫属 *Alangium* Lam.

本属30余种，分布于亚洲、大洋洲和非洲。我国有9种，除黑龙江、内蒙古、新疆、宁夏和青海外，分布在其余各省区。

在线答题

八角枫（华瓜木）*A. chinense*（Lour.）Harms（图6–125）

形态特征：落叶乔木或灌木，高3～5 m；小枝略呈“之”字形，幼枝紫绿色。叶纸质，卵形，基部两侧常不对称，不分裂或3～9裂。聚伞花序腋生；总花梗长1～1.5 cm，常分节；花冠圆筒形，花萼顶端分裂为5～8枚齿状萼片；花瓣6～8片，线形，基部粘合，上部开花后反卷；雄蕊和花瓣同数，花盘近球形。核果卵圆形，直径5～8 mm，成熟后黑色。花期在5–7月和9–10月，果期在7–11月。

图6–125 八角枫
1—花枝；2—嫩枝的叶

视频：八角枫

分布习性：我国黄河中上游、长江流域至华南、西南各地；也分布在东南亚及非洲东部各国。阳性植物，稍耐阴，具有一定耐寒性。

园林应用：叶形较美，花期较长，可作为绿化树种。根部发达，适宜于山坡地段造林，对涵养水源，防止水土流失有良好的作用。

6.1.5.12 珙桐科（蓝果树科）Nyssaceae

落叶乔木，稀灌木。单叶互生，无托叶。花序头状、总状或伞形；花单性或杂性，常无花梗或有短花梗。雄花花萼小；花瓣常为5片，稀更多；雄蕊常为花瓣的2倍。雌花花萼的管状部分常与子房合生，上部裂成齿状的裂片5片；花瓣小，有5或10片。果实为核果或翅果，顶端有宿存的花萼和花盘。本科共3属，10余种，分布于亚洲和美洲。我国有3属8种。

在线答题

分属检索表

A_1 花序有白色大形苞片；核果单生……………………………………………………1 珙桐属 ***Davidia***

A_2 花序无叶状苞片；翅果多数聚集成头状果序………………………………………2 喜树属 ***Camptotheca***

1．珙桐属 *Davidia* Baill.

本属仅 1 种，特产于我国西南部。

珙桐（鸽子树）*D. involucrata* Baill.（图 6-126）

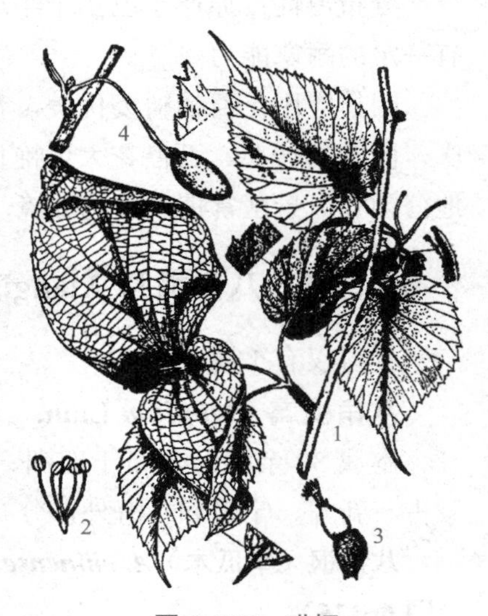

图 6-126　珙桐

1—花枝；2—雄花；3—雌花；4—核果

形态特征：落叶乔木，高达 20 m。树皮深灰褐色，常裂成不规则的薄片而脱落。单叶互生，卵形，基部心脏形，顶端锐尖，边缘有粗尖锯齿，叶背密生绒毛；具长叶柄 4 ～ 5 cm。顶生头状花序球形，花序下面有大形乳白色的总苞，由花瓣状的苞片 2 ～ 3 枚组成，中上部有疏浅齿，常下垂，花后脱落。花瓣退化或无。椭球形核果。花期在 4–5 月，果熟期在 10 月。

变种：光叶珙桐 var. *vilmoriniana*（Dode）Wanger.：本变种叶背面常无毛或幼时叶脉上被很稀疏的短柔毛及粗毛，有时下面被白霜。

分布习性：产于我国湖北西部、湖南西部、四川及贵州和云南两省的北部。喜中性或微酸性腐殖质深厚的土壤，不耐瘠薄，不耐干旱，不耐炎热。

园林应用：宜种植于温暖地带的较高海拔地区的庭院作为庭荫树，或用作山坡绿化、行道树，植于池畔、溪旁及疗养所、宾馆、展览馆附近。

小贴士

珙桐为世界著名的珍贵观赏树。植物学家称它为“植物活化石”和“绿色熊猫”。树形高大端正，白色的苞片远观似鸽子展翅，暗红色的头状花序如鸽子的头部，绿黄色的柱头像鸽子的嘴喙，盛花时犹如满树群鸽栖息，被世界上誉称为“中国鸽子树”，有和平的象征意义。

2．喜树属 *Camptotheca* Decne.

本属仅 1 种，特产于我国。

喜树（旱莲木、千丈树）*C.acuminata* Decne.（图 6-127）

图 6-127　喜树

1—花枝；2—雄蕊花药；3—翅果；4—头状果序

形态特征：落叶乔木，高达 20 m。树皮灰色或浅灰色，纵裂成浅沟状。小枝平展，当年生枝紫绿色，有稀疏皮孔。叶互生，纸质，椭圆形至卵圆形，全缘；羽状脉弧形而下凹，叶柄常带红晕。花杂性同株，头状花序，2 ～ 9 个头状花序组成圆锥花序，雌花顶生，雄花腋生。翅果香蕉形，长 2 ～ 2.5 cm，两侧具窄翅，集生成球形的头状果序。花期在 5–7 月，果期在 9 月。

分布习性：我国特产，分布于长江流域以南地区；陕西关中也有栽培。性喜光，稍耐荫；喜温暖湿润气候，较耐寒。

园林应用：喜树主干通直，树冠开展，生长迅速，可作为庭院树或行道树，是良好的“四旁”绿化树种。

6.1.5.13　山茱萸科 Cornaceae

在线答题

落叶乔木或灌木，稀常绿或草木。单叶对生，稀互生或近于轮生，通常叶脉羽状，稀为掌状叶脉，边缘全缘或有锯齿。花 3 ～ 5 朵；花萼管状与子房合生，先端有齿状裂片 3 ～ 5 片；花瓣 3 ～ 5 片，通常白色，稀黄色、绿色及紫红色；雄蕊与花瓣同数而与之互生，生于花盘的基部。果为核果或浆果状核果；核骨质，稀木质；种子 1 ～ 5 枚。本科 15 属，约 119 种，分布于全球各大洲的热带至温带以及北半球环极地区，东亚的种类最多。我国有 9 属，约 60 种，除新疆外，分布在其余各省区。

分属检索表

A_1 花两性；果为核果。

　B_1 花序下无总苞片；核果通常近圆球形。

　　C_1 叶对生；核果球形或近于卵圆形，稀椭圆形；核的顶端无孔穴……………………1 梾木属 ***Swida***

　　C_2 叶互生；核果球形；核顶端有一个方形孔穴………………………………2 灯台树属 ***Bothrocaryum***

　B_2 花序下有 4 枚总苞片；核果不为球形。

　　C_1 伞形花序上有绿色芽鳞状总苞片；核果长椭圆形…………………………………3 山茱萸属 ***Cornus***

　　C_2 头状花序上有白色花瓣状的总苞片；果实为聚合状核果…………4 四照花属 ***Dendrobenthamia***

A_2 花单性，雌雄异株；果为浆果状核果。

　B_1 叶对生；花 4 朵；子房 1 室……………………………………………………5 桃叶珊瑚属 ***Aucuba***

　B_2 叶互生；花 3 ～ 5 朵；子房 3 ～ 5 室………………………………………………6 青荚叶属 ***Helwingia***

1．梾木属 *Swida* Opiz

落叶乔木或灌木，稀常绿。叶对生，卵圆形或椭圆形，边缘全缘，通常下面有贴生的短柔毛。伞房状或圆锥状聚伞花序，顶生；花小，两性；花萼有齿状裂片 4 片；花瓣 4 片，白色，卵圆形或长圆形，镊合状排列。核果球形或近于卵圆形。本属约 42 种，多分布于两半球的北温带至北亚热带。我国有 25 种（包括 1 种引种栽培）和 20 个变种（原变种也计算在内），全国除新疆外，其余各省区均有分布，且以西南地区的种类为多。

视频：红瑞木

红瑞木（凉子木、红瑞山茱萸）***S. alba* L.**（图 **6-128**）

形态特征：灌木，高达 3 m。树皮紫红色。叶对生，纸质，椭圆形，先端突尖背面灰白色，侧脉 4 ～ 6。伞房状聚伞花序顶生；花小，白色或淡黄白色，花萼裂片 4；花瓣 4，雄蕊 4。核果长圆形，微扁，长约 8 mm，成熟时乳白色或蓝白色。花期在 6–7 月，果期在 8–10 月。

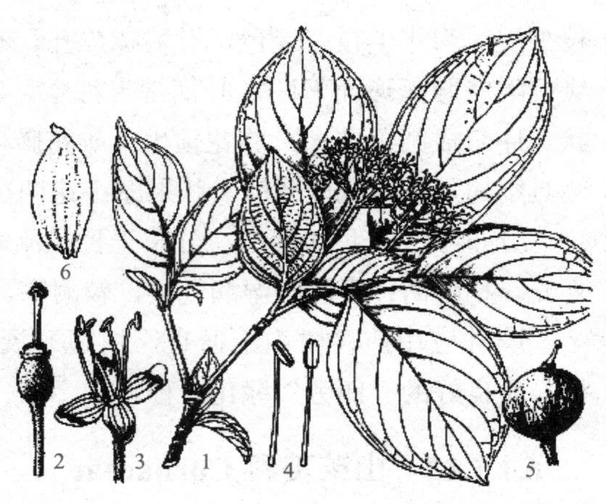

图 6–128　红瑞木

1—花枝；2—花托、花萼及柱头；3—花；4—雄蕊；5—果；6—花瓣

分布习性：产于东北、华北、西北地区；朝鲜、苏联及欧洲其他地区也有分布。喜温暖湿润的生长环境。

园林应用：秋叶鲜红，小果洁白，落叶后枝干红艳如珊瑚，是少有的观茎植物，也是良好的切枝材料；园林中多丛植草坪上或与常绿乔木相间种植，取得红绿相映之效果。

毛梾木（车梁木）*S. walteri*（Wanger.）Sojak

视频：毛梾

形态特征：落叶乔木，高达 12 m，树皮暗灰色，常纵裂成长条。幼枝密被贴生灰白色短柔毛。叶对生，卵形至椭圆形，长 4 ～ 10 cm，叶端渐尖，基部楔形，侧脉 4 ～ 5 对，叶表有贴伏柔毛，叶背毛更密；伞房状聚伞花序顶生，花密，直径 5 ～ 8 cm，花白色，有香味；核果球形，直径 6 ～ 7 mm，成熟时黑色。花期在 5–6 月，果期在 9–10 月。

分布习性：主产于黄河流域，华东、华南也有分布。较喜光，较耐干旱瘠薄，在中性、酸性及微碱性土上均能生长；深根性、萌芽性强，寿命长达 300 年以上。

园林应用：伞房状聚伞花序顶生，花白色，芳香，枝叶繁茂。可作为油料、用材以及园林绿化和水土保持树种。

视频：灯台树

2．灯台树属 *Bothrocaryum*（Koehne）Pojark.

本属有 2 种，分布于东亚及北美亚热带及北温带地区。我国有 1 种。

灯台树（六角树、瑞木）*B. controversum*（Hemsl.）Pojark.（图 6–129）

形态特征：落叶乔木，高 6 ～ 15 m；树皮光滑。叶互生，纸质，阔卵形，全缘，侧脉 6 ～ 9；叶柄紫红绿色；叶常集生枝顶。伞房状聚伞花序，顶生；总花梗淡黄绿色；花小，白色，花瓣 4 片；雄蕊 4 枚，与花瓣互生；核果球形，成熟时紫红色至蓝黑色。花期在 5–6 月，果期在 7–8 月。

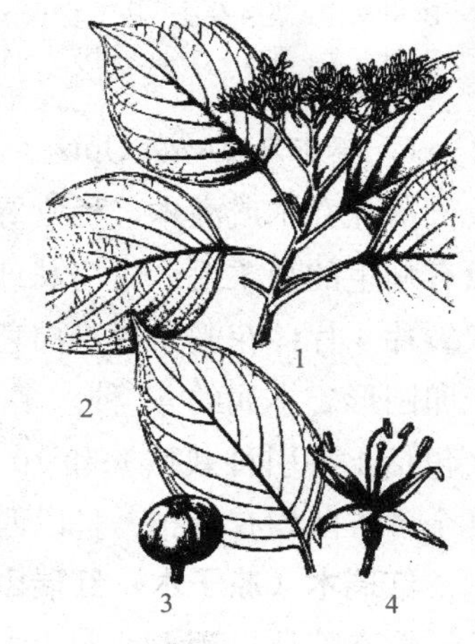

图 6–129　灯台树

1—花枝；2—叶片；3—果实；4—花

变种：斑叶灯台树‘Variegata’：叶具白色或黄白色边及斑。

分布习性：产于我国辽宁、华北、西北至华南、西南地区；也分布在朝鲜、日本、印度北部、尼泊尔、不丹。适应性强，耐寒、耐热，喜温暖半荫环境。

园林应用：树冠形状美观，大侧枝呈层状生长宛若灯台，形成美丽树姿，夏季花序明显，白色素雅，可作行道树种，也是良好的园林绿化彩叶树种。

3．山茱萸属 *Cornus* L.

本属全世界有4种，分布于欧洲中部及南部、亚洲东部及北美东部；我国有2种，其中山茱萸是我国著名的中药材。

山茱萸 *C. officinalis* Sieb. et Zucc.（图 6-130）

图 6-130　山茱萸
1—果枝；2—花枝

形态特征：落叶乔木或灌木，高4～10 m；树皮灰褐色；小枝细圆柱形。叶对生，纸质，卵状披针形或卵状椭圆形，全缘，弧形叶脉6～7对，表面疏生平伏毛，背面被白色平伏毛，脉腋有黄簇毛。伞形花序生于枝侧，有总苞片4片，卵形，厚纸质至革质；花小，两性，先叶开放；花萼花瓣4片，花鲜黄色；核果长椭圆形，红色至紫红色；核骨质，狭椭圆形。花期在3-4月，果期在9-10月。

分布习性：产于我国长江流域及河南、陕西等省，多栽培早各地；也分布在朝鲜、日本。性喜光，抗寒性较强。

园林应用：先花后叶，早春金黄色的小花，入秋亮红色的果实，深秋鲜艳的叶色，均美丽可观。宜在园林中广泛栽植，也可作盆景材料。果实可药用、酿酒。

【知识扩展】

如何区分毛梾木和山茱萸

毛梾木：伞房状聚伞花序无总苞片；核果球形或近于球形；果黑色；叶被短柔毛。

山茱萸：伞形花序或头状花序有芽鳞状或花瓣状的总苞片；核果长椭圆形；果红色；叶片下面脉腋具淡褐色丛毛。

4．四照花属 *Dendrobenthamia* Hutch.

常绿或落叶小乔木或灌木。叶对生，侧脉3～6对；具叶柄。头状花序顶生，有白色花瓣状的总苞片4片，卵形或椭圆形；花小，两性；花萼裂片4片；花瓣4片，分离。果为聚合状核果，球形或扁球形。

本属约 11 种，主产于亚洲东部；我国有 9 种，引入 1 种。

视频：四照花

四照花（石枣、羊梅、山荔枝）*D. japonica*（DC.）Fang（图 6-131）

图 6-131 四照花
1—花果枝；2—果枝

形态特征：落叶小乔木或灌木，高 2 ～ 5 m，小枝灰褐色。叶对生，纸质，卵形或卵状椭圆形，先端急尖为尾状，基部圆形，表面绿色，背面粉绿色，叶脉羽状弧形上弯，侧脉 4 ～ 5 对。头状花序近顶生，具花 20 ～ 30 朵，总苞片 4 片，大形，黄白色，花瓣状，卵形或卵状披针形，长 5 ～ 6 cm；花萼筒状 4 裂，花瓣 4 片，黄色；雄蕊 4；聚花果球形，红色，果径 2 ～ 2.5 cm。花期在 5–6 月，果期在 9–10 月。

分布习性：产于我国长江流域诸省及河南、山西、陕西、甘肃等地。喜温暖气候和阴湿环境，适应性强，能耐一定程度的寒、旱、贫瘠，性喜光，也耐半荫。

园林应用：树形美观、整齐，初夏开花，白色苞片美观而显眼，秋季红果满树，是良好的庭院观花、观果树种。可孤植或列植；也可丛植于草坪、路边、林缘、池畔，与常绿树混植。

视频：大花四照花

美国四照花（大花四照花）*D. florida*（L.）Hutch.

形态特征：小乔木，高达 10 m。叶卵形，长 15 cm，深绿色；秋叶变橘红色、紫色或黄色。头状花序，下具 4 花瓣状总苞，总苞片白色，倒卵形，端凹。果椭球形，长约 1.2 cm，深红色，经冬不凋。花期在 5 月。

品种：红花四照花‘Rubra’：总苞粉红色，观赏性更强。

分布习性：原产于美国东南部；也引种在我国上海、陕西等地。性强健耐寒（–25 ℃）。

园林应用：先花后叶，满树白花或红花，非常醒目，是美丽的观赏树种。

【知识扩展】

如何区分四照花和大花四照花

四照花：苞片先端尖；叶后开花；聚合状核果，像荔枝。

大花四照花：苞片先端凹；先叶开花；聚合状核果分离，深红色；秋色叶美观。

5．桃叶珊瑚属 *Aucuba* Thunb.

本属全世界约11种，分布于中国、不丹、印度、缅甸、越南及日本等国。我国东南至台湾，南至海南，西达西藏南部均有分布。

东瀛珊瑚（青木）*Aucuba Japonica* Thunb.

形态特征：常绿灌木，高达 5 m。小枝绿色，无毛。叶革质，椭圆状卵形至椭圆状披针形，长 8 ～ 20 cm，叶端尖而钝头，叶基阔楔形，叶缘疏生粗齿，叶两面有光泽。花小，紫色；圆锥花序密生刚毛。果鲜红色。花期在 4 月，果期在 12 月。

分布习性：产于浙江南部及台湾，日本南部、朝鲜也有分布。喜温暖湿润环境，耐荫性强，不耐寒，常生于海拔 1 000 m 左右山地。

园林应用：枝繁叶茂，凌冬不凋，叶面散生黄色或淡黄色斑点，浆果红色，是良好的室内观叶、观果植物，也可作树丛林缘下层基调树种。

6. 青荚叶属 *Helwingia* Willd.

灌木，稀小乔木，高 1 ～ 2 m，稀达 8 m。单叶，互生，边缘有腺状锯齿；叶柄圆柱形。花小，3 ～ 4（5）数，绿色或紫绿色，单性，雌雄异株；花萼小，花瓣三角状卵形，镊合状排列；雄花 4 ～ 20 枚，呈伞形或密伞花序，生于叶上面中脉上或幼枝上部及苞叶上；雌花 1 ～ 4 枚，呈伞形花序，着生于叶上面中脉上，稀着生于叶柄上。浆果状核果卵圆形或长圆形，幼时绿色，后为红色，成熟后黑色。本属约 5 种，分布于亚洲东部。我国有 5 种，除新疆、青海、宁夏、内蒙古及东北各省区外，其余各省区均有分布，性喜阴湿。

中华青荚叶（叶上花）*H. chinensis* Batal.（图 6-132）

形态特征：常绿灌木，高 1 ～ 2 m；树皮深灰色或淡灰褐色；幼枝纤细，紫绿色。叶革质或近革质，线状披针形或披针形，先端长渐尖，基部楔形或近于圆形，边缘具稀疏腺状锯齿，叶面深绿色，下面淡绿色，侧脉 6 ～ 8 对；叶柄长 3 ～ 4 cm；托叶纤细。雄花呈伞形花序，生于叶面中脉中部或幼枝上段；雌花 1 ～ 3 枚，生于叶面中脉中部，花梗极短。果实长圆形，成熟后黑色。花期在 4-5 月，果期在 8-10 月。

图 6-132 中华青荚叶

1—雄花枝；2—雄花；3—雌花序及叶片；4—雌花；5—叶片放大

分布习性：产于我国陕西南部、甘肃南部、湖北西部、湖南、四川、云南等地。耐荫、喜湿。

园林应用：其花、果均生在叶面中部，十分别致，可于庭院树荫或林下栽培，也可盆栽。

青荚叶 *H. japonica*（Thunb.）Dietr.

形态特征：落叶灌木，高达 2 m。幼稚绿色，无毛，叶痕显著，叶纸质，卵形、卵圆形、稀椭圆形，先端渐尖，极少数先端为尾状渐尖，叶基部阔楔形或近于圆形，边缘具刺状细锯齿；初夏开花，雌雄异株，花小，黄绿色，生于叶面中央的主脉上。浆果幼时绿色，成熟后黑色。花期在4–5月，果期在8–9月。

分布习性：广泛分布于我国黄河流域以南各省区；也分布在日本、缅甸北部、印度北部。喜阴湿及肥沃的土壤。

园林应用：春季淡绿色小花在叶面上开放，秋季果实如黑色宝石镶嵌在叶面上。花绿白色，花果着生部位奇特，有很高的观赏价值，可室内盆栽或林下栽培观赏。

在线答题

6.1.5.14 卫矛科 Celastraceae

乔木、灌木或藤本。单叶，对生或互生，羽状脉。花单性或两性，花小，多为聚伞花序；萼片4～5片，宿存；花瓣4～5片，分离；雄蕊与花瓣同数互生；有花盘。蒴果、浆果、核果或翅果，种子常具红色或白色假种皮。97属，约1 194种，主要分布于热带或亚热带，少数产温带。我国13属，约190种，长江以南为主产区。

分属检索表

A_1 叶对生，稀轮生兼互生；花4～5数，子房4～5室……………………1 卫矛属 ***Euonymus***

A_2 叶互生；花5数，子房3室……………………2 南蛇藤属 ***Celastrus***

1．*卫矛属 Euonymus* L.

乔木或灌木，稀藤本。小枝绿色，具四棱。叶对生、稀互生或轮生。花两性，聚伞或圆锥花序，腋生；花淡绿色或紫色；4～5基数；雄蕊与花瓣同数互生；子房与花盘结合。蒴果4～5瓣裂，有角棱或翅，假种皮肉质橘红色。

约200种。我国约100种，南北均产。

视频：大叶黄杨

大叶黄杨（卫矛冬青、正木）*E. japonicus* Thunb.（图6–133）

形态特征：常绿灌木或小乔木，高可达8 m。老枝灰褐色，小枝绿色，圆形有4棱。叶厚革质，叶面深绿色，叶背面绿色光滑无毛；叶椭圆形或倒卵形，叶缘具浅细钝锯齿。聚伞花序腋生，花绿白色，花药4数。蒴果近球形，淡粉红色，熟时4瓣裂，种子具橘红色假种皮。花期在5–7月，果期在9–10月。

图6–133 大叶黄杨
1—花枝；2—果枝；3—花

分布习性：原产于日本南部；也栽植在我国南北方各地，以长江流域以南为多。喜光，喜温暖湿润气候，也耐荫。耐寒性不强，不耐积水，耐干瘠。萌芽力极强，耐整形修剪。

园林应用：四季常绿，树形整齐，枝叶密集，一般作绿篱植，也可修剪成球形。园林中多作为绿篱材料和整型植株材料，种植于门旁、草地，或作大型花坛中心。其变种叶色斑斓，可作盆栽观赏。

【知识扩展】

如何区分珊瑚树和大叶黄杨

珊瑚树：忍冬科荚蒾属；小枝非绿色，圆柱形；叶倒卵状长椭圆形，叶缘有不规则浅波状锯齿；白色；5裂，芳香。

大叶黄杨：卫矛科卫矛属；小枝绿色，近四棱形；叶椭圆形或倒卵形，叶缘具浅细钝锯齿；绿白色；花4数，不香；蒴果，成熟时4裂，假种皮橘红色。

扶芳藤（爬行卫矛、爬墙虎）***E. fortunei* (Turcz.) Hand. ～ Mazz.**（图6-134）

图6-134　扶芳藤

1—叶枝；2—果枝；3—花

形态特征：常绿藤本灌木，长达10 m。匍匐或攀缘。小枝上瘤状密布，枝节间气生根发达。叶浓绿革质，原有钝齿，常为卵形或卵圆形，宽窄变异较大。聚伞花序有3～4分枝，花绿白色，4数，萼片半圆形，花瓣近圆形，花药4数，与花瓣交替着生。蒴果近球形，黄红色；种子有橙红色假种皮。花期在4-7月，果期在9-12月。

分布习性：产于我国华北以南地区。性喜温暖、湿润环境，喜阳光，也耐荫。对土壤适应性强，酸碱及中性土壤均能正常生长。

园林应用：四季常青，秋叶经霜变红，扶芳藤攀缘能力强，生长快，在园林绿化上常用于掩盖墙面、山石、石壁、栅栏、树干、石桥、驳岸，或攀缘在花格之上，形成一个垂直的绿色屏障。

胶东卫矛（胶州卫矛、攀缘卫矛）***E. kiautschovicus* Loes.**

形态特征：直立或蔓性半常绿灌木，高3～8 m；小枝绿色圆形，叶薄革质，对生，椭圆形或宽倒卵形，缘有粗锯齿，基部楔形，顶端渐尖；聚伞花序二歧分枝，花淡绿色，4数。蒴果扁球形，粉红色，直径约1 cm，4浅纵裂。花期在8-9月，果期在10月。

分布习性：产于山东、江苏、安徽、江西、湖北等省。性喜温暖、湿润环境，喜阳光，也耐荫，耐寒性较强。对土壤适应性强，酸碱及中性土壤均能正常生长。

园林应用：园林中多作为绿篱和增界树，它不仅适用于庭院、甬道、建筑物周围，还可用于主干道绿带。

丝棉木（白杜、桃叶卫矛、野杜仲、白樟树）***E. maackii* Rupr**（图 6–135）

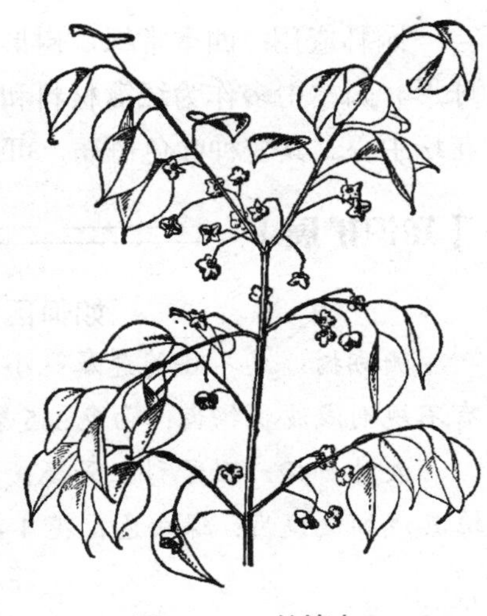

图 6–135　丝棉木

形态特征：落叶小乔木，高达 6 ～ 8 m。树干灰白色，小枝纤细绿色，圆形稍有棱。叶卵圆形、倒卵圆形或圆形，缘有细锯齿，基部阔截形，先端急尖；叶柄细长，常为叶片的 1/4 ～ 1/3，整个叶片常下垂。聚伞花序 3 至多数，花 4 朵，花淡白色或黄绿色；雄蕊花药紫红色。蒴果倒圆心形，4 裂，成熟后果皮粉红色，假种皮橙红色，完全成熟后果皮开裂。花期在 5-6 月，果期在 9-10 月。

分布习性：产于我国北部、中部及东部。喜光，稍耐荫；耐寒，对土壤要求不严，耐干旱，也耐水湿。根系深而发达，能抗风；根蘖萌发力强。

园林应用：枝叶娟秀细致，秋季叶色变红，果实密集，开裂后露出橘红色假种皮，甚为美观。庭院中可配植于屋旁、墙垣、庭石及水池边，也可作绿荫树栽植，厂区防护林栽植。

卫矛（鬼见羽、鬼箭羽、艳龄茶）***E. alatus*（Thunb.）Sieb.**（图 6–136）

图 6–136　卫矛

形态特征：落叶灌木，高达 3 m。枝上具 2 ～ 4 列阔木栓翅，翅宽 1 cm。嫩枝具四棱。叶对生，卵状椭圆形或椭圆圆形，长 2 ～ 8 cm，宽 1 ～ 4 cm。叶柄极短，1 ～ 3 mm。花淡绿色或白绿色，4 数，花瓣圆形。蒴果成熟时红色，1 ～ 4 深裂，种子褐色，有橙红色假种皮全包种子。花期在 5-6 月，果期在 7-10 月。

分布习性：产于我国东北南部、华北、西北至长江流域各地。喜光，也稍耐荫；对气候和土壤适应性强，能耐干旱、瘠薄和寒冷，在中性、酸性及石灰性土均能生长。萌芽力强，耐修剪。

园林应用：秋叶紫红色，鲜艳夺目，落叶后紫果悬垂，开裂后露出橘红色假种皮。卫矛被广泛应用于城市园林、道路、公路绿化的绿篱带、色带拼图和造型。

2．南蛇藤属 *Celastrus* L.

本属 30 余种，分布于热带及亚热带地区。我国约有 24 种、2 变种，除青海、新疆尚未见记载外，分布在各省区，长江以南为最多。

南蛇藤（金银柳、金红树、过山风、落霜红）***C. orbiculatus*** **Thunb.**（图 6-137）

图 6-137 南蛇藤

形态特征：落叶藤本，缠绕茎长达 12 m。小枝灰棕色，光滑无毛，有多数皮孔，皮孔大而隆起，髓心充实白色。叶宽椭圆形、倒卵形或近圆形，长 5 ～ 13 cm，先端圆阔，具有小尖头或短渐尖，叶缘具小锯齿。入秋后叶色会变红色。聚伞花序腋生。雌雄异株。蒴果近球状，种子有红色肉质假种皮。花期在 5-6 月，果期在 9-10 月。

分布习性：我国东北、华北、西北至长江流域；也分布在俄罗斯、朝鲜、日本。一般多野生于山地沟谷及林缘。性喜阳，耐荫，分布广，抗寒，耐旱。

园林应用：秋季树叶经霜变红或黄，且有红色假种皮，景色艳丽宜人。宜作棚架、墙垣、岩壁垂直绿化材料，或植于溪流、池塘岸边颇具野趣。果枝瓶插，可装饰居室。

6.1.5.15 冬青科 Aquifoliaceae

多常绿，木本；单叶，互生，通常有锯齿或刺齿，稀全缘，具柄；托叶小，早落。花小，辐射对称，单性，稀两性，无花盘，雌雄异株或杂性，簇生或聚伞花序叶腋，稀单生；花萼 4 ～ 6 片，覆瓦状排列，常宿存；花瓣 4 ～ 6 片；雄蕊与花瓣同数且互生。浆果状核果。4 属、400 ～ 500 种，分布中心为热带美洲和热带至暖带亚洲。我国产 1 属，约 204 种，分布于秦岭南坡、长江流域及其以南地区，且以西南地区最盛。

冬青属 ***Ilex*** **L.**

乔木或灌木，常绿，稀落叶；单叶互生，稀对生；叶片革质、纸质或膜质，具锯齿或刺状齿，稀全缘。托叶小，胼胝质，通常宿存。花小，白色、粉红色或红色，辐射对称，雌雄异株。萼片、花瓣、雄蕊常为 4 ～ 8 枚，花瓣分离或基部合生。浆果状核果，通常球形，成熟时红色，稀黑色，外果皮膜质或坚纸质，中果皮肉质或明显革质，内果皮木质或石质，萼宿存。400 余种，分布于热带、亚热带至温带地区，主产于中南美洲和亚洲热带。我国产 118 种，分布于秦岭南坡、长江流域及其以南广大地区，且以西南和华南地区最多。

视频：枸骨

枸骨（猫儿刺、老虎刺、八角刺，鸟不宿）***I. cornuta*** **Lindl.**（图 6-138）

形态特征：常绿灌木或小乔木，树冠阔圆形，树皮灰白色，平滑。叶片厚硬革质，二型，四角状长圆形或卵形，顶端扩大且有 3 枚尖硬刺齿，中央刺齿常反曲，基部圆形或近截形，两侧各具 1 ～ 2 刺齿。聚伞花序，黄绿色，簇生于二年生枝的叶腋内。核果球形，成熟时鲜红色。花期在 4–5 月，果期在 10–12 月。

品种：有无刺枸骨‘Natioanal’、黄果‘Luteocarpa’等。

分布习性：产于我国长江中下游各省。朝鲜也有分布。喜阳光，也能耐阴；耐旱、较耐寒；喜肥沃的酸性土壤，不耐盐碱；适应城市环境，生长缓慢，萌芽力强，耐修剪。

园林应用：枸骨枝叶稠密，叶形奇特，深绿光亮，红果累累，是良好的观叶、观果树种。宜作基础种植及岩石园材料，也可作绿篱，兼有果篱、刺篱的效果。

图 6–138　枸骨

1—花枝；2—果枝；
3，4，5—花及花展开；6—花萼

【知识扩展】

如何区分枸骨和阔叶十大功劳

枸骨：冬青科枸骨属，单叶互生，花簇生叶腋，浆果状核果，成熟红色。

阔叶十大功劳：小檗科十大功劳属，羽状复叶互生，总状花序顶生，浆果蓝黑色，外被白粉。

冬青 ***I. chinensis*** **Sims（图 6–139）**

形态特征：常绿乔木，高达 15 m；树冠卵圆形；树皮灰黑色，当年生小枝浅灰色，具细棱；多年生枝具不明显的小皮孔，叶痕新月形，凸起。树叶密生。叶薄革质，椭圆形或披针形，先端渐尖，基部楔形或钝，边缘具圆齿，叶面绿色，有光泽，干时深褐色，背面淡绿色，主脉在叶面平，背面隆起，侧脉 6 ～ 9 对；叶柄常为淡紫红色。聚伞花序生于当年嫩枝叶腋；花淡紫色或紫红色，有香气；核果椭圆形，成熟时红色。花期在 4–6 月，果期在 7–12 月。

图 6–139　冬青

1—果枝；2—雌花枝；
3—雄花；4—果；5—分核

分布习性：分布于热带、亚热带至温带地区，主产于中南美洲和亚洲热带。喜光，略耐荫，喜温暖湿润气候和排水良好的酸性土壤。不耐寒，较耐湿，耐修剪。

园林应用：冬青四季常青，春开淡紫色小花，秋冬红果不落，是公园篱笆绿化首选苗木。可应用于公园、庭院、绿墙造景，孤植、列植，群植均可；也可做高速公路中央隔离带。

图 6-140 大叶冬青
1—花枝；2—果枝

大叶冬青（大苦酊、宽叶冬青、波罗树、苦丁茶）***I. latifolia*** **Thunb**（图 6-140）

形态特征：常绿大乔木，高达 20 m；树皮灰黑色，浅裂；分枝粗壮。叶片厚革质，长圆形或卵状长圆形，先端钝或短渐尖，基部圆形或阔楔形，边缘具疏锯齿，齿尖黑色，叶面深绿色，具光泽，背面淡绿色，中脉在叶面凹陷，在背面隆起；叶柄粗壮。聚伞花序呈圆锥状，簇生 2 年生枝的叶腋，无总梗；花淡黄绿色，4 基数。果球形，成熟时红色。花期在 4 月，果期在 9–10 月。

分布习性：产于我国长江流域至华南、云南以南，也有少量栽培在陕西关中。喜光耐荫，喜温暖湿润气候，较耐寒，不耐积水。

园林应用：春季花为黄色，秋季果实由黄色变为橙红色，挂果期长，十分美观，具有很高的观赏价值。

6.1.5.16 黄杨科 Buxaceae

常绿木本；单叶无托叶；花单性，整齐，萼片 4 ～ 12 片或无，无花瓣，雄蕊 4 或更多；子房上位，常有 3 室，每室 1 ～ 2 胚珠；蒴果或核果；种子具胚乳。本科共 4 属，约 100 种，产于温带和热带地区；我国产 3 属，约 27 种，分布于西南、西北、华中、东南部至台湾地区。

分属检索表

A_1 叶对生；雌花单生于花序顶端；蒴果……………………………………1 黄杨属 ***Buxus***

A_2 叶互生；雌花生于花序基部；核果状蒴果……………………………2 富贵草属 ***Pachysandra***

1．*黄杨属 Buxus* Linn.

常绿灌木或小乔木，多分枝。单叶对生，羽状脉，全缘，革质，有光泽。花单性同株，无花瓣，簇生叶腋或枝端，通常花簇中顶生 1 雌花，其余为雄花；雄花萼片 4 片，雄蕊 4 枚。雌花萼片 4 ～ 6 片。蒴果，花柱宿存，室背开裂成 3 瓣，每室含 2 黑色光亮种子。本属 70 余种，分布于亚洲、欧洲、热带非洲及古巴、牙买加等地。我国约有 17 种及多个亚种和变种，主要分布于西南和西部，少数可至黄河流域。

黄杨（万年青、瓜子黄杨）***B. sinica***（**Rehd. et Wils.**）**Cheng.**（**图 6-141**）

形态特征：常绿灌木或小乔木，高达 1～6 m；树皮黄褐色，鳞片状浅纵裂；小枝绿色，四棱形，幼时被疏毛。叶对生，革质，倒卵形、倒卵状椭圆形至广卵形，先端圆或微凹，基部楔形或急尖，侧脉明显；叶柄及叶背中脉基部有毛。花黄绿色，密集头状花序，簇生花序无花瓣；雄花约 10 朵，无花梗；子房较花柱长。蒴果近球形，熟时黄褐色或紫褐色，具 3 室，开裂，花柱宿存；种子亮黑色。花期在 3 月，果熟期在 5-6 月。

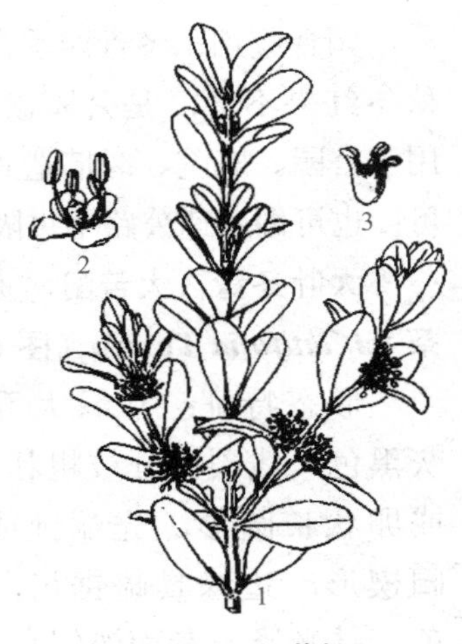

图 6-141　黄杨

1—枝叶；2—雄蕊；3—雌蕊

变种：①小叶黄杨 var.*parvifolia*M.Cheng.：又名珍珠黄杨。叶薄革质，阔椭圆形或阔卵形，叶面深绿光亮，入秋渐变红色，侧脉明显凸出。蒴果无毛。产于安徽黄山、浙江龙塘山、江西庐山和湖北神农架及兴山，是我国北方地区少有的常绿阔叶树种之一。②金叶黄杨‘Aurea-variegata’：枝条顶端叶浅黄色或微黄色。

分布习性：产于我国秦岭以南长江流域中下游各地，常于林下或半荫处自成小群落。喜温暖湿润气候，耐寒性不如锦熟黄杨。喜半荫。生长缓慢，萌芽力强，耐修剪。

园林应用：黄杨叶小如豆瓣，四季常绿。在草坪、庭院孤植、丛植或于花坛边缘、路旁列植、点缀山石都很合适。因生长缓慢、耐修剪，用作绿篱及基础种植材料。

雀舌黄杨（细叶黄杨）***B. bodinieri*** **Lévl.**（**图 6-142**）

形态特征：常绿丛生小灌木，树高 3～4 m。分枝多而密集，小枝四棱形，被短柔毛，后无毛。叶薄革质，较狭长，倒披针形或倒卵形，先端钝圆或微凹，有光泽，两面中肋及侧脉均明显隆起；叶柄极短。密集头状花序腋生，雄花：约 10 朵；雌花：子房长 2 mm，花柱略扁。蒴果卵形，顶端具 3 直立宿存花柱，熟时紫黄色。花期在 2 月，果熟期在 5-8 月。

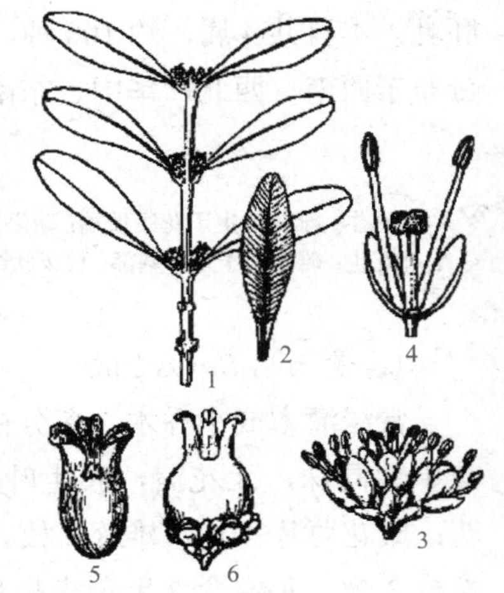

图 6-142　雀舌黄杨

1—花枝；2—叶；3—花序；4—雄蕊；5—雌蕊；6—果实

分布习性：产于我国长江流域至华南、西南地区。亚热带树种。喜温暖湿润气候；性喜阳光充足，耐干旱和半荫。生长速度极慢，萌蘖力强，耐修剪，浅根性，抗污染。

园林应用：本种植株低矮，枝叶茂密，且

耐修剪，是优良的矮绿篱材料，最适宜布置模纹图案及镶嵌花坛边缘。

【知识扩展】

如何区分小叶女贞和雀舌黄杨

小叶女贞：木犀科；小枝圆柱形，圆锥花序、顶生、花白色，4个裂片；核果。

雀舌黄杨：黄杨科；小枝方形，头状花序、腋生、无花瓣；蒴果。

2. 富贵草属（顶花板凳果）*Pachysandra* Michx.

富贵草 *P. terminalis* Sieb. et Zucc.

形态特征：常绿亚灌木，茎匍匐，高约 25 cm。叶互生，聚生枝端，倒卵形至菱状卵形，2.5 ~ 9cm，先端钝，基部楔形，上部边缘有粗齿，薄革质，有光泽。花单性，萼片白色，无花瓣，雄蕊 4 枚；顶生穗状花序，雄花在上部，雌花在下部。核果状蒴果，具 3 尖角。

银边富贵草 Variegata

形态特征：叶边缘白色。

分布习性：产于中国及日本，我国分布于长江流域及陕西、甘肃山区。耐荫、耐寒，易成活，粗放管理，是良好的耐荫地被植物。

园林应用：四季常绿，耐荫，常配植于遮荫较多的树下、假山边、游园小径旁、楼房拐角处等，或作为观赏地被植物成片栽植。

6.1.5.17 大戟科 Euphorbiaceae

木本或草本，常有乳汁。叶互生，叶柄顶端或叶片基部常有腺点，托叶着生于叶柄的基部两侧，早落或宿存，稀托叶鞘状。花单性，雌雄同株或异株；呈伞状、聚伞、总状或圆锥花序；萼片 3 ～ 5 裂；花瓣存在或退化为腺体。蒴果，浆果状或核果状。约 300 属、5 000 种，广泛分布于全球，主要分布在热带及亚热带。在我国，主产于西南至台湾地区。

分属检索表

A_1 子房每室具胚珠 2 个……………………1 重阳木属 ***Bischofia***

A_2 子房每室具胚珠 1 个

　B_1 植物体无乳汁；单叶，花无花瓣；花粉粒双核……………………2 山麻杆属 ***Alchornea***

　B_2 植物体有乳汁；单叶全缘或掌状分裂，或复叶；多有花瓣；花粉粒双核或 3 核。

　　C_1 二歧圆锥花序或穗状花序；苞片基部常无腺体；常有花瓣……………………3 油桐属 ***Vernicia***

　　C_2 穗状花序，稀总状花序；苞片基部长具 2 个腺体；无花瓣；花盘中间无退化雄蕊。

　　　D_1 雄花萼片 2 ～ 5 片，雄蕊 2 ～ 3 枚……………………4 乌桕属 ***Sapium***

　　　D_2 雄花无花萼，雄蕊 1……………………5 大戟属 ***Euphorbia***

1. 重阳木属 *Bischofia* Bl.

大乔木，有乳管组织，汁液呈红色或淡红色。3 小叶复叶，稀 5 小叶，互生，小叶有锯齿；托叶小，早落。花小，单性异株，成腋生圆锥花序或总状花序，下垂；无花瓣及花盘；花萼5片，离生；雄花：萼片镊合状排列，雄蕊5枚，与萼片对生，退化雌蕊短而宽；雌花，萼片覆瓦状排列，形状、大小与雄花同；子房上位，3～4室，每室2个胚珠。浆果球形。本属共2种，产于亚洲及大洋洲的热带及亚热带。2种均产于我国。

重阳木（茄冬树）***B. polycarpa*（Lévl.）Airy-Shaw.**（图6-143）

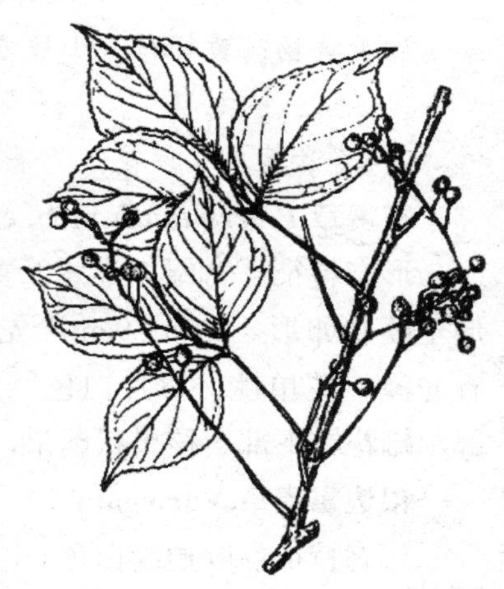

图6-143 重阳木

形态特征：落叶乔木，高达15 m。树皮褐色，纵裂，具皮孔。掌状三出复叶，总叶柄较长，小叶卵形至椭圆状卵形，长6～14 cm，叶缘有细钝齿；新叶鲜绿色，秋叶红色似枫。雌雄异株，圆锥花序腋生，春季花叶同放。浆果球形，直径5～7 mm，熟时红褐色。花期在4–5月，果期在10–11月。

分布习性：产于我国秦岭、淮河流域以南至两广北部。亚热带阳性树种。喜光，稍耐荫；喜温暖、湿润气候，较耐寒；对土壤要求不严，耐水湿。

园林应用：本种树姿优美，早春嫩叶鲜嫩光亮，入秋叶色转红，颇为美观，宜作庭荫树及行道树。

秋枫（万年青树、赤木）***B. javanica* Bl.**（图6-144）

图6-144 秋枫

1—果枝；2—雄花蕊；3—雄花

形态特征：常绿或半常绿乔木，高达40 m。树干通直，分枝低；树皮薄鳞片状脱落。三出复叶，稀5小叶，总叶柄长8～20 cm；小叶片卵形或长椭圆形，长7～15 cm，缘具粗锯齿。花小，雌雄异株，多朵组成圆锥花序腋生；雄花序长8～13 cm；雌花序长15～27 cm。果实浆果状，球形，径6～13 mm，熟时蓝黑色。花期在4–5月，果期在8–10月。

分布习性：产于我国秦岭、淮河流域以南各省；越南、印度、印度尼西亚、澳大利亚等地也有分布。喜阳，稍耐荫，喜温暖而耐寒力较差，对土壤要求不严，能耐水湿，根系发达，抗风力强，在湿润肥沃土壤上生长快速。

园林应用：树叶繁茂，树冠圆盖形，树姿壮观。宜作庭院树和行道树，也可在草坪、湖畔、溪边、堤岸栽植。

2．山麻杆属 *Alchornea* Sw.

本属共70种，分布于热带地区。我国有7种、2变种，广泛分布于秦岭以南各省区。

山麻杆 *A. davidii* Franch.（图6-145）

形态特征：落叶丛生小灌木，高1～5 m。幼枝密被灰白色短绒毛，茎皮常呈紫红色，全体具白色乳汁。单叶互生，叶广卵形或圆形，长8～15 cm，基部心形，叶缘有齿牙状锯齿，齿端具腺体；叶片幼时红色或紫红色，成熟叶下面紫绿色；基出脉3，叶柄有2个以上斑状腺体；基出脉3条。花小，单生，雌雄异株，雄花腋生；雌花序总状，顶生。蒴果近球形，密生短柔毛。花期在3-5月，果期在6-7月。

图6-145 山麻杆

1—雄花枝；2—果枝；3—花；4—果实

分布习性：主产于我国长江流域。喜光照，稍耐荫，喜温暖湿润的气候环境。对土壤要求不严，不抗旱，在深厚肥沃的砂质壤土生长最佳。萌蘖性强。

园林应用：丛植于常绿树种前或草坪边缘，也可在庭院、路边、水滨、山石旁与黄色、白色等早春花灌木配植一处，相互映衬。但因性畏寒冷，在北方地区宜选向阳温暖之地栽植。

小贴士

茎干丛生，茎皮紫红色，望之如麻，故名“山麻杆”。早春嫩叶浓染胭红，鲜艳如花，可持续20～30天，是一种优良的春色叶和秋冬观干树种。

3．油桐属 *Vernicia* Lour.

本属共3种，分布于热带亚洲及太平洋各岛。我国有3种，分布于秦岭以南各省区，为重要油料树种。

油桐（三年桐、桐油树、光桐）*V. fordii* Hemsl.（图6-146）

形态特征：落叶乔木，高达10 m。树皮灰色，近光滑；枝条粗壮，具明显皮孔。单叶互生，卵圆形，长8～18 cm，全缘，稀1～3浅裂；掌状脉5～7条，叶柄与叶片近等长，顶端有2枚扁平、无柄腺体。花雌雄同株，先叶或与叶同开，花萼外密被棕褐色微柔毛；花瓣白色，有淡红色脉纹；雄花，

图6-146 油桐

1—花枝；2—叶；3—雄花部分；4—去花瓣之雌花；5—果；6—种子

雄蕊 8 ～ 12，2 轮排列；雌花，子房密被柔毛。核果近球形，直径 4 ～ 8 cm，果皮光滑；种子 3 ～ 5 个，种皮木质。花期在 3–4 月，果期在 8–9 月。

分布习性：产于我国秦岭、淮河流域以南，以四川、湖南、湖北、贵州毗连地区栽培最为集中。喜光，喜温暖气候，在向阳、背风缓坡地带，不耐水湿及贫瘠。

● 小贴士 ◎

油桐因树似梧桐、种子可榨油而得名。

园林应用：树冠圆整，叶大荫浓，花大而美丽，盛开时满树似降雪覆被，是园林结合生产的树种之一，可植为庭荫树、行道树和风景区经济林。

4．乌桕属 *Sapium* P.Br.

本属约 120 种，主要分布于全球热带地区，尤以南美洲为甚最多。我国有 9 种，产于西南部、南部和东部丘陵地区。

乌桕（乌果树）*S. sebiferum*（L.）Roxb.（图 6–147）

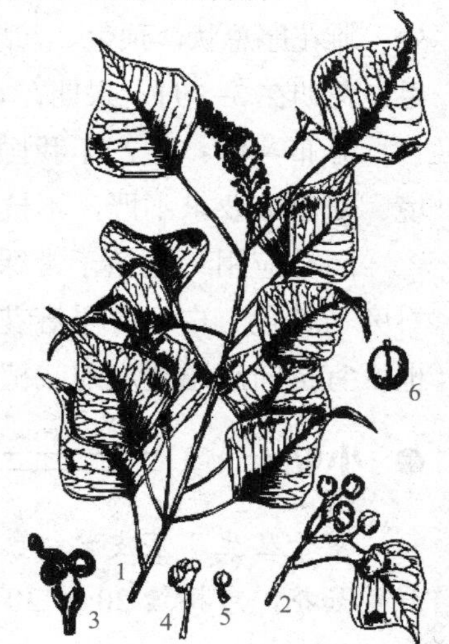

图 6–147 乌桕

1—花枝；2—果枝；3—雌花；4—雄蕊；5—种子腹面

形态特征：落叶乔木，高 18 m。树皮暗灰色，有纵裂纹，全体具乳汁；单叶互生，纸质，菱状广卵形，长 3 ～ 8 cm，先端尾状，全缘，两面均光滑无毛；叶柄顶端具 2 腺体，叶柄长 2.5 ～ 6 cm。花顶生，雌雄同株而异序，组成复总状花序顶生。蒴果梨状球形，直径 1 ～ 1.5 cm，木质，成熟时黑色；种子黑色，外被白色蜡质假种皮，固着于中轴上，经冬不落。花期在 6–7 月，果熟期在 11 月。

视频：乌桕

分布习性：原产于我国，在各地分布甚广；也分布在日本、印度及欧洲、美洲、非洲。亚热带阳性树种。喜光，性喜温暖气候，畏寒冷，能耐短时低温（–10 ℃）。

● 小贴士 ◎

“乌桕赤于枫，较枫树更耐久，茂林中有一株两株，不减石径寒山也”（《长物志》），庐山秋色红叶多以乌桕为主。冬日白色的乌桕子挂满枝头，宛若白雪，经久不凋，则有“喜看桕树梢头白，疑似白梅小着花”的意境。

园林应用：可栽作庭荫树及行道树，若与亭廊、花墙、山石等相配或与常绿树种混植于坡谷、草坪中央或边缘，霜叶荡谷、红绿相间；植于河边、池畔可以护堤。

5．大戟属 *Euphorbia* Linn.

本属约 2 000 种，非洲和中南美洲较多。产于亚热带和温带地区。我国约 66 种，广泛分布于全国各地。

一品红（圣诞红、老来娇）*E. pulcherrima* willd. ex Klotzsch（图 6-148）

图 6-148 一品红

1—花枝；2—花序

形态特征：落叶灌木，高 1 ～ 3 m。叶互生，卵状椭圆形至披针形，长 7 ～ 15 cm；生于下部的叶全为绿色，全缘或浅波状或浅裂，下面被柔毛；生于上部的叶较狭，通常全缘，开花时朱红色。杯状花序多数，顶生于枝端；总苞坛形，边缘齿状分裂，有 1 ～ 2 个大而黄的腺体；腺体杯状。子房 3 室；花柱 3 个。花果期在 10 月至翌年 4 月。

品种：①一品白‘Alba’：苞片乳白色。②一品粉‘Rosea’：苞片粉红色。③一品黄‘Lutea’：苞片淡黄色。④深红一品红‘AnnetteHegg’：苞片深红色。⑤重瓣一品红‘Plenissima’：叶灰绿色，苞片红色、重瓣。

分布习性：原产于墨西哥一带。也栽培在我国两广和云南地区，还栽培在我国南北方地区的温室中。喜充足阳光、耐寒性较弱，喜湿润气候。对土壤要求不严。

园林应用：美化庭院，也可作切花。盆栽布置会议等公共场所。

6.1.5.18 鼠李科 Rhamnaceae

灌木、藤状灌木或乔木，稀草本，通常具刺或托叶刺。单叶互生或近对生，有托叶。花小，整齐，两性或单性，稀杂性，雌雄异株，常排成聚伞、圆锥花序或簇生；淡黄绿色花萼 4 ～ 5 裂，镊合状排列，内面中肋中部有时具喙状突起；花瓣通常 4 ～ 5 基数，基部常具爪，或有时无花瓣；雄蕊与花瓣对生，为花瓣抱持。核果、蒴果或翅状坚果。约 58 属、900 种以上，广泛分布于温带至热带地区。我国产 14 属、133 种、32 变种和 1 变型，分布在全国各省区，以西南和华南的种类最为丰富。

分属检索表

A_1 浆果状核果，具软的或革质的外果皮，无翅，内果皮薄革质或纸质，具 2 ～ 4 分核。

　B_1 花序轴在结果时膨大成肉质并扭曲；叶具基生三出脉……………………………1 枳椇属 ***Hovenia***

　B_2 花序轴在结果时不膨大成肉质和扭曲，叶具羽状脉……………………………2 鼠李属 ***Rhamnu***

A_2 核果，无翅或有翅；内果皮坚硬，厚骨质或木质，1 ～ 3 室，无分核；种皮膜质或纸质。

　B_1 果实周围具平展的杯状或草帽状的翅……………………3 铜钱树属（马甲子属）***Paliurus***

　B_2 果实无翅，为肉质核果……………………………………………………4 枣属 ***Ziziphus***

1．枳椇属 *Hovenia* Thunb.

本属有 3 种、2 变种。我国均产。

枳椇（鸡爪梨、拐枣）*H. acerba* Lindl.（图 6-149）

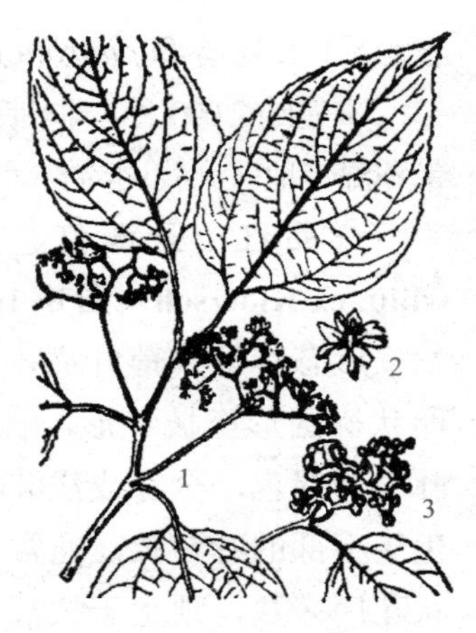

图 6-149 枳椇
1—花枝；2—花；3—果枝

形态特征：高大乔木，高 10 ～ 25 m。小枝褐色或黑紫色，有明显的白色皮孔。叶互生，厚纸质，宽卵形或心形，顶端长渐尖或短渐尖，边缘常具整齐浅而钝的细锯齿，上部或近顶端的叶有不明显的齿，稀近全缘，基部三出脉；叶柄长 2 ～ 5 cm，无毛。二歧式聚伞圆锥花序，顶生和腋生，被棕色短柔毛；花两性；萼片无毛；花瓣具短爪。浆果状核果近球形，直径 5 ～ 6.5 mm，成熟时黄褐色；果序轴明显膨大肉质和扭曲。花期在 5-7 月，果期在 8-10 月。

分布习性：产于我国陕西和甘肃南部经长江流域至西南、华南各地。喜温暖湿润气候，不耐干燥，较耐寒；对土壤要求不严，适应性较强。深根性，萌芽力强。

园林应用：枳椇树干挺直，花黄绿色，果梗肥厚扭曲，生长快，适应性强，是良好的园林绿化和观赏树种，用作庭荫树、行道树和草坪点缀、农村“四旁”绿化树种较为适宜。

2．鼠李属 *Rhamnu* L.

木本，小枝顶端常变成针刺。单叶，具羽状脉，边缘有锯齿，稀全缘；托叶小，早落。花小，两性，或单性、雌雄异株，数个簇生或排成腋生聚伞花序、聚伞总状或聚伞圆锥花序，黄绿色；花萼、花瓣、雄蕊各 4 ～ 5 格，花瓣基部具短爪，顶端常 2 浅裂，有时无花瓣。浆果状核果，具 2 ～ 4 分核，各有 1 个种子，种子背面或背侧具纵沟。本属约 200 种，分布于温带至热带，主要集中于亚洲东部和北美洲的西南部，少数也分布于欧洲和非洲。我国有 57 种、14 变种，分布于全国各省区，其中以西南和华南种类最多。

小叶鼠李（琉璃枝、麻绿、叫驴子）*R. parvifolia* Bunge.（图 6-150）

形态特征：灌木，高 1.5 ～ 2 m；小枝初时被短柔毛，后变无毛，平滑；无顶芽，枝端及分叉处有针刺；芽鳞片黄褐色。叶纸质，对生或近对生，或在短枝上簇生，菱状倒卵形或菱状椭圆形，边缘具圆齿状细锯齿，上面无毛或被疏短柔毛，叶背干时灰白色，无毛或脉腋窝孔内有疏微毛，侧脉每边 2 ～ 4 条，两面凸起，网脉不明显；叶柄上面沟内有细柔毛。花单性，雌雄异株，4 基数，有花瓣。核果倒卵状球形，成熟时黑色。花期在 4-5 月，果期在 6-9 月。

图 6-150 小叶鼠李

分布习性：产于东北、华北及陕西；也分布在蒙古、朝鲜、俄罗斯（西伯利亚）地区。性喜光，耐旱、耐荫、耐寒，萌芽力强，耐修剪。适应性强。

园林应用：可作造林和固土护坡等防护性绿化树种；也可作盆景。

冻绿（红冻、油葫芦子、狗李）*R. utilis* Decne.（图 6-151）

形态特征：灌木或小乔木，高达 4 m；枝端常具针刺。叶纸质，对生或近对生，或在短枝上簇生，椭圆形、矩圆形或倒卵状椭圆形，边缘具细锯齿或圆齿状锯齿，上面无毛或仅中脉具疏柔毛，叶背干后常变黄色，沿脉或脉腋有金黄色柔毛，侧脉每边通常 5～6 条，两面均凸起，具明显的网脉；托叶披针形，宿存。花单性，雌雄异株，4 基数，具花瓣。核果圆球形或近球形，成熟时黑色。花期在 4-6 月，果期在 5-8 月。

图 6-151　冻绿
1—花枝；2—花；3—果实

分布习性：分布于我国淮河流域、陕西、甘肃至长江流域和西南地区。稍耐荫，适应性强，耐寒，耐干旱、瘠薄。

园林应用：可提取绿色染料；也可栽作庭院观赏。

3．铜钱树属（马甲子属）*Paliurus* Tourn ex Mill.

本属共 6 种，分布于欧洲南部和亚洲东部及南部。我国有 5 种、1 栽培种，分布于西南、中南、华东等地区。

铜钱树（鸟不宿、钱串树）*P. hemsleyanus* Rehd.

形态特征：落叶乔木，稀灌木，高达 13 m；小枝黑褐色或紫褐色，无毛。叶互生，纸质或厚纸质，宽椭圆形，卵状椭圆形或近圆形，顶端长渐尖或渐尖，基部偏斜，边缘具圆锯齿或钝细锯齿，两面无毛，基生三出脉；叶柄近无毛或仅上面被疏短柔毛；无托叶刺，但幼树叶柄基部有 2 个斜向直立的针刺。聚伞花序或聚伞圆锥花序，顶生或兼有腋生；有花萼；雄蕊长于花瓣；花盘五边形，5 浅裂。核果草帽状，周围具革质宽翅，无毛，红褐色或紫红色。花期在 4-6 月，果期在 7-9 月。

分布习性：产于甘肃、陕西、河南、长江流域至华南。喜光，少耐荫；喜温暖气候及肥沃、湿润且排水良好的微酸性土壤，耐寒性不强；颇能适应城市环境，萌蘖力强，耐修剪。

园林应用：铜钱树果翅奇特，观赏价值高，可作庭院观赏或绿篱。在园林中丛植、对植、孤植均可，亦可作生物墙，起生物刺篱的作用。

4．枣属 *Ziziphus* Mill.

本属约 100 种，主要分布于亚洲和美洲的热带和亚热带地区，少数分布在非洲和两半球温带。我国有 12 种、3 变种，除枣和无刺枣在全国各地栽培外，主产于西南和华南地区。

枣（枣树、枣子）***Z. jujuba*** **Mill.**（图 6-152）

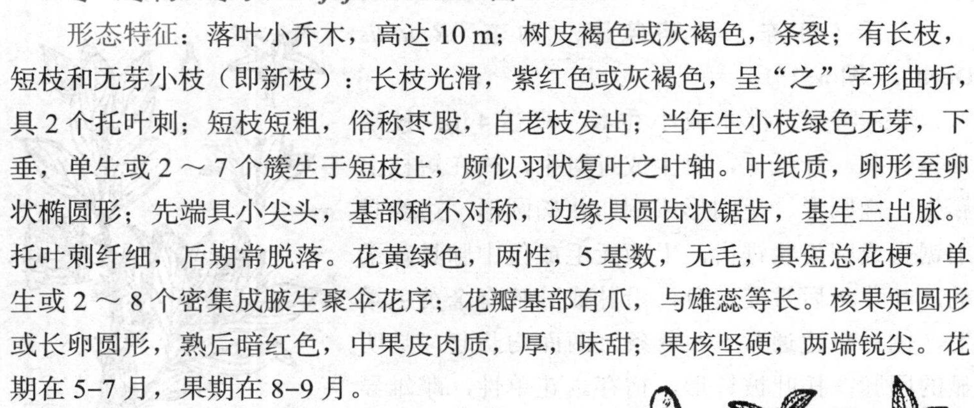

形态特征：落叶小乔木，高达 10 m；树皮褐色或灰褐色，条裂；有长枝，短枝和无芽小枝（即新枝）：长枝光滑，紫红色或灰褐色，呈“之”字形曲折，具 2 个托叶刺；短枝短粗，俗称枣股，自老枝发出；当年生小枝绿色无芽，下垂，单生或 2 ～ 7 个簇生于短枝上，颇似羽状复叶之叶轴。叶纸质，卵形至卵状椭圆形；先端具小尖头，基部稍不对称，边缘具圆齿状锯齿，基生三出脉。托叶刺纤细，后期常脱落。花黄绿色，两性，5 基数，无毛，具短总花梗，单生或 2 ～ 8 个密集成腋生聚伞花序；花瓣基部有爪，与雄蕊等长。核果矩圆形或长卵圆形，熟后暗红色，中果皮肉质，厚，味甜；果核坚硬，两端锐尖。花期在 5–7 月，果期在 8–9 月。

变种、品种：①酸枣 var. *spinosa* Hu：又名棘，常为灌木状；托叶刺明显，一长一短，长者直伸，短者向后钩曲。叶较小，核果小，近球形，直径 0.7 ～ 1.2 cm，具薄的中果皮，味酸，核两端钝。花期在 6–7 月，果期在 8–9 月。②龙枣‘Tortuosa’：栽培变种，又名龙爪枣。小枝常扭曲上伸，无刺；果柄长，核果较小，直径 5 mm，与原变种不同。

图 6-152　枣

1—枝；2—花；3—果；4—核

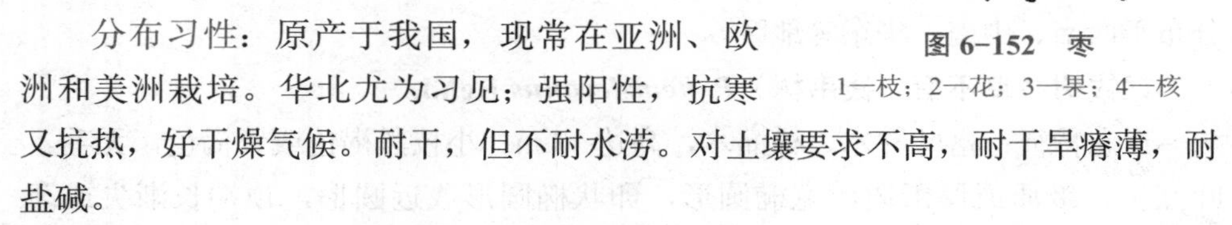

分布习性：原产于我国，现常在亚洲、欧洲和美洲栽培。华北尤为习见；强阳性，抗寒又抗热，好干燥气候。耐干，但不耐水涝。对土壤要求不高，耐干旱瘠薄，耐盐碱。

园林应用：枣树既是果树、蜜源植物，又是极好的绿化树种。自古作庭荫树和行道树。可种植于水旁、屋隅，或成片栽植，是观赏与果用兼备的庭荫树。其老根古干可作树桩盆景。

6.1.5.19　葡萄科 Vitaceae

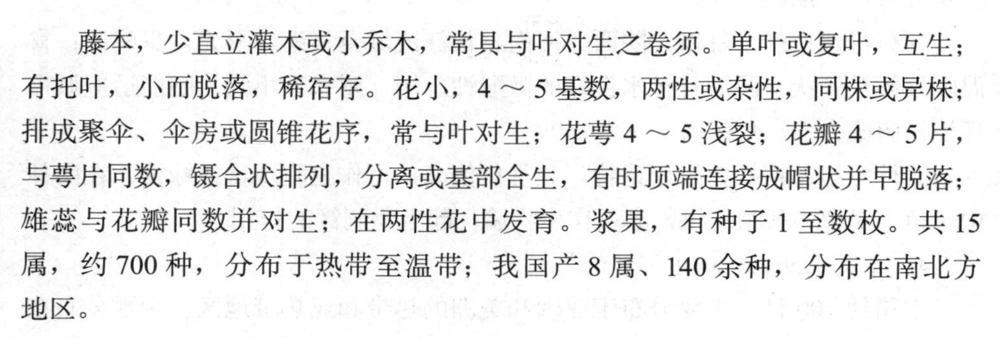

藤本，少直立灌木或小乔木，常具与叶对生之卷须。单叶或复叶，互生；有托叶，小而脱落，稀宿存。花小，4 ～ 5 基数，两性或杂性，同株或异株；排成聚伞、伞房或圆锥花序，常与叶对生；花萼 4 ～ 5 浅裂；花瓣 4 ～ 5 片，与萼片同数，镊合状排列，分离或基部合生，有时顶端连接成帽状并早脱落；雄蕊与花瓣同数并对生；在两性花中发育。浆果，有种子 1 至数枚。共 15 属，约 700 种，分布于热带至温带；我国产 8 属、140 余种，分布在南北方地区。

分属检索表

A₁ 花冠连合成帽状，圆锥花序；髓心褐色，茎无皮孔……………………………………1 葡萄属 ***Vitis***

A₂ 花瓣离生，花时开展；聚伞花序；髓心白色，茎有皮孔………………………2 爬山虎属 ***Parthenocissus***

1. 葡萄属 *Vitis* L.

本属约 60 种，分布于温带至亚热带。我国约 38 种，分布在南北各地，另引入栽培多种。

葡萄（草龙珠、菩提子、山葫芦）***V. vinifera* L.**（图 6-153）

图 6-153　葡萄

1—果枝；2—花；3—花去花冠示雄蕊及雌蕊

形态特征：落叶藤本，长达 30 m。茎皮红褐色，老时条状剥落；小枝光滑，或幼时有柔毛；卷须间歇性与叶对生。单叶互生，近圆形，长 7 ～ 15 cm，3 ～ 5 掌状裂，基部心形，缘具粗齿，两面无毛或背面稍有短柔毛；叶柄长 4 ～ 8 cm，近无毛。花小，黄绿色；圆锥花序大而长，疏散，基部分枝发达。花萼浅碟形，边缘波状浅裂。花瓣呈帽状黏合脱落。浆果椭球形或圆球形，熟时黄绿色或紫红色，有白粉。花期在 5–6 月，果期在 8–9 月。

分布习性：原产于亚洲西部；现我国辽宁中部以南各地均有栽培，但以长江以北栽培较多。性喜光，喜干燥及夏季高温的大陆性气候，冬季需要一定的低温，但严寒时必须埋土防寒；耐干旱，怕水涝。

园林应用：葡萄是很好的园林棚架植物，既可观赏、遮阴，又可结合果实生产。庭院、公园、疗养院及居民区均可栽植，但最好选用栽培管理较粗放的品种。

2. 爬山虎属 *Parthenocissus* Planch.

藤本；卷须 4 ～ 7 总状分枝，相隔 2 节间断与叶对生，顶端常扩大成吸盘。叶互生，掌状复叶或单叶而常有裂，具长柄。花部常 5 数，两性，组成圆锥状或伞房状多歧聚伞花序或假顶生。花盘不明显或无，花瓣离生，花柱明显，子房 2 室，每室 2 个胚珠。浆果球形，内含 1 ～ 4 枚种子。果柄顶端增粗，多少有瘤状凸起。种子倒卵圆形。

本属约 13 种，产于北美洲及亚洲；我国约 9 种。

爬山虎（地锦、爬墙虎）***P. tricuspidata* Planch.**（图 6-154）

图 6-154　爬山虎

1—果枝；2—深裂的叶；3—吸盘；4，5—花；6—雄蕊；7—雌蕊

形态特征：木质落叶藤本。卷须短而多分枝，

5～9分裂，遇附着物时膨大成吸盘。叶广卵形，长8～18 cm，通常3裂，基部心形，缘有粗齿；幼苗期叶常较小，多不分裂；下部枝的叶有分裂成3小叶。聚伞花序通常生于短枝顶端两叶之间，花萼蝶形，边缘全缘或成波状，无毛，花瓣长椭圆形。花淡黄绿色。浆果球形，直径6～8 mm，熟时蓝黑色，有白粉。花期在6月，果期在10月。

分布习性：产于我国和日本，在我国的分布极为广泛，北自吉林，南到广东均产。性强健，耐荫，也可在全光下生长；耐寒；对土壤适应能力强，生长迅速。

视频：爬山虎

园林应用：爬山虎是一种优美的攀缘植物，能借助吸盘爬上墙壁或山石，枝繁叶茂，层层密布，秋季叶色变红，格外美观，适于附壁式的造景方式，在园林中可广泛应用于建筑、墙面、石壁、栅栏、假山、枯树等的垂直绿化。夏季对墙面的降温效果显著，也是优良的地面覆盖材料。

五叶地锦（五叶爬山虎、美国爬山虎、美国地锦）***P. quinquefolia* Planch.**

视频：五叶地锦

形态特征：落叶本质藤本；幼枝带紫红色。卷须与叶对生，5～12分枝，顶端嫩时成圆形，遇附着物时膨大成吸盘。掌状复叶，具长柄，小叶5片，质较厚，卵状长椭圆形至倒长卵形，长4～10 cm，缘具大齿，表面暗绿色，背面稍具白粉并有毛。聚伞花序集成圆锥状序轴明显，长8～20 cm。花序梗长3～5 cm，花萼碟形；花瓣长椭圆形。浆果近球形，直径约6 mm，成熟时蓝黑色，稍带白粉。花期在7–8月，果期在9–10月。

分布习性：原产于北美洲，我国北方各地常见栽培，长江流域近年来也有栽培。喜温暖气候，也有一定耐寒能力；耐荫。生长势比地锦旺盛，但攀缘力不及地锦。

园林应用：五叶地锦生长迅速，枝叶茂密，秋季红叶斑斓，夺目十里。抗污染，是立交桥、高架路的优良绿化材料。耐荫性强，故可用作地面覆盖材料。

6.1.5.20　省沽油科 Staphyleaceae

乔木或灌木；叶对生或互生；羽状复叶，很少退化为单小叶；有托叶。花两性或杂性，总状或圆锥花序。花辐射对称，萼片和花瓣均5枚，覆瓦状排列；雄蕊5，着生于杯状的花盘外，与花瓣互生。蒴果、核果或浆果；种子有胚乳。5属、60种，分布于热带亚洲和美洲及北温带。我国有4属、20种，南北方均产，主产于西南部。

在线答题

银鹊树属 ***Tapiscia* Oliv.**

本属共3种，我国特产，产于西南部和中部。

银鹊树（瘿椒树）***T. sinensis* Oliv.**

形态特征：落叶乔木，高8～15 m；树皮具有清香。奇数羽状复叶，长达

30 cm，小叶 5 ～ 9 枚，狭卵形或卵形，长 6 ～ 12 cm，边缘有锯齿，背面灰绿色或灰白色，叶柄红色。花序腋生，雄花序长 25 cm，两性花序长 10 crn，花小而有香气，黄色。浆果状核果，近球形，直径 5 ～ 6 mm，黄色并变为紫黑色，微被白粉。花期在 6–7 月，果期在 8–9 月。

分布习性：我国特产，分布于长江流域至华南。适应性强，在酸性、中性乃至偏碱性土壤均能生长。较耐寒。

园林应用：银鹊树为我国特有的珍稀树种，树干通直，树形端正，树姿优美，枝叶茂盛，花朵芳香，果实鲜艳。适合在公园和自然风景区造景，也可作行道树、园景树或沿建筑列植。

6.1.5.21　无患子科 Sapindaceae

木本，稀草本。叶常互生，羽状复叶，稀掌状复叶或单叶，多不具托叶。花单性或杂性，整齐或不整齐，排成圆锥、总状或伞房花序；萼 4 ～ 5 裂；花瓣 4 ～ 5 片，有时无；雄蕊 8 ～ 10。蒴果、核果、坚果、浆果或翅果。本科约 150 属、2 000 种，产于热带、亚热带地区，少数产于温带；我国产 25、属 56 种，主要分布于长江以南各地。

分属检索表

A_1 蒴果；奇数羽状复叶。

　B_1 果皮膜质而膨胀；1 ～ 2 回奇数羽状复叶……………………………………1 栾树属 ***Koelreuteria***

　B_2 果皮木质；1 回奇数羽状复叶……………………………………2 文冠果属 ***Xanthoceras***

A_2 核果；偶数羽状复叶，小叶全缘……………………………………3 无患子属 ***Sapindus***

1．栾树属 *Koelreuteria* Laxm.

落叶乔木。芽鳞 2 枚。1 或 2 回奇数羽状复叶，互生，小叶有齿或全缘。花杂性，不整齐，萼 5 片深裂；花瓣 4 片或 5 片，鲜黄色，披针形，基部具 2 个反转附属物；排成大型圆锥花序，通常顶生。蒴果具膜质皮果，膨大如膀胱状，或成熟时 3 瓣开裂；种子球形，黑色。

本属约 4 种，中国产 3 种和 1 变种。

栾树 ***K. paniculata*** **Laxm.**（图 6–155）

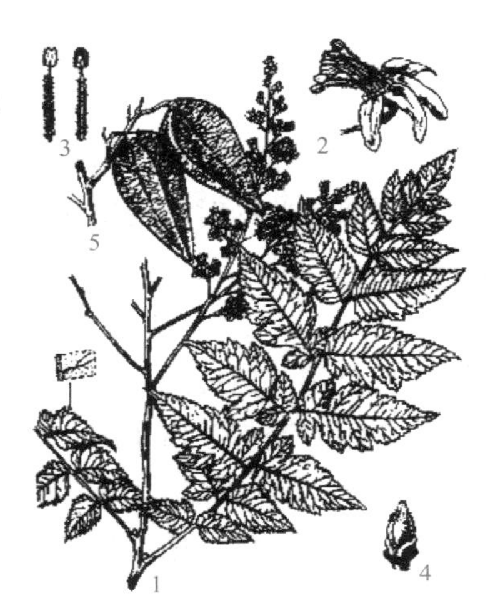

图 6–155　栾树

1—花枝；2—花；3—雄蕊；4—雌蕊；5—果序片段及果

形态特征：落叶乔木，高达 15 m。树冠近似圆球形，树皮灰褐色，细纵裂；小枝稍有棱，皮孔明显。奇数羽状复叶，有时部分小叶深裂而为不完全的 2 回羽状复叶，长达 40 cm；小叶 7 ～ 15 片，卵形或卵状椭圆形，缘有不规则粗齿，近基部常有深裂片，背面沿脉有毛。花小，杂性，金黄色，花瓣基部有红色斑纹，顶生圆锥花序宽而疏散。蒴果三角状卵形，肿囊状3棱，顶端尖，成熟时红褐色或橙红色，种子黑色。花期在6–7月，果熟期在9–10月。

品种：金叶栾树‘Gold Rush’：新生枝条及嫩叶为红色，后叶转为金黄色，7月间满树金黄。

分布习性：产于我国北部及中部，日本、朝鲜也产。温带及亚热带树种。喜光，耐半荫；耐寒、耐干旱瘠薄，喜生于石灰质土壤，也能耐盐碱及短期水涝。

● **小贴士** ◎

《春秋纬》云："天子坟三仞（古代长度单位，周制八尺，汉制七尺。故约折合今7～8 m），树以松；诸侯半之，树以柏；大夫八尺，树以栾"，故云"大夫栾"，可用于陵墓墓道树。

园林应用：枝叶茂密而秀丽，春季嫩叶多为红色，入秋叶色变黄；夏季黄花满树，是理想的庭荫树、行道树及园景树，也可用作防护林、水土保持及荒山绿化树种。

全缘叶栾树（黄山栾树、山膀胱）***K. integrifolia* Merr.**（***K. bipinnata* var. *integrifolia* T. Chen**）（图6–156）

形态特征：落叶乔木，高达17～20 m，树冠广卵形。树皮暗灰色，片状剥落；小枝暗棕色，密生皮孔。2回羽状复叶，小叶7～11枚，长椭圆状卵形，全缘，或偶有锯齿。花黄色，排成顶生圆锥花序。蒴果椭球形，顶端钝而有短尖。花期在8–9月，果熟期在10–11月。

视频：全缘叶栾树

分布习性：产于我国长江以南地区，多生于丘陵、山麓及谷地。亚热带阳性树种。喜光，幼年期耐荫；喜温暖湿润气候，耐寒性差；对土壤要求不严，微酸性、中性土上均能生长；深根性，不耐修剪。

园林应用：本种夏秋满树黄花；秋冬淡红色果实，似灯笼挂满树梢，观赏价值很高，应用方法与栾树相同。

图6–156　全缘叶栾树

1—花枝；2—花；3—果序及果；4—种子

2．文冠果属 *Xanthoceras* Bunge.

本属仅1种，中国特产。

文冠果（文官果、文光果）***X. sorbifolia* Bunge.**（图6–157）

形态特征：落叶小乔木或灌木，高2～5（8）m。树皮灰褐色，粗糙条裂；小枝幼时紫褐色，有毛，后脱落。奇数羽状复叶互生，小叶 9 ～ 19 枚，对生或近对生，长椭圆形至披针形，缘由锯齿，上面光滑，下面疏生星状柔毛。花杂性，圆锥花序，萼片 5 片；花瓣 5 片，白色，基部有由黄变红的斑晕。蒴果椭球形，具木质厚壁，室背 3 瓣裂，似古代文官之冠，故名“文冠果”。种子球形，暗褐色。花期在 4–5 月，果熟期在 8–9 月。

品种：紫花文冠果‘Purpurea’：花紫红色。

图 6–157　文冠果

1—雄花枝；2—雄花；3—萼片；4—雄蕊和花盘；5—雄蕊；6—花盘裂片及角状附属体；7—蒴果；8—种子

分布习性：原产于我国，分布在东北至辽宁，北至内蒙古，南至河南，西至宁夏、甘肃等省区。温带阳性树种。适应性极强，喜光，也耐半荫；耐严寒和干旱，但不耐涝。对土壤要求不严，在沙漠、石砾地、黏土及轻度盐碱土上均能生长，西北黄土沟岸常见，但以深厚肥沃、湿润的山坡、谷间之中生长得最好。

园林应用：本种花序大而花朵密，春天白花满树，花期约可持续 20 天，并有紫花品种。在园林中配植于草坪、路边、山坡、假山旁或建筑物前都很合适，也适于山地、水库周围风景区大面积绿化造林，能起到绿化、护坡固土的作用。

3．无患子属 *Sapindus* Linn.

本属约 13 种，分布于美洲、亚洲和大洋洲较温暖的地区。我国产 4 种和 1 变种，分布于长江流域及其以南地区。

无患子（皮皂子、肥皂树）*S. mukurossi* Gaertn.（图 6–158）

形态特征：落叶或半常绿乔木，高达 20 ～ 25 m。枝开展，成广卵形或扁球形树冠。树皮灰白色，平滑不裂；小枝无毛，芽 2 个叠生。偶数羽状复叶互生，小叶 8 ～ 14 枚，互生或近对生，卵状披针形或卵状长椭圆形，全缘。圆锥花序顶生，花两性或杂性，花小，辐射对称；花萼黄白色或淡紫色；花瓣 5，披针形，有长爪。核果近球形，熟时褐黄色。花期在 5–6 月，果熟期在 9–10 月。

图 6–158　无患子

1—花枝；2—雄花；3—花瓣腹面；4—发育雄蕊；5—雌蕊；6—果

分布习性：产于我国长江流域及其以南各地，也分布在越南、老挝、印度、日本等地。亚热带树种。喜光，稍耐荫；喜温暖湿润气候，耐寒性不强。喜疏松而稍湿润的土壤，常生于土层深厚、土质肥沃的山谷、山腹、丘陵及平原疏林中，微酸性土至钙质土均能生长。

园林应用：本种树形高大，树冠广展，绿荫稠密，秋叶金黄，颇为美观。宜作庭荫树及行道树，孤植、丛植在草坪、路旁或建筑物附近都很合适。

6.1.5.22 七叶树科 Hippocastanaceae

乔木，稀灌木；落叶，稀常绿。掌状复叶对生，小叶 3 ～ 9 枚，羽状脉，无托叶。花杂性同株，不整齐，聚伞圆锥花序顶生；萼片 4 ～ 5 片；花瓣 4 ～ 5 片，与萼片互生，大小不等；雄蕊 5 ～ 9 枚，着生于花盘内部，长短不等。蒴果，3 裂；种子球形，淡白色，无胚乳。2 属，30 余种，分布于北温带和热带地区；我国产 1 属，约 10 种，栽培 2 种。

在线答题

七叶树属 *Aesculus* L.

落叶乔木，稀灌木；小枝粗壮，微具 4 棱。冬芽肥大，顶生或腋生，外部有几对鳞片。掌状复叶对生，具长柄，无托叶；小叶 5 ～ 9 枚，边缘有锯齿。聚伞圆锥花序顶生，直立，侧生小花序为蝎尾状聚伞花序。花杂性，雄花与两性花同株，大形，不整齐；花萼钟形或管状，上段 4 ～ 5 裂；花瓣 4 ～ 5 片，基部爪状。蒴果 3 裂。30 余种，广泛分布于亚、欧、美三洲。我国产 10 余种，主产于西南部亚热带地区。常生于海拔 100 ～ 1 500 m 的湿润阔叶林中。

七叶树（梭椤树、梭椤子、开心果）*A. chinensis* Bunge（图 6-159）

视频：七叶树

形态特征：落叶乔木，高达 25 m，树冠圆球形。树皮深褐色或灰褐色，片状脱落；小枝粗壮，髓心大，有圆形或椭圆形淡黄色的皮孔。掌状复叶，由 5 ～ 7 片纸质小叶组成，小叶长圆披针形，边缘有钝尖形的细锯齿，有小叶柄。花序圆柱状圆锥花序；花芳香，花瓣 4 片，白色，上面两瓣常有橘红色或黄色斑纹。蒴果球形，黄褐色，无刺，具很密的斑点，种子近于球形，栗褐色。花期在 4–6 月，果期在 9–10 月。

图 6-159 七叶树

1—花枝；2—两性花；3—雄花；4—果；5—果纵剖示种子

分布习性：原产于我国，栽培在黄河流域及东部各省，仅秦岭有野生的。喜光，稍耐荫、较耐寒；生长速度中等偏慢，寿命长。夏季叶子易遭日灼。

园林应用：树形优美，花大秀丽，叶大

形美，果形奇特，常将七叶树孤植或栽于建筑物前及疏林之间，也可作人行步道、公园、广场绿化树种，既可孤植也可群植，或与常绿树和阔叶树混种。

小贴士 ◎

七叶树是观叶、观花、观果不可多得的树种，为世界著名的观赏树种之一，与悬铃木、鹅掌楸、银杏、椴树共称为世界五大行道树。我国七叶树与佛教有着很深的渊源，因此，很多古刹名寺，如杭州灵隐寺、北京卧佛寺、大觉寺中都有千年以上的七叶树。

杂种七叶树 *A.×carnea* Hayne

形态特征：是欧洲七叶树和美洲七叶树的杂交种。落叶小乔木，一般高 3 ～ 6 m，最高可达 12 m。树皮灰褐色，片状剥落；小枝粗壮，褐色，光滑无毛。掌状复叶，小叶通常 5 枚，倒卵状椭圆形，先端尖，不平整，近无叶柄。花红色，圆锥花序长 15 ～ 20 cm。花期在 5–6 月，果期在 9–10 月。

视频：红花七叶树

分布习性：原产于欧洲巴尔干半岛，在我国华东、华北地区也已引种成功。幼树喜光，稍耐半荫，耐旱，较耐寒低温，生长速度中等。

园林应用：红花七叶树树形优美，叶大奇特、形美，顶生红色总状花序直立于叶簇之中，火红似华丽的烛台，十分美观。为世界著名的园林观赏绿化树种之一。可作为园林造景中的主景，也是非常理想的行道树，亦可配植于公园、庭院、厂矿和学校作为景观点缀树种。

6.1.5.23 槭树科 Aceraceae

木本，落叶稀常绿。冬芽具鳞片或裸露。叶对生，具叶柄，无托叶，单叶或掌状复叶，不裂或掌状分裂。先叶开花或花叶同放，稀后叶开花。花序伞房状、总状、穗状或聚伞状；花小，绿色或黄绿色，稀紫色或红色，整齐，两性、杂性或单性，雄花与两性花同株或异株；萼片 5 或 4 片；花瓣 5 或 4 片，稀不发育。果实是小坚果，常有翅又称翅果。本科现仅有 2 属。主要产于亚、欧、美三洲的北温带地区；我国有 140 余种。

在线答题

槭树属 *Acer* L.

木本，叶对生，总状、圆锥状或伞房状花序；花小，整齐，花两性、单性或杂性；萼片与花瓣均 5 片或 4 片，稀缺花瓣；花盘环状或无花盘；雄蕊 4 ～ 12 枚，通常 8 枚。果实是张开成各种大小不同角度的双翅坚果。本属共有 200 余种，分布于亚洲、欧洲及美洲。我国有 140 余种，是主要分布区之一。

元宝槭（元宝枫、平基槭、华北五角枫）*A. truncatum* Bunge（图 6–160）

形态特征：落叶乔木，高 10 m。树皮灰褐色或深褐色，深纵裂。叶纸质，常 5 裂，稀 7 裂，基部截形稀近于心脏形；裂片三角卵形或披针形，边缘全缘，有时中央裂片的上段再 3 裂；裂片间的凹缺锐尖或钝尖，上面深绿色，无毛，下面淡绿色，嫩时脉腋被丛毛，其余部分无毛，渐老全部无毛；主脉 5 条。伞房花序顶生；花黄绿色。翅果常成下垂的伞房果序；小坚果压扁状；翅长圆形，两侧平行，宽 8 mm，常与小坚果等长，稀稍长，张开成锐角或钝角。花期在 4 月，果期在 8 月。

图 6-160　元宝槭

分布习性：产于我国黄河流域、东北、内蒙古及江苏、安徽；也分布在朝鲜和俄罗斯。弱阳性树种，耐半荫，喜温凉气候及肥沃、湿润而排水良好的土壤，在酸性、中性和钙质土上均可生长。稍耐旱，不耐涝。抗风，生长快。

园林应用：元宝槭叶形奇特，秋色叶变色早，且持续时间长，多变为黄色、橙色及红色，园林片栽或山地丛植，也可在庭院、绿地散植，是优良的观叶树种。

三角槭（三角枫）*A. buergerianum* Miq.（图 6-161）

视频：三角枫

形态特征：落叶乔木，高 5 ～ 10 m，稀达 20 m。树皮褐色或深褐色，薄条片状剥落，黄褐色内皮会暴露在外。小枝细瘦；稀被蜡粉。叶纸质；三主脉；叶上面深绿色，下面黄绿色或淡绿色。花多数常成顶生被短柔毛的伞房花序，开花在叶长大以后。翅果黄褐色；小坚果特别凸起，中部最宽，基部狭窄，张开成锐角或近于直立。花期在 4 月，果期在 8 月。

图 6-161　三角槭

分布习性：产于山东、河南及长江中下游；日本也有分布。弱阳性树种，稍耐荫。喜温暖、湿润环境及中性至酸性土壤。耐寒，较耐水湿，耐修剪。树系发达，根蘖性强。

园林应用：三角槭枝叶浓密，夏季浓荫，入秋叶色暗红。宜孤植、丛植作庭荫树，也可作行道树及护岸树。

茶条槭（茶条、华北茶条槭）*A. ginnala* Maxim（图 6-162）

视频：茶条槭

形态特征：落叶灌木或小乔木，高 5 ～ 6 m。树皮粗糙、微纵裂。叶纸质，基部圆形，截形或略近于心脏形，叶片长圆卵形或长圆椭圆形，常 3（5）裂；

图 6-162　茶条槭

边缘均具不整齐的钝尖锯齿。花杂性，伞房花序圆锥状，顶生。果实黄绿色或黄褐色；小坚果嫩时被长柔毛，脉纹显著；翅张开近于直立或成锐角，紫红色。花期在5–6月，果期在9–10月。

分布习性：产于我国东北、内蒙古及华北；俄罗斯、朝鲜及日本也有分布。弱阳性，耐寒；深根性，萌蘖性强。

园林应用：秋叶红艳，株形自然，是良好的庭院观赏树种，可孤植、列植，也可作为绿篱。

鸡爪槭 *A. palmatum* Thunb（图 6–163）

形态特征：落叶小乔木，高5～8 m。树冠伞形，枝条开张，小枝紫色。叶对生，掌状5～7深裂，通常7深裂，裂片卵状长椭圆形至披针形，叶缘具细重锯齿，下面仅脉腋有簇毛。花杂性，伞房花序，花瓣紫红色，萼片暗红色，雄花、两性花同株。双翅果幼时紫红色，成熟变棕黄色。长达2.5 cm，两翅张开成钝角。花期在5月，果期在9月。

图 6–163　鸡爪槭

1—果枝；2—雄花；3—两性花

品种：红枫（紫红鸡爪槭）'Atropurpureum'：叶常年红色或紫红色，5～7深裂；枝条也常紫红色。

分布习性：广泛分布于中国长江流域及朝鲜、日本。喜温暖湿润环境，喜光，稍耐荫。对土壤要求不严，不耐水涝，较耐干旱。

视频：红枫

园林应用：树姿婀娜，叶形秀丽，叶入秋呈鲜红色，十分美丽，是人们喜爱的树种之一。适合种植于精巧别致的庭院中，也可在草坪、花坛、树坛、建筑物前等地栽植。

红花槭（美国红枫、美国红槭）*A.rubrum* L.

形态特征：大型乔木，树高可达30 m，冠幅12 m，树形呈椭圆形。茎干光滑，有皮孔；掌状叶常3～5裂，宽8～15 cm，缘有不等锯齿，背面灰绿色；花红色，簇生，先叶开放；翅果，嫩时亮红色。

视频：红花槭

分布习性：原产于北美洲，近年我国北部常引进。耐寒性强，不耐湿热。

园林应用：树干通直、高大，新叶及花红色，秋叶亮红色，挂叶期长，是世界著名的秋色叶树种，适于庭院、山地风景区造景，也可作行道树。

6.1.5.24　漆树科 Anacardiaceae

在线答题

乔木或灌木，稀为木质藤本或亚灌木状草本。叶互生，稀对生，单叶，掌状三小叶或奇数羽状复叶。花小，辐射对称，排列成顶生或腋生的圆锥花序；通常为双被花；花萼、花瓣3～5片。果多为核果。约60属、600余种，分布于全球热带、亚热带，少数延伸到北温带地区。我国有 16 属、59 种。

分属检索表

A_1 羽状复叶。

B_1 无花瓣；常为偶数羽状复叶……………………………………1 黄连木属 ***Pistacia***

B_2 有花瓣；奇数羽状复叶。

C_1 雄蕊 5；心皮 3，小叶全缘或有锯齿……………………………………2 盐肤木属 ***Rhus***

C_2 雄蕊 10；心皮 5，小叶全缘……………………………………3 南酸枣属 ***Choerospondias***

A_2 单叶，全缘；果期不孕花的花梗伸长，被长柔毛……………………………………4 黄栌属 ***Cotinus***

1．黄连木属 *Pistacia* L.

本属约 10 种，产于亚洲、北美洲及欧洲。我国 2 种，引入 1 种。

黄连木（木黄连、田苗树、黄儿茶）***P. chinensis*** **Bunge**（图 **6-164**）

视频：黄连木

形态特征：落叶乔木，高达 20 余 m；树干扭曲，树皮暗褐色，呈鳞片状剥落。奇数羽状复叶互生，有小叶 5 ～ 6 对，小叶对生或近对生，披针形或卵状披针形或线状披针形，先端渐尖或长渐尖，基部偏斜，全缘；小叶柄长 1 ～ 2 mm。花单性异株，先花后叶，圆锥花序腋生；花小。核果倒卵状球形，成熟时紫红色。花期在 3–4 月，果期在 9–11 月。

分布习性：产于长江以南各省区及华北、西北，菲律宾也有分布。喜光，喜温暖，耐干旱贫瘠。

园林应用：先叶开花，树冠浑圆，枝叶繁茂而秀丽，早春嫩叶红色，入秋叶又变成深红色或橙黄色，红色的雌花序也极美观；是城市及风景区的优良绿化树种，宜作庭荫树、行道树及观赏风景树，也常作“四旁”绿化及低山区造林树种。

图 6-164　黄连木

1—果枝；2—雄花；3—雌花；4—果

2．盐肤木属 *Rhus* L.

落叶灌木或乔木，叶互生，奇数羽状复叶，3 小叶或单叶，叶轴具翅或无翅；小叶具柄或无柄，边缘具齿或全缘。花小，杂性或单性异株，多花，排列成顶生聚伞圆锥花序或复穗状花序；花萼 5 裂，宿存；花瓣 5 片，覆瓦状排列；雄蕊 5。核果球形，略压扁，被腺毛和具节毛或单毛，成熟时红色。约 250 种，分布于亚热带和暖温带；我国有 6 种，分布在除东北、内蒙古、青海和新疆外之地。

盐肤木（五倍柴、五倍子、山梧桐）***R. chinensis*** **Mill.**（图 **6-165**）

形态特征：落叶小乔木或灌木，高 2 ～ 10 m。奇数羽状复叶有小叶 2 ～ 6 对，叶轴具宽的叶状翅，叶轴和叶柄密被锈色柔毛。圆锥花序宽大，多分枝，密被锈色柔毛；花瓣倒卵状长圆形，花柱 3。核果球形，成熟时红色。花期在 8–9 月，果期在 10 月。

分布习性：我国除东北、内蒙古和新疆外，其余省区均有，印度、中南半岛、马来西亚、印度尼西亚、日本和朝鲜均有分布。适应性强，喜光，生于海拔 170 ～ 2 700 m 的向阳山坡、沟谷、溪边的疏林或灌丛中。

图 6-165　盐肤木

1—花枝；2—雌花；3—雄花

园林应用：可用作观叶、观果绿化树种。

火炬树（鹿角漆）*R. typhina*.

形态特征：落叶小乔木，高达 8 m。小枝粗壮，密生灰色绒毛。羽状复叶，小叶 19 ～ 23（11 ～ 31）片，长椭圆状至披针形，长 5 ～ 13 cm，缘有锯齿，先端渐尖，叶正面深绿色，背面苍白色，两面有茸毛，叶轴无翅。雌雄异株，圆锥花序顶生，密生绒毛，花淡绿色。核果深红色，密生绒毛，花柱宿存、密集成火炬形。花期在 6–7 月，果期在 8–9 月。

分布习性：原产于北美；我国在 1959 年引种栽培。喜光，耐寒，对土壤适应性强，耐干旱瘠薄，耐水湿，耐盐碱。果穗红艳似火炬，秋叶鲜红色，是良好的护坡、防火、固堤及封滩、固沙保土的先锋造林树种，也可兼作盐碱荒地风景林树种。

3．南酸枣属 *Choerospondias* Burtt et Hill.

单种属，形态同种。分布于印度东北部、中南半岛、中国至日本。

南酸枣（山枣、山桉果、五眼果）*C.axillaris*（Roxb.）Burtt et Hill（图 6-166）

形态特征：落叶乔木，高 8 ～ 20 m；树皮灰褐色，片状剥落，小枝粗壮，具皮孔。奇数羽状复叶长 25 ～ 40 cm，小叶 3 ～ 6 对，叶柄纤细，基部略膨大。雄花序长 4 ～ 10 cm；花萼裂片三角状卵形或阔三角形，先端钝圆；雄蕊 10，花丝线形。核果椭圆形或倒卵状椭圆形，成熟时黄色，直径约 2 cm。花期在 4 月，果期在 8–10 月。

图 6-166　南酸枣

分布习性：产于我国西南、华南至长江流域南部；也分布在印度、中南半岛和日本。喜光，略耐荫，不耐寒，不耐涝，喜温暖湿润环境，生于海拔 300 ～ 2 000 m 的山坡、丘陵或沟谷林中。

园林应用：干直荫浓，是较好的庭荫树和行道树，适宜在各类园林绿地中孤植或丛植。

4．黄栌属 *Cotinus* Mill

本属约 5 种，分布于南欧、亚洲东部和北美温带地区。我国有 3 种，除东北外其余省区均有。

黄栌（摩林罗、黄杨木、乌牙木、烟树）*C.coggygria*（图 6-167）

视频：黄栌

形态特征：落叶小乔木或灌木，树冠圆形，高可达 3 ～ 5 m，木材黄色，树汁有异味；单叶互生，叶片全缘或具齿，叶柄细，叶倒卵形或卵圆形。圆锥花序顶生；不育花的花梗花被羽状长柔毛，宿存；苞片披针形，早落；花萼 5 裂，宿存，裂片披针形：花瓣 5 片。核果小，不开裂；种子肾形。花期在 5-6 月，果期在 7-8 月。

图 6-167　黄栌

分布习性：产于我国北部、中部至西南部；间断分布于东南欧。喜光，也耐半荫；耐寒，耐干旱瘠薄和碱性土壤，不耐水湿。

园林应用：树姿优美，茎、叶、花都有较高的观赏价值，特别是深秋，叶片经霜变，色彩鲜艳，美丽壮观，其果形别致，成熟果实色鲜红、艳丽夺目。适合城市大型公园、半山坡上、山地风景区内群植成林。

6.1.5.25　苦木科 Simaroubaceae

在线答题

乔木或灌木；树皮味苦。羽状复叶，稀单叶，多互生，少对生，无托叶。花序腋生，成总状、圆锥状或聚伞花序；花小，整齐，单性、杂性或两性；萼片 3 ～ 5 片，花瓣 5 ～ 6 片，稀无花瓣，镊合状或覆瓦状排列；雄蕊与花瓣同数或为其 2 倍，子房上位，胚珠 1。果为翅果、核果或浆果，一般不开裂。种子单生。约 32 属、200 种，主产于热带和亚热带地区；我国有 5 属、11 种、3 变种，广泛分布。

分属检索表

A_1 小叶 13 ～ 41 枚；花序顶生；果为翅果，扁平，长椭圆形……………………………1 臭椿属 ***Ailanthus***

A_2 小叶 7 ～ 15 枚；花序腋生；果为核果，卵形、长卵形或卵珠形……………………2 苦木属 ***Picrasma***

1．臭椿属 *Ailanthus* Desf.

本属约 10 种，分布于亚洲至大洋洲北部；我国有 5 种、2 变种，主产于西南部、南部、东南部、中部和北部各省区。

臭椿（臭椿皮、大果臭椿）*A. altissima*（Mill.）Swingle（图 6-168）

形态特征：落叶乔木，高可达 30 m。树冠开阔，树皮灰色，粗糙不裂有直纹；嫩枝有髓，幼时被黄色或黄褐色柔毛；无顶芽，叶痕大。奇数羽状复叶，小叶 13 ～ 25；纸质，卵状披针形，先端长渐尖，基部偏斜且两侧各具 1

或2个粗锯齿，齿背有腺体1个，叶面深绿色，背面灰绿色，柔碎后具臭味。圆锥花序顶生；花淡绿色、淡黄色或黄白色。翅果长椭圆形，其翅膜质，熟时呈淡褐黄色或淡红褐色；种子位于翅的中间，扁圆形。花期在5-6月，果期在9-10月。

图 6-168　臭椿

1—果枝；2—花序；3—雄花；4—雌花；5—果；6—种子

分布习性：我国除黑龙江、吉林、新疆、青海、宁夏、甘肃和海南外，各地均有分布，以黄河流域为分布中心。世界各地广为栽培。阳性树种，适应性强，喜温暖，较耐寒，很耐干旱，耐瘠薄；对土壤要求不严，不耐荫，不耐水湿，长期积水会烂根死亡。

园林应用：臭椿树体高大，树干通直，树冠开阔，春季嫩芽紫红色，夏季果实或红色，或黄色，季相变化明显，观赏性佳。在印度、日本、美国及欧洲等地常用作行道树，称为“天堂树”，是工矿区绿化、山地造林、盐碱地的水土保持和土壤改良的常用树种。

【知识扩展】

如何区分香椿和臭椿

香椿：楝科香椿属；树皮开裂，偶数羽状复叶；小叶无腺齿；蒴果。

臭椿：苦木科臭椿属；树皮光滑，奇数羽状复叶；小叶基部具1～2对腺齿；翅果。

2．苦木属 *Picrasma* Bl.

本属约9种，多分布于美洲和亚洲的热带和亚热带地区；我国产2种、1变种，分布于南部、西南部、中部和北部各省区。

苦木 *P. quassioides*（D. Don）Benn.（图 6-169）

图 6-169　苦木

形态特征：落叶灌木或小乔木，高达10 m；树皮紫褐色，平滑；小枝青褐色，皮孔明显，全株有苦味。叶互生，奇数羽状复叶，卵状披针形或广卵形，边缘具不齐粗锯齿，先端渐尖，基部楔形，除顶生叶外，其余小叶基部均不对称；落叶后留有明显的半圆形或圆形叶痕；托叶披针形，早落。花小，单性或杂性，雌雄异株，组成腋生复聚伞花序，花序轴密被黄褐色微柔毛。核果。花期在4–5月，果期在6–9月。

分布习性：产于黄河流域及其以南各省区，多生于湿润肥沃的山坡、山谷及村边；也分布在印度北部、不丹、尼泊尔、朝鲜和日本。味苦，有毒，可入药。

园林应用：可作庭院树。

6.1.5.26 楝科 Meliaceae

在线答题

乔木或灌木，稀为亚灌木。羽状复叶互生，稀对生，无托叶；花两性或杂性异株，辐射对称，通常组成圆锥花序，间为总状花序或穗状花序，顶生或腋生；萼小，钟形，4～5裂；花瓣4～5；雄蕊4～10，花丝合生；子房上位，2～5室，少有1室的。果为蒴果、浆果或核果。约50属、1 400种，分布于热带和亚热带地，少数产于温带地区，我国产15属、62种、12变种，引种3属，3种，主产于长江以南各省区，少数分布至长江以北。

分属检索表

A_1 果为蒴果；种子具翅……………………………………1 香椿属 ***Toona***

A_2 果为核果或浆果，或蒴果但种子无翅。

  B_1 1回羽状复叶或三出复叶，小叶全缘；果实呈浆果状……………2 米仔兰属 ***Aglaia***

  B_2 2～3回奇数羽状复叶，小叶有锯齿，稀近全缘；核果……………3 楝属 ***Melia***

1．香椿属 *Toona* Roem.

本属约15种，分布于亚洲至大洋洲。我国产4种、6变种，分布于南部、西南部和华北各地。

香椿（椿、春阳树、香椿芽）***T. sinensis*** **（A. Juss.）Roem.**（图 6–170）

形态特征：落叶乔木；高达25 m。树皮深褐色，浅纵裂，窄条片状剥落。叶痕大，扁圆形，5个维管束。偶数羽状复叶，有香气；小叶纸质，卵状披针形或卵状长椭圆形，全缘或有疏离的小锯齿。花白色，芳香，聚伞花序生于短枝上，再聚合成圆锥花序，花序与叶等长或更长。蒴果狭椭圆形，5瓣裂，深褐色，果瓣薄；种子基部通常钝，上端有膜质的长翅，下端无翅。花期在6–8月，果期在10–12月。

分布习性：原产于我国中部，栽培在辽宁南部、华北、华东、中部、南部和西南部各省区。喜温，喜光，较耐湿，不耐庇荫；

图 6–170 香椿

1—花枝；2—果序及果；3、4—花及花瓣示雄蕊和雌蕊；5—种子对土壤要求不严，在中性、酸性及钙质土上均生长良好，也可耐轻度盐碱土。耐修剪。

园林应用：香椿树冠庞大，常用作庭荫树、行道树，栽植于庭前、草坪、路旁、水边等。

小贴士

香椿是长寿的象征。《庄子逍遥游》有：“上古有大椿者，以八千岁为春，八千岁为秋。”香椿是我国特产树种。香椿嫩芽、嫩叶都可作蔬菜食用。

2．米仔兰属 *Aglaia* Lour.

本属共有 250 余种，分布于印度、马来西亚、澳大利亚至波利尼西亚；我国产 7 种、1 变种，分布于西南、南部至东南部。

米兰（米仔兰、山胡椒、暹罗花）*A. odorata* Lour.（图 6-171）

形态特征：常绿灌木或小乔木，高达 2 ～ 7 m，树冠圆球形。茎多小枝，幼枝顶部被星状褐色的鳞片。羽状复叶互生，叶轴和叶柄有窄翅；小叶对生，厚纸质，倒卵形至长椭圆形，先端钝，基部楔行，全缘。花小而多，黄色，极香，圆锥花序腋生。果为浆果，卵形或近球形；种子有肉质假种皮。花期在 5-12 月，果期在 7 月至翌年 3 月。

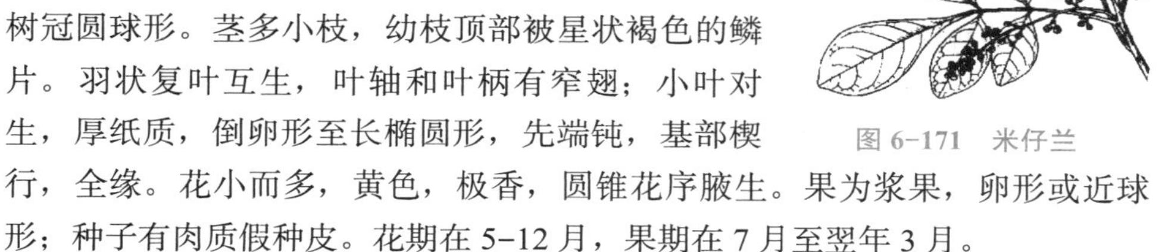

图 6-171　米仔兰

视频：米仔兰

分布习性：原产于东南亚，现多植于热带及亚热带。常栽培在我国福建、四川、贵州和云南等省。喜温暖，忌严寒，喜光，忌强阳光直射，稍耐荫，不耐旱，宜栽植于疏松、深厚、肥沃富有腐殖质的微酸性土壤。

园林应用：米仔兰是著名的香花树种，花期长，自夏至秋花开不绝，开花季节浓香四溢，可用于布置会场、门厅、庭院及家庭装饰。

3．楝属 *Melia* L.

本属约 3 种，产于东半球热带和亚热带地区。我国产 2 种，黄河以南各省区普遍分布。

楝（楝树、紫花树）*M. azedarach* L.（图 6-172）

形态特征：落叶乔木，高达 10 m。树冠广卵形，近似平顶。枝条粗壮、开展。树皮灰褐色，纵裂。分枝广展，小枝有叶痕，小枝有星状毛。叶为 2 ～ 3 回奇数羽状复叶，小叶对生，卵形、椭圆形至披针形，先端渐尖，基部楔形或圆形，缘有锯齿或裂。花较大，两性，淡紫色，有香味，花序圆锥状复聚伞花序。核果球形，熟时黄色，宿存树枝，经冬不落。花期在 4-5 月，果期在 10-12 月。

视频：楝

分布习性：产于我国黄河以南各省区；也栽培在亚洲各地热带和亚热带地

区、温带地区。喜光，喜温暖湿润气候，不耐寒，不耐庇荫，稍耐旱，耐瘠薄，耐盐碱。

园林应用：树形优美，叶形秀丽，开淡紫色花朵，且有淡香，宜作庭荫树及行道树。楝树耐烟尘、抗二氧化硫，是良好的城市及工矿区绿化树种，宜在草坪孤植、丛植，或配植于池边、路旁、坡地。

图 6-172 楝

1—花枝；2—雄蕊管展开；3—雄蕊管外面观；4—花；5—果；6—羽叶片；7—果

6.1.5.27 芸香科 Rutaceae

木本，稀草本，含芳香油。叶互生或对生。通常有油点，有或无刺，无托叶。花两性或单性，稀杂性同株；聚伞花序，稀总状或穗状花序，稀单花；萼片 4 片或 5 片；花瓣 4 片或 5 片，稀 2 ～ 3。果为蓇葖、蒴果、翅果、核果或浆果。约 150 属、1 600 种。全世界广泛分布，主产于热带和亚热带，少数分布至温带。我国连引进栽培的共 28 属，约 151 种、28 变种，分布于全国各地，主产于西南和南部。

分属检索表

A_1 奇数羽状复叶。

 B_1 叶互生；枝有皮刺；小叶对生；蓇葖果 ……………………………1 花椒属 *Zanthoxylum*

 B_2 叶对生；枝无刺，具叶柄下芽；核果……………………………… 2 黄檗属 *Phellodendron*

A_2 复叶。

 B_1 小叶复叶，落叶性；茎枝有刺；柑果密被短柔毛……………………………3 枳属 *Poncirus*

 B_2 单身复叶，常绿性；柑果极少被毛………………………………………4 柑橘属 *Citrus*

1．花椒属 *Zanthoxylum* L.

本属约 250 种，产于东亚和北美。我国有 39 种、14 变种，分布在辽东半岛至海南岛，东南部自台湾至西藏东南部。

花椒 *Z. bungeanum* Maxim.（图 6-173）

形态特征：落叶小乔木，高 3 ～ 7 m；枝有皮刺。奇数羽状复叶互生，小叶 5 ～ 13 片，叶轴常有狭窄叶翼，小叶对生，叶缘有细裂齿，齿缝有油点，叶背基部中脉两侧有丛毛。花小，单性聚伞状圆锥花序顶生；花被片黄绿色。蓇葖果紫红色，散生微凸油点。花期在

图 6-173 花椒

1—花枝；2—枝刺；3—果及种子；4—小叶放大示叶缘的腺点

4–5 月，果期在 8–10 月。

分布习性：原产于我国北部及中部；也分布在辽宁、华北、西北至长江流域及西南各地，黄河中下游为主产区。喜光，不耐严寒，喜肥沃湿润的钙质土。

园林应用：果实辛香。可植于庭院作刺篱材料。

2．黄檗属 *Phellodendron* Rupr.

本属约 4 种，主产于亚洲东部；我国有 2 种及 1 变种，从东北至西南均有分布。

黄檗 *P. amurense* Rupr.（图 6–174）

形态特征：落叶乔木，树高 10 ～ 20 m。树皮有厚木栓层，内皮鲜黄色，味苦。小枝暗紫红。羽状复叶对生；叶轴及叶柄纤细；小叶 5 ～ 13 片，薄纸质，卵状披针形或卵形，长 6 ～ 12 cm，叶缘有细钝齿和缘毛，叶背仅基部中脉两侧密被长柔毛，秋季落叶前叶色由绿转黄而明亮，毛脱落。圆锥花序顶生；萼片细小，阔卵形；花瓣紫绿色。核果圆球形，径约 1 cm，蓝黑色。花期在 5–6 月，果期在 9–10 月。

图 6–174　黄檗
1—果枝；2—雄花；3—雌花

分布习性：主产于我国东北和华北各省。喜光，耐寒，喜湿润、肥沃且排水良好的土壤。

园林应用：枝叶茂密，树形美观，秋色叶树种。可栽作庭荫树、行道树、大面积风景林。

3．枳属 *Poncirus* Raf.

共 2 种，自然分布于长江中游两岸各省及淮河流域一带。

枸橘（枳）*P. trifoliata*（L.）Raf.（图 6–175）

形态特征：落叶小乔木，高 1 ～ 5 m。枝绿色，有纵棱，刺长达 4 cm，红褐色，基部扁平。叶柄有狭长翼叶，通常指状 3 出叶，叶缘有细钝裂齿或全缘，嫩叶中脉上有细毛。花单朵或成对腋生；花瓣白色，匙形；雄蕊通常 20 枚。果近圆球形或梨形，果顶微凹，有环圈，果皮暗黄色，粗糙，也有无环圈，油胞小而密。花期在 5–6 月，果期在 10–11 月。

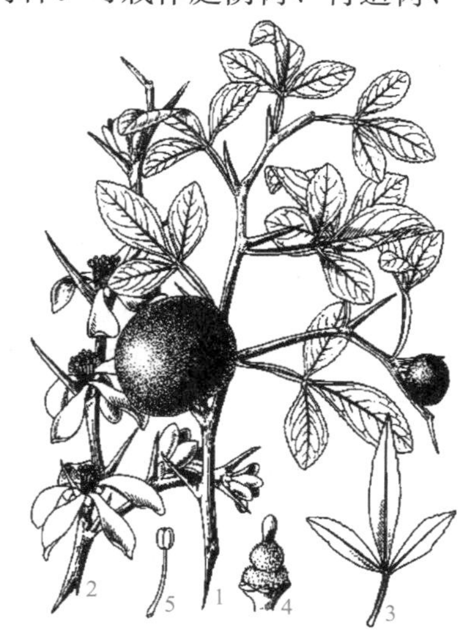

图 6–175　枸橘
1—果枝；2—花枝；3—叶；
4—雄蕊；5—雌蕊

分布习性：原产于我国华中地区，也栽培在全国其他地区。喜光，耐半荫，喜温暖湿润气候及排水良好的深厚肥沃土壤，较耐寒。

园林应用：白花与黄果均可观赏，常作为绿篱材料，有刺篱、花篱的效果。

4．柑橘属 *Citrus* L.

本属约 20 种，原产于亚洲东南部及南部。

柚 *C. maxima*（Burm.）Merr.（图 6-176）

图 6-176　柚

1—花枝；2—枝刺

形态特征：常绿乔木。嫩枝、叶背、花梗、花萼及子房均被柔毛。嫩枝扁且有棱，枝刺大。叶质颇厚，色浓绿，单身复叶，具宽大倒心形翼。总状花序，有时兼有腋生单花；花蕾淡紫红色，稀乳白色；花萼不规则 5 ～ 3 浅裂；雄蕊 25 ～ 35 枚，有时部分雄蕊不育。果扁圆形，淡黄或黄绿色，杂交种有朱红色的。花期在 4–5 月，果期在 9–12 月。

视频：柚

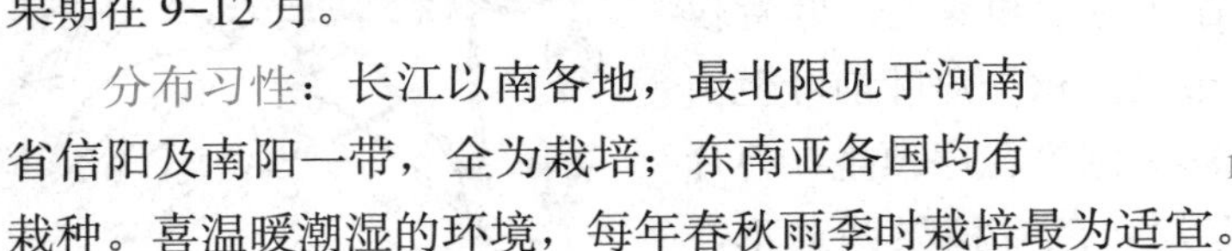

分布习性：长江以南各地，最北限见于河南省信阳及南阳一带，全为栽培；东南亚各国均有栽种。喜温暖潮湿的环境，每年春秋雨季时栽培最为适宜。

园林应用：是南方重要的果树之一，华北常温室盆栽观赏。

在线答题

6.1.5.28　五加科 Araliaceae

木本，稀草本；通常具刺。托叶常附着于叶柄而成鞘状。花小，两性，有时单性或杂性，整齐，排列成伞形、头状或穗状花序，或再集成各式大型花序；萼不显，花瓣 5 ～ 10 片，雄蕊与花瓣同数，或为其倍数，或多数。浆果或核果。约 60 余属，1 200 种，产于热带至温带；我国有 23 属，175 种。

分属检索表

A_1 单叶，不裂或掌状裂。
　B_1 常绿藤本，借气根攀缘……………………………………1 常春藤属 ***Hedera***
　B_2 乔木或灌木。
　　C_1 常绿；茎、枝无刺；叶掌状 7 ～ 12 裂……………………2 八角金盘属 ***Fatsia***
　　C_2 落叶；茎、枝有宽扁皮刺；叶掌状 5 或 7 裂……………3 刺楸属 ***Kalopanax***
A_2 掌状复叶。
　B_1 枝、叶柄有刺；子房 2 ～ 5 室……………………………4 五加属 ***Acanthopanax***
　B_2 枝、叶柄无刺；子房 5 ～ 8 室……………………………5 鹅掌柴属 ***Schefflera***

1．常春藤属 *Hedera* L.

本属约 5 种；中国野生 1 变种，引入 1 种。

常春藤 *H. nepalensis* K.Koch var.*sinensis* Rehd.（图 6-177）

形态特征：常绿藤本。茎借气生根攀缘；嫩枝上有鳞片状柔毛。营养枝上的叶为三角状卵形，全缘或3裂；花果枝上的叶椭圆状卵形或卵状披针形，全缘，叶柄细长。伞形花序顶生；花淡绿白色，芳香。果球形，熟时红色或黄色。花期在8–9月，果期在次年3–4月。

分布习性：分布于我国华中、华南、西南及陕西、甘肃等地。性极耐荫，较耐寒；对土壤和水分要求不严，但以中性或酸性土壤为好。

园林应用：在庭院中可用以攀缘假山、岩石，或在建筑阴面作垂直绿化材料。可在华北地区选小气候良好的稍荫环境栽植，也可盆栽，供室内绿化观赏用，令其攀附或悬垂。

图 6–177 常春藤

1—花枝；2—叶枝；3，4，5，6—叶；7—鳞片；8—花；9—子房横剖；10—果

2．八角金盘属 *Fatsia* Decne& Planch.

本属共2种，1种产于日本，1种产于台湾地区。

八角金盘（日本八角金盘）*F. japonica* Decne& Planch.（图 6–178）

形态特征：常绿灌木，高4～5 m，常数干丛生。叶掌状7～9裂，直径20～40 cm，基部心形或楔形，裂片卵状长椭圆形，缘有齿；表面有光泽；叶柄长10～30 cm。花小，白色。果实直径约8 mm。夏秋间开花，次年5月果熟。

分布习性：原产于日本；也栽培在我国南方地区的庭院中。性喜荫，喜温暖湿润气候，不耐干旱，耐寒性不强；适生于湿润肥沃土壤。抗污染。

园林应用：优良的观叶植物，性耐荫，最适于林下、山石间、水边、小岛、桥头、建筑附近丛植，也可于阴处植为绿篱或地被，在日本有“庭树下木之王”的美誉。

图 6–178 八角金盘

1—小枝；2—果实

视频：八角金盘

小贴士 ◎

八角金盘因其掌状叶常裂出8个角而得名，实际观察有叶片7裂、9裂。

3．刺楸属 *Kalopanax* Miq.

本属共1种，分布于亚洲东部，也栽培在中国。

刺楸（鼓钉刺、刺枫树）*K. septemlobus* Koidz.（图 6-179）

形态特征：落叶乔木，高达 30 m。树干灰色，树皮深纵裂；枝具皮刺。叶掌状 5 ～ 7 裂，直径 10 ～ 25 cm，裂片三角状卵形成卵状长椭圆形，先端尖，缘有齿叶柄较叶片长。复伞形花序顶生；花小而白色。果近球形，直径约 5 cm，熟时蓝黑色，端有细长宿存花柱。花期在 7–8 月，果期在 9–10 月。

图 6-179　刺楸

1—果枝；2—花枝；3—花；4—果；5—果横切面；6—枝上的刺

变种：①深裂叶刺楸 var.*maximowiczii* Hand.-Mazz：与原种的区别是裂片深达叶中部以下，长圆状披针形，先端长渐尖，下面被毛较多，脉上更密。②毛叶刺楸 var. *magnificus* Hand.Mazz：与原种的区别是枝上刺较少或无刺；叶片较宽大，裂片卵形，下面密生短柔毛，脉上更密。

分布习性：在我国广泛分布，自东北至长江流域、华南、西南均有分布，日本、朝鲜也有分布。性喜光，喜湿润肥沃的酸性或中性土，适应性强，在阳坡、干瘠条件都能生长，速生；抗烟尘。

园林应用：适于风景区成片种植，也是优良的庭荫树。

4. 五加属 *Acanthopanax* Miq.

本属约 30 种，主要产于亚洲东部；中国有 18 种。

刺五加 *E. senticosus* Maxim.

形态特征：灌木，高达 6 m；小枝密被下弯针刺。掌状复叶，小叶 3 ～ 5 片，薄纸质，椭圆状倒卵形，长 5 ～ 13 cm，叶缘复锯齿尖锐。伞形花序单生枝顶或簇生，花序梗长 5 ～ 7 cm，花梗长 1 ～ 2 cm；花紫黄色。果卵状球形，有 5 棱，花柱宿存。花期在 6–7 月，果期在 8–10 月。

分布习性：产于我国东北、华北等地。性喜温暖，耐高温。以肥沃的腐殖质砂质土壤为佳，排水良好、土质常保持湿润则生长旺盛。

园林应用：树形优雅，生长迅速，可庭植或作盆栽。

5. 鹅掌柴属 *Schefflera* J. R. & G. Forst.

本属约 200 余种，主要产于热带及亚热带地区。我国产 35 种，广泛分布于长江以南。

鹅掌柴（鸭脚木）*S. octophylla*（Lour.）Harms.（图 6-180）

图 6-180　鹅掌柴

1—果枝；2—复叶；3—果

形态特征：常绿乔木或灌木；掌状复叶，小叶

6～9 枚，革质，长卵圆形或椭圆形，长 7～17 cm，叶柄长 8～25 cm；小叶柄长 1.5～5 cm。花白色，有芳香，排列成伞形花序，又复结成顶生长 25 cm 的大圆锥花丛；萼 5～6 裂；花瓣 5 枚，肉质，长 2～3 mm。果球形。花期在 11-12 月，果期在 12 月。

品种：①矮生鹅掌柴 'Compacta'：株形小，分枝密集。②黄绿鹅掌柴 'Green Gold'：叶片黄绿色。③亨利鹅掌柴 'Henriette'：叶片大而杂有黄色斑点。

分布习性：分布于我国台湾、广东、福建等省，在东南部地区也十分常见生长。性喜光，耐半荫，喜暖热湿润气候，稍耐瘠薄。

园林应用：栽培条件下常呈灌木状，用作园林中的掩蔽树种，而且秋冬开花，花序洁白，有香味。园林中可丛植观赏。

小贴士

鹅掌柴因掌状复叶形似鹅掌而得名，因其叶片也像鸭掌，故也称鸭脚木。

6.1.6 菊亚纲 Asteridae

在线答题

6.1.6.1 马钱科 Loganiaceae

木本，稀草本。单叶对生，托叶退化。花两性，整齐，通常成聚伞花序或圆锥花序，有时为穗状花序或单坐；花萼 4～5 裂；花冠合瓣，4～5 裂，雄蕊与花冠裂片同数并与之互生。蒴果、浆果或核果。约 35 属、600 种，分布于全球热带和温带。我国有 9 属，约 60 种。

醉鱼草属 *Buddleja* L.

木本，稀草本；植物体被腺状、星状或鳞片状绒毛；叶对生，稀互生，托叶在叶柄间连生，或常退化成一线痕。花常组成圆锥状、穗状聚伞花序或簇生；花萼、花冠 4 裂。蒴果 2 裂；种子多数。约 100 种，分布于热带和亚热带；我国约 45 种，产于西北、西南和东部地区。

醉鱼草（闹鱼花）***B. lindleyana*** **Fort.**（图 6-181）

图 6-181 醉鱼草
1—花枝；2—花和小苞片；3—花冠展开

形态特征：落叶灌木，高 2 m。小枝具四棱而稍有翅，嫩枝、叶背、花序均有褐色星状毛。单叶对生，卵形至卵状技针形，长 5 ～ 10 cm，全缘或疏生波状牙齿。顶生花序穗状，长达 20 cm，扭向一侧；花萼 4 裂；花冠紫色，稍弯曲，筒长 1.5 ～ 2 cm。蒴果长圆形，被鳞片。花期在 6–8 月。

分布习性：产于我国长江以南各省区。性强健，喜温暖湿润气候及肥沃且排水良好的土壤，不耐水温。

园林应用：醉鱼草花开于夏季少花季节，栽培于庭院中观赏，在路旁、墙隅及草坪边缘等处丛植。有毒（尤其对鱼类），不宜栽植于鱼池边。

大叶醉鱼草 *B. davidii* Franch.

形态特征：灌木，高达 5 m，小枝四棱形。单叶对生，卵状披针形至披针形，长 5 ～ 20 cm，边缘疏生细锯齿，背面密被白色星状绒毛。多数小聚伞花序集成穗状圆锥花枝；花萼 4 裂，密被星状绒毛，花冠淡紫色，芳香，长约 1 cm，花冠筒细而直，长 0.7 ～ 1 cm，口部橙黄色，端 4 裂，外面生星状绒毛及腺毛。蒴果长圆形，长 6 ～ 8 mm。花期在 6–9 月。

视频：大叶醉鱼草

变种：①紫花醉鱼草 var. *veitchiana* Rehd.：植株强健，密生大形穗状花序，花红紫色而具鲜橙色的花心，花期较早。②绛花醉鱼草 var. *magnifica* Rehd. et Wils.：花较大，深绛紫色，花冠筒口部深橙色，裂片边缘反卷，密生穗状花序。

分布习性：主产于我国长江流域一带，也栽培在西南、西北等地。性强健，较耐寒。

园林应用：可在北京露地越冬。花序大，花色多，有香气，故园林中受欢迎。植株有毒。

互叶醉鱼草 *B. alternifolia* Maxim.（图 6–182）

形态特征：落叶小灌木，高达 3 m。多分枝。叶互生披针形，全缘，上面具稀疏星状毛，下面密被灰白色柔毛及星状毛。数花簇生或形成圆锥花序；花冠紫堇色。蒴果矩圆状卵形，深褐色，种子多数有短翅。花期在 5–6 月。

分布习性：分布于我国西北部。耐寒，耐干旱。

园林应用：花美丽，各地庭院中均可栽培。

图 6–182　互叶醉鱼草

1—花枝；2—花；3—花冠展开

在线答题

6.1.6.2　夹竹桃科 Apocynaceae

木本，稀草本；具乳汁。单叶对生、轮生，全缘，稀有齿；无托叶。花两性，单生或成聚伞花序。花萼基部合生，内面基部常有腺体；花冠合瓣，裂片

4～5，旋转状，花冠喉部常有副花冠、鳞片或毛状附属体。浆果、核果、蒴果或蓇葖果。约250属、2 000余种，主要分布于全世界热带、亚热带地区。我国产46属、176种、33变种，主要分布于长江以南及台湾等省区。

分属检索表

A_1 叶对生或轮生。

B_1 叶对生，兼或轮生；藤本……………………………………………………1 飘香藤 ***Mandevilla***

B_2 叶轮生，兼或对生；直立灌木…………………………………………………2 夹竹桃属 ***Nerium***

A_2 叶互生；枝不为肉质；核果………………………………………………………3 黄花夹竹桃属 ***Thevetia***

1．飘香藤属（双腺花属）*Mandevilla* Lindl.

本属约100种，产于热带美洲；我国有少量引种。

飘香藤（双腺花、双腺藤、双线藤、红蝉花）*M. sanderi*（Hemsl.）Woodson

形态特征：常绿蔓性灌木。全株有白色乳汁。叶对生，或3～4叶轮生，全缘，椭圆形，长达7.5 cm。花为红色、桃红色、粉红色；花冠漏斗形5裂，裂片玫瑰粉色；花冠筒外白内黄；总状花序。春至秋季开花。

分布习性：原产于巴西，热带地区常栽培。喜高温多湿气候，不耐寒。

园林应用：色泽浓绿，四季常青，枝条柔软，花期长，观赏价值高，素有“热带藤本皇后”的美称，适合盆栽和花篱等材料。

2．夹竹桃属 *Nerium* L.

本属约4种，分布于地中海沿岸及亚洲热带、亚热带地区；我国引入栽培2种，各地常见栽培供观赏用。

夹竹桃 *N. indicum* Mill（图6-183）

形态特征：常绿大灌木，高达5 m，具水液。叶3～4枚轮生，窄披针形，革质；侧脉扁平，密生而平行。夏季开花，花桃红色或白色，成顶生的聚伞花序；花萼直立；花冠深红色，芳香，重瓣；副花冠鳞片状，顶端撕裂。蓇葖果细长，长10～23 cm。花期在6-10月，果期在12月至翌年1月。

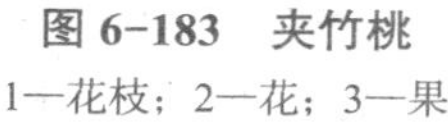
图6-183　夹竹桃

1—花枝；2—花；3—果

分布习性：原产于伊朗、印度、尼泊尔，现广植于世界热带、亚热带地区。喜温暖湿润气候，耐旱；喜肥怕积水，适生于排水良好、肥沃的中性土壤，微酸性、微碱土也能适应。

园林应用：叶片如柳似竹，红花灼灼，有特殊香气，是有名的观赏花卉。茎、叶有毒。

3．黄花夹竹桃属 *Thevetia* L.

本属共 15 种，分布于热带美洲；我国引入栽培 2 种。

黄花夹竹桃 *T. aperuviana*（图 6-184）

形态特征：常绿大灌木或小乔木，高达 5 m，树皮暗褐色，皮孔明显。枝条柔软，小枝下垂，具乳汁。单叶互生，狭披针形，近革质，长 10 ～ 15 cm，全缘，叶表面亮绿色，叶背面淡绿色。聚伞花序，顶生或腋生，有花 2 ～ 6 朵，或单生，花大，黄色，漏斗状，芳香。核果扁三角状球形，肉质，未熟时绿色，熟时淡黄色，干后黑色；种子坚硬。花期在 5-12 月，果期在 11 月至次年 2 月。

品种：红酒杯花‘Aurantina’：花冠红色。

分布习性：原产于美洲热带地区。我国华南多栽培，长江流域及以北地区常温室栽培。不耐寒，喜干热气候；耐寒力强。

图 6-184　黄花夹竹桃

1—花枝；2—核果

园林应用：花大鲜黄，花期长，常植于公园、庭院绿化观赏；丛植或墙边种植；全株有毒。

6.1.6.3　萝藦科 Asclepiadaceae

具乳汁；叶全缘，羽状脉；叶柄顶端通常具有丛生腺体。聚伞花序通常伞形，有时成伞房状或总状；花两性，整齐，5 数；花萼筒短，裂片 5 片，内面基部通常有腺体；花冠合瓣，顶端有 5 片裂片，裂片旋转；常具副花冠。蓇葖双生，或 1 个不发育。约 180 属、2 200 种，主要分布于世界热带、亚热带。我国产 44 属、245 种、33 变种，主要分布于西南及东南部。

杠柳属 *Periploca* L.

本属约 12 种，分布于亚洲温带地区、欧洲南部和非洲热带地区。我国产 4 种。

杠柳（北五加皮、羊奶子）*P. sepium* Bunge（图 6-185）

形态特征：落叶蔓性灌木。具乳汁。茎皮灰褐色；小枝常对生，有细条纹，具皮孔。叶对生，披针形，长 5 ～ 9 cm，全缘。聚伞花序腋生；花冠紫红色，辐状，裂片反折，被柔毛；副花冠杯状，端 5 裂，被短柔毛，顶端向内弯。蓇

图 6-185　杠柳

1—花枝；2—种子；3—蓇葖果；4—去除花冠的花，示副花冠和花药

蓇果2，细长，具纵条纹；黑色种子顶端具种毛。花期在5–6月，果期在7–9月。

分布习性：分布于我国东北、华北、西北东南部及西南地区。性喜光，耐寒，耐旱，耐瘠薄。对土壤适应性强，具有较强的抗风蚀、抗沙埋的能力。

园林应用：杠柳宜作攀缘绿化及地被植物，可用于道路、边坡的绿化和污地遮掩绿化。固沙植物，水土保持树种，是恢复矸石山生态环境的优良树种之一。

6.1.6.4 茄科 Solanaceae

草本或木本；直立、匍匐、扶升或攀缘；有时具皮刺，稀具棘刺。叶互生，无托叶。花两性，单生，簇生或为蝎尾式、伞房式、伞状式、总状式、圆锥式聚伞花序，稀为总状花序；花被通常5基数、稀4基数。花萼通常具5裂，宿存；花冠合瓣。果实为多汁浆果或干浆果，或者为蒴果。种子圆盘形或肾脏形。约30属、3 000种，广泛分布于全世界温带及热带地区，美洲热带种类最为丰富。我国产24属、105种、35变种。

分属检索表

A_1 花不从紫色变白色。

B_1 枝常有刺，花、果均较小……………………1 枸杞属 ***Lycium***

B_2 枝无刺，花和果均较大型……………………2 曼陀罗木属 ***Brugmansia***

A_2 花从紫色变白色，花芳香……………………3 鸳鸯茉莉属 ***Brunfelsia***

1. 枸杞属 *Lycium* L.

本属约80种，产于南温带和北温带；我国产7种3变种，主要分布于北部。

枸杞 *L. chinense* Mill.

形态特征：多分枝灌木，高达2 m；枝条细弱，有纵条纹，棘刺长0.5～2 cm，生叶和花的棘刺较长，小枝顶端锐尖成棘刺状。叶纸质，单叶互生或2～4枚簇生，卵状披针形，长1.5～10 cm，全缘。花在长枝上单生或双生于叶腋，在短枝上则同叶簇生；花萼3～5裂；花冠漏斗状，淡紫色，5深裂，裂片长于筒部，有缘毛。浆果红色，卵状或长椭圆状。花果期在6–11月。

分布习性：分布于我国东北南部、华北、西北至长江以南、西南地区；也栽培或野生在朝鲜、日本、欧洲等地。性强健，稍耐荫，耐寒，耐干旱及碱地。

园林应用：花期长，秋季满枝红果，可用虬干老株作为盆景。园林中作为地被或修剪成绿篱。

2. 木曼陀罗属 *Brugmansia* Pers.

本属约7种，我国引入栽培约2种。

木本曼陀罗（曼陀罗木）*B. arborea*（L.）Lagerh.

形态特征：常绿灌木或小乔木；高达4.5 m。茎粗壮，上部分枝。单叶互生，叶片卵状披针形、卵形或椭圆形，全缘、微波状或有不规则的缺齿，两面有柔毛；叶柄长1～3 cm。花单生叶腋，俯垂，芳香；花冠白色，脉纹绿色，长漏斗状5裂，长达23 cm。浆果状蒴果，无刺，长达6 cm。花期在7–9月，果期在10–12月。

分布习性：热带地区广为栽培；喜光，不耐寒，耐瘠薄，以土层深厚、排水良好的土壤最好。

园林应用：枝叶扶疏，花硕大美观，香味浓烈，是华南地区优良的园林绿化造景材料，可丛植于山坡、林缘或布置于路旁、墙角、屋隅，北方温室内也可栽培。

3．鸳鸯茉莉属 *Brunfelsia* L.

共25～30种，我国引入栽培2种。

鸳鸯茉莉（二色茉莉）*B. acuminata* Benth.

视频：鸳鸯茉莉

形态特征：常绿灌木；高50～200 cm；单叶互生，披针形，长4～7 cm，全缘；花单生或呈聚伞花序；花冠斗形，筒部细，冠檐5裂；初开时淡紫色，随后变成淡雪青色，再后变成白色；浆果。花期在4–9月，春季花多而芳香，秋季开花较少。

分布习性：原产于美洲热带；也栽培在我国华南地区。喜光，耐半荫，耐高温，但在长期烈日下生长不良；适宜排水良好的酸性土，不宜黏重、干旱瘠薄及碱性土。

园林应用：可布置花坛、花境或散植于草地，也可盆栽。

小贴士 ◎

双色花同时绽放，故名“鸳鸯茉莉”。

6.1.6.5　紫草科 Boraginaceae

在线答题

单叶互生，有时茎下部的叶对生，常全缘，无托叶。花两性，辐射对称，通常为顶生、二歧分枝、蝎尾状聚伞花序，或有时为穗状、伞房或圆锥花序；花萼近全缘或5齿裂；花冠辐状，漏斗状或钟状，常5裂。果常为小坚果或核果。约156属、2 500种，分布于温带和热带地区；我国约46属，引入1属，约300种，全国广泛分布，以西部地区为多。

厚壳树属 *Ehretia* R.Brown

本属共50种，多产于非洲和亚洲热带地区；我国有14种、1变种、分布于西南、中南及华东地区。

厚壳树 *E.thyrsiflora* Nakai.（图6–186）

图6–186　厚壳树

1—花枝；2—果枝；3—花；
4—花冠纵剖；5—花萼及雌蕊；6—雄蕊

形态特征：落叶乔木，高达15 m；

树皮灰黑色，有不规则的纵裂。小枝光滑，皮孔明显。叶倒卵形至椭圆形，长 7 ～ 16 cm，边缘细锯齿，表面疏生毛，背面仅脉腋有簇生毛。圆锥花序顶生或腋生；花冠白色，芳香。核果球形，直径约 4 mm，初为红色，后变暗灰色。花期在 4–5 月。

分布习性：产于我国东部至南部、西南地区，北达山东。喜温暖湿润气候，也较耐寒；适生于湿润肥沃土壤。

园林应用：厚壳树是良好的观赏树和景观树，可用于亭际、房前、水边、草地等多处，也可作行道树。

6.1.6.6　马鞭草科 Verbenaceae

木本，稀草本；叶对生，无托叶；花两性，聚伞、总状、穗状、伞房状聚伞或圆锥花序；花被两侧对称；花萼宿存，杯状、钟状或筒状；花冠筒圆柱形，花冠裂片二唇形或略不相等的 4 ～ 5 裂。果为核果、蒴果或浆果状核果。约 80 余属、3 000 余种，主要分布于热带和亚热带地区，少数温带；我国现有 21 属、175 种。各地均有分布，主产地为长江以南各省区。

分属检索表

A_1 总状、穗状或短缩近头状花序。

　B_1 茎具倒钩状皮刺；花序穗状或近头状；果成熟后仅基部为花萼所包围…………1 马缨丹属 ***Lantana***

　B_2 茎有刺或无刺，刺不为倒钩状；花序总状；果成熟后完全被扩大的花萼所包围…2 假连翘属 ***Duranta***

A_2 聚伞花序，或由聚伞花序组成其他各式花序。

　B_1 花萼在结果时增大，常有各种美丽的颜色………………………………………3 赪桐属 ***Clerodendrum***

　B_2 花萼在结果时不显著增大，绿色。

　　C_1 掌状复叶（单叶蔓荆例外）；小枝四方形………………………………………4 牡荆属 ***Vitex***

　　C_2 单叶；小枝不为四方形。

　　　D_1 核果；花萼、花冠顶端 4 裂……………………………………………5 紫珠属 ***Callicarpa***

　　　D_2 蒴果；花萼、花冠顶端均 5 裂…………………………………………6 莸属 ***Caryopteris***

1．马缨丹属 Lantana L.

本属约 150 种，主产于热带美洲；我国引种栽培 2 种。

马樱丹（五色梅、五彩花、臭草）*L. camara* L.（图 6–187）

形态特征：常绿半藤状灌木，高 1 ～ 2 m，有时藤状，长达 4 m。茎枝均呈四方形，通常有短而倒钩状刺。单叶对生，卵形至卵状长圆形，两面有糙毛，揉烂后有强烈的气味。花小无梗，密集成头状花序腋生；花冠刚开时黄色或粉红色、渐变成橙黄色或橙红色，最后变成深红色。果圆球形，熟时紫黑色。全年开花，夏季最盛。

图 6–187　马樱丹

1—花果枝；2—花；3—花冠展示；4—雄蕊；5—果序

分布习性：原产于美洲热带地区；现在我国台湾、福建、广东、广西等省区逸生。性喜温暖湿润、向阳，华东、华北仅作盆栽，冬季移入室内越冬。

园林应用：常见花灌木，适于花坛、路边、屋基等处种植，也可作开花地被；在北方可作盆栽观赏。

2．假连翘属 *Duranta* L.

本属约 36 种，分布于热带美洲地区；我国引种栽培 1 种。

图 6-188　假连翘

1—花枝及中部叶枝；2—果，外包宿萼；3—果；4—花；5—花冠展开，示雄蕊

假连翘（莲荠、番仔刺、洋刺）***D. repens* L.**（图 6-188）

形态特征：常绿灌木或小乔木，高达 3 m。枝常拱形下垂，具皮刺，幼枝具柔毛。叶对生，卵状椭圆形，长 2 ～ 6.5 cm，全缘或中部以上有锯齿。总状花序顶生或腋生；花冠蓝色或淡蓝紫色，夏季开花。核果球形，肉质无毛，有光泽，熟时橙黄色，被增大花萼包围。

分布习性：原产于热带美洲；也栽培在我国南方各地。喜光，耐半荫，喜温暖湿润，不耐寒，长期 5 ℃～ 6 ℃低温或短期霜冻对植株造成寒害。耐水湿，不耐干旱，要求排水良好的土壤。

园林应用：可植为绿篱或作基础种植材料，丛植于庭院、草坪观赏。枝蔓细长而柔软，可攀扎造型，也可供小型花架、花廊的绿化造景用。金叶假连翘叶色鲜黄，可作模纹图案材料。

3．赪桐属 *Clerodendrum* L.

本属约 400 种，分布于热带和亚热带，少数分布温带；中国有 34 种，大多分布在西南、华南地区。

海州常山（臭梧桐、泡火桐、臭梧）***C. trichotomum* Thunb.**（图 6-189）

图 6-189　海州常山

形态特征：落叶灌木或小乔木，高达 3 ～ 8 m。幼枝、叶、叶柄、花序轴等多少有黄褐色柔毛。单叶对生，有臭味，阔卵形至三角状卵形，长 5 ～ 16 cm，全缘或有波状齿。伞房状聚伞花序顶生或腋生，长 8 ～ 18 cm；花萼紫红色，5 裂几达基部；花冠白色或带粉红色，筒细长，顶端 5 裂；花丝与花柱同伸出花冠外。核果近球形，包藏于增

大的宿萼内，成熟时呈蓝紫色。花期在 7–8 月，果熟期在 9–10 月。

分布习性：产于我国辽宁、甘肃、陕西以及华北、中南、西南各地。适应性强，喜光，也较耐阴，喜凉爽湿润气候；耐旱也耐湿，耐盐碱，较耐寒。

园林应用：花时白色花冠衬紫红花萼，果时紫红宿存萼托以蓝紫色亮果，观赏期长，为优良秋季观花、观果树种，是布置园林景色的极好材料，水边栽植也很适宜。

4．牡荆属 *Vitex* L.

本属约 250 种，主要分布于热带和温带地区；我国有 14 种、7 变种、3 变型。主产于长江以南，少数种类向西北经秦岭至西藏高原，向东北经华北至辽宁等地。

黄荆（五指枫、黄荆条）*V. negundo* L.（图 6–190）

形态特征：落叶灌木或小乔木，高可达 5 m。小枝四棱形，密生灰白色绒毛。掌状复叶对生，小叶 5，间有 3 枚，卵状长椭圆形至披针形，全缘或疏生浅齿，背面密生灰白色细绒毛。圆锥状聚伞花序顶生；花萼钟状，顶端 5 裂齿；花冠淡紫色，外面有绒毛，端 5 裂，二唇形；核果球形，黑色。花期在 4–6 月。

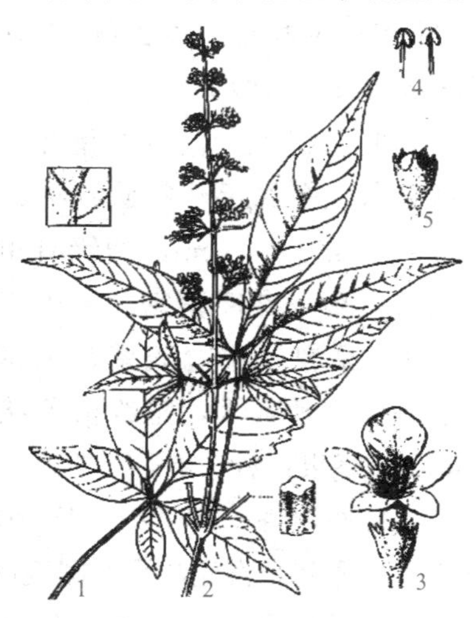

图 6–190　黄荆

1—复叶；2—花枝；3—花；4—雄蕊；5—宿萼包果

变种：①荆条 var. *heterophylla*（Franch.）Rehd.：小叶边缘有缺刻状锯齿、浅裂以至深裂，花期在 7–9 月。②牡荆 var. *cannabifolia*（Sieb. et Zucc.）Hand.–Mazz.：落小叶边缘有缺刻状大齿或为羽状裂，花期在 6–7 月。

园林应用：栽培观赏，适于山坡、池畔、湖边、假山、石旁、小径、路边点缀风景；树桩盆景材料。

5．紫珠属 *Callicarpa* L.

本属 190 余种，主要分布于热带和亚热带亚洲和大洋洲，少数种分布于温带地区。我国约有 46 种，主产于长江以南，少数种可延伸到华北至东北和西北的边缘。

紫珠（珍珠枫、漆大伯、大叶鸦鹊饭）*C. bodinieri* Levl.（图 6–191）

图 6–191　紫珠

1—花枝；2—花；3—花冠展开，示雄蕊；4—雄蕊

形态特征：落叶灌木，高约 2 m。叶倒卵形至椭圆形，长 7 ～ 15 cm，缘自基部起有细锯

齿，叶柄长 5 ～ 10 mm。聚伞花序；总柄与叶柄等长；花萼杯状；花冠白色或淡紫色。果球形，紫色。花期在 6–7 月，果期在 8–10 月。

分布习性：产于我国东北南部、华北、华东、华中等地；也分布在日本、朝鲜。性喜光，喜肥沃湿润土壤。

园林应用：入秋紫果累累，色美而有光泽，是庭院中美丽的观果灌木，植于草坪边缘、假山旁、常绿树前效果均佳；果枝常作切花。

6．*莸属 Caryopteris* Bunge

本属约 15 种。分布于亚洲中部和东部，尤以我国最多，已知有 13 种 2 变种及 1 变型。

莸（叉枝莸、兰香草）*C. incana*（Thunb．）Miq．（图 6–192）

形态特征：落叶半灌木，高 1 ～ 2 m，全株具灰白色绒毛。枝圆柱形。叶对生，卵状披针形，长 3 ～ 6 cm，边缘有粗齿，两面具黄色腺点。聚伞花序紧密，腋生于枝上部；花萼钟状，5 深裂；花冠淡紫色或淡蓝色，2 唇裂，下唇中裂片较大，边缘流苏状。蒴果熟时裂成 4 个小坚果；种子有翅。花果期在 8–10 月。

分布习性：产于华东及中南各省，也栽培在北京、河北。喜光，喜温暖气候及湿润钙质土。

园林应用：莸花色淡雅，花开于夏秋少花季节，是点缀秋夏景色的好材料，植于草坪边缘、假山旁、水边、路旁。

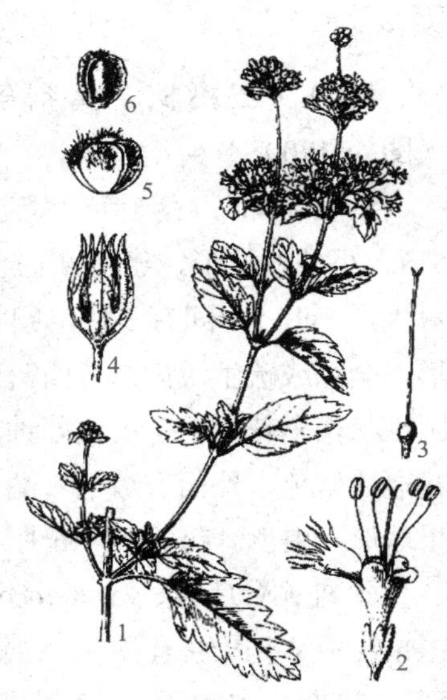

图 6–192　莸（兰香草）

1—花枝；2—花；3—雌蕊；4—宿萼包果；5—果；6—果瓣具翅

6.1.6.7　木犀科 Oleaceae

在线答题

乔木或灌木，稀攀缘植物。叶对生，无托叶。花两性，通常聚伞花序排列成圆锥花序，或为总状、伞状、头状花序；花萼 4 裂；花冠 4 裂。翅果、蒴果、核果、浆果或浆果状核果。约 27 属、400 余种，广泛分布于热带和温带地区。我国产 12 属、178 种、6 亚种、25 变种、15 变型，其中 14 种、1 亚种、7 变型系栽培，分布在南北方各地。

分属检索表

A_1 子房每室具下垂胚珠 2 枚或多枚，胚珠着生子房上部；果为翅果、蒴果、核果或浆果状核果。

　B_1 果为翅果或蒴果。

　　C_1 翅果。

　　　D_1 翅生于果四周；单叶……………………………………………………1 雪柳属 ***Fontanesia***

　　　D_2 翅生于果顶端；奇数羽状复叶……………………………………………2 白蜡属 ***Fraxinus***

　　C_2 蒴果，种子具翅。

D$_1$ 花黄色，花冠裂片明显长于花冠管；枝中空或具片状髓……………………3 连翘属 ***Forsythia***

D$_2$ 花紫、红、粉红或白色，花冠裂片明显短于花冠管或近等长；枝实心……4 丁香属 ***Syringa***

B$_2$ 果为核果或浆果状核果。

C$_1$ 花冠裂片在花蕾时呈覆瓦状排列；花多簇生，稀为短小圆锥花序…………5 木犀属 ***Osmanthus***

C$_2$ 花冠裂片在花蕾时呈镊合状排列；花常排列成圆锥花序。

D$_1$ 花序腋生，花冠深裂至近基部，裂片长………………………………6 流苏树属 ***Chionanthus***

D$_2$ 花序顶生或腋生，花冠多浅裂，裂片较花冠管短，花冠管明显。

E$_1$ 叶片常被细小腺点，核果……………………………………………7 木犀榄属 ***Olea***

E$_2$ 叶片无腺点，浆果状核果……………………………………………8 女贞属 ***Ligustrum***

A$_2$ 子房每室具向上胚珠 1 ～ 2 枚，胚珠着生子房基部或近基部；果为浆果…………9 素馨属 ***Jasminum***

1．雪柳属 *Fontanesia* Labill.

本属共 2 种。我国和地中海地区各产 1 种。

雪柳 *F. phillyreoides* Labill. subsp. *fortunei*（Carrière）Yalt.（图 6-193）

形态特征：落叶灌木或小乔木；树皮灰褐色。小枝四棱形或具棱角。单叶对生，披针形，全缘。圆锥花序顶生或腋生；花两性或杂性；花冠裂片 4 片。果黄棕色，边缘具窄翅。花期在 4-6 月，果期在 6-10 月。

图 6-193　雪柳

1—花；2—花枝

分布习性：产于我国中部至东部也栽培在辽宁、广东有栽培。喜光，稍耐荫；喜温暖，耐旱，耐寒；除盐碱地外，各土壤均能适应。

园林应用：雪柳叶细如柳，枝条稠密柔软，晚春白花满树。可丛植于庭院观赏，群植于公园，散植于溪谷沟边。自然式绿篱。雪柳防风抗尘，可作厂矿绿化树种。

2．白蜡树属（梣属）*Fraxinus* L.

落叶乔木；叶对生，奇数羽状复叶；叶柄基部常增厚或扩大。花小，单性、两性或杂性；圆锥花序；花梗细；花芳香，花萼小，钟状或杯状，萼齿 4 个；花冠 4 裂至基部，白色至淡黄色，裂片线形、匙形或舌状；雄蕊 2 枚，翅果，60 余种，主产于北温带。我国产 27 种、1 变种，其中 1 种系栽培，遍及各省区。

白蜡（梣、青榔树、白荆树）*F. chinensis* Roxb.（图 6-194）

形态特征：落叶乔木，高达 15 m，树冠卵圆形，树皮黄褐色。小枝光滑无毛。小枝 5 ～ 9 枚，通常 7 枚，卵状椭圆形，缘有齿及波状齿，表面无毛，背面沿脉有短柔毛。圆锥花序，疏松；无花瓣。翅果倒披针形。花期在 3-5 月，果期在 10 月。

图 6-194　白蜡

1—雄花；2—果枝

品种：金叶白蜡‘Aurea’：叶金黄色。

分布习性：分布在世界各地。喜光，稍耐荫；喜温暖湿润气候，耐寒；耐旱，喜湿耐涝，对土壤要求不高；抗烟尘，对二氧化硫、氯气、氟化氢有较强抗性。

园林应用：白蜡形体端正，枝叶茂密，秋叶橙黄，优良的行道树和庭荫树；耐水湿，抗烟尘，可用于湖岸绿化和工矿区绿化。

美国白蜡 *F. americana* L.

形态特征：落叶乔木，高达 40 m，小枝无毛、圆形、粗状，冬芽褐色，叶痕上缘明显下凹。奇数羽状复叶，小叶 7 ～ 9 枚，卵状披针形，全缘或端部略有齿，表面暗绿色，有光泽，背面常无毛，而有乳头状凸起；小叶柄长 5 ～ 15 mm。花萼小二宿存，无花瓣；花序生于 2 年生枝侧，叶前开花。果翅顶生，不下延或稍下延。

分布习性：原产于北美。我国可在北至黑龙江南部，南至云南、广西、广东北部的区域内生长。喜光，稍耐荫，喜温暖，也耐寒。喜肥沃湿润也耐干旱瘠薄，稍耐水湿，喜钙质壤土或砂壤土，并耐轻盐碱，抗烟尘，深根性。

园林应用：秋季叶片紫红。宜作庭荫树、行道树、防护林树种。

水曲柳（满洲白蜡）*F. mandschurica* Rupr.（图 6-195）

形态特征：落叶乔木，高达 30 m，树干通直，树皮灰褐色，浅纵裂。小枝略呈四棱形。小叶 7 ～ 13 枚，无柄，叶轴具沟，沟棱有时呈窄翅状，小叶着生处具关节，节上簇生黄褐色曲柔毛，叶卵状披针形，锯齿细尖。侧生圆锥花序，生于去年生小枝上；花单性，雌雄异株。翅果扭曲。花期在 5-6 月，果熟期在 10 月。

图 6-195　水曲柳

分布习性：东北、华北广为栽培，以小兴安岭为最多；也栽培在朝鲜、日本、俄罗斯。喜光，幼时稍耐荫；耐寒，稍耐盐碱，喜潮湿但不耐水涝；喜肥。

园林应用：树体端正，秋季变色叶，是优良的行道树和遮阴树，还可用于河岸和工矿区的绿化。

3．连翘属 *Forsythia* Vahl

落叶灌木；枝中空或具片状髓；叶对生，单叶，稀 3 裂至三出复叶，具锯齿或全缘，具叶柄；花两性，1 至数朵着生于叶腋，先叶开放；花萼深 4 裂，花冠黄色，钟状，深 4 裂。蒴果 2 裂，种子具翅。约 11 种，主产于亚洲东部，尤以我国种类最多，我国有 6 种。

连翘（黄寿丹、黄花杆）*F. suspensa*（Thunb.）Vahl（图 6-196）

形态特征：落叶灌木，高可达 3 m。干丛生，直立；枝开展，拱形下垂；

小枝黄褐色，稍四棱，皮孔明显，髓中空。单叶或有时为 3 片小叶，对生，卵形或椭圆状卵形，无毛，有粗锯齿。花先叶开放，通常单生，稀 3 朵腋生；花萼裂片 4 片；花冠黄色，裂片 4 片；蒴果卵圆形，表面散生疣点。花期在 3–4 月，果熟期在 7–8 月。

图 6–196　连翘
1—花枝；2—花

视频：连翘

品种：金叶‘Aurea’、黄斑叶‘Variegata’等。

分布习性：产于我国北部、中部及东北各省；现也栽培在各地。喜光，较耐荫性；耐寒；耐干旱瘠薄，忌涝水；不择土壤；抗病虫害能力强。

园林应用：连翘枝条拱形，满枝金黄，宛如鸟羽初展，极为艳丽，花期较早。宜丛植于草坪、角隅、岩石假山下，篱下基础种植，或作花篱，或成片种植。

金钟花（迎春柳、迎春条、金梅花）*F. viridissima* Lindl.（图 6–197）

形态特征：落叶灌木，枝直立，拱形下垂；小枝黄绿色，四棱，髓薄片状。单叶对生，椭圆状矩圆形，先端尖，上部缘有粗锯齿。花先叶开放，1 ～ 3 朵腋生；花萼裂片 4；花冠深黄色，裂片 4 片，倒卵状椭圆形；蒴果卵圆形。花期在 3–4 月，果熟期在 8–11 月。

变种：朝鲜金钟花 var. *koreana* Rehd.：枝开展拱形，枝髓片状而节部具隔板。叶长达 12 cm，较金钟花略宽，基部全缘，广楔形，中下部最宽。花大，深黄色，雄蕊长于雌蕊。

分布习性：产于我国长江流域。较耐寒。

园林应用：应用同连翘。

图 6–197　金钟花
1—花枝；2—果枝

视频：金钟花

【知识扩展】

如何区分金钟花和云南黄素馨

金钟花：连翘属，落叶灌木；单瓣；蒴果。

云南黄素馨：素馨属，半常绿灌木；单瓣或重瓣；浆果。

4．丁香属 *Syringa* L.

落叶灌木或小乔木。小枝具皮孔。单叶对生，全缘。花两性，聚伞花序排列成圆锥花序，顶生或侧生，与叶同时抽生或叶后抽生；花萼小，钟状，宿存；花冠漏斗状、高脚碟状或近幅状，裂片 4 枚，开展或近直立；雄蕊 2 枚。蒴果，种子有翅。约 19 种，产于欧洲和亚洲；我国有 16 种，主要分布于西南及黄河流域以北各省区，故我国素有“丁香之国”的美称。

紫丁香（华北紫丁香、丁香）*S. oblata* Lindl.（图 6-198）

图 6-198　紫丁香

1—果枝；2—花冠开展

视频：紫丁香

形态特征：灌木或小乔木，高可达 4 m；枝条粗壮无毛。叶单叶对生，广卵形，通常宽度大于长度，全缘，两面无毛。圆锥花序；花萼钟状，有 4 齿；花冠堇紫色，端 4 裂开展。蒴果长圆形，顶端尖，平滑。花期在 4 月，果期在 9–10 月。

变种、品种：①紫萼丁香 var. *giraldii* Rehd：. 花序轴及花萼紫蓝色，圆锥花序细长；叶端狭尖，背面常微有短柔毛。②湖北紫丁香 var. *hupehensis* Pamp.：叶卵形，基部楔形；花紫色。③朝鲜丁香 var. *dilatata* Rehd.：高 1 ～ 3 m，多分枝。叶卵形，长达 12 cm，先端长渐尖，基部通常楔形，无毛。花冠筒细长，常 1.2 ～ 1.5 cm，裂片较大，椭圆形；花序松散，长达 15 cm。花大芳香，宜栽植于庭院观赏。品种有白丁香‘Alba’：花白色；叶较小，背面微有柔毛，花枝上的叶常无毛。

分布习性：产于我国东北南部、华北、西北、山东、四川等地；也分布在朝鲜。喜光，喜温暖湿润气候，稍耐荫，较耐寒和耐旱。对土壤的要求不严，耐瘠薄，喜肥沃、排水良好的土壤，忌积水。

园林应用：植株丰满秀丽，枝叶茂密，具独特的芳香，广泛栽植于庭院、机关、厂矿、居民区等地。

暴马丁香（暴马子、黑桦）*S. reticulata ssp. amurensis*（Rupr.）P. S. Green et M. C. Chang（图 6-199）

图 6-199　暴马丁香

形态特征：落叶乔木，树皮紫灰褐色，具细裂纹。枝具较密皮孔。叶片厚纸质，卵圆形，基部常圆形，叶面网脉凹陷，叶柄长 1 ～ 2.5 cm，无毛。圆锥花序，花冠白色，花药黄色。蒴果长椭圆形。花期在 6–7 月，果期在 8–10 月。

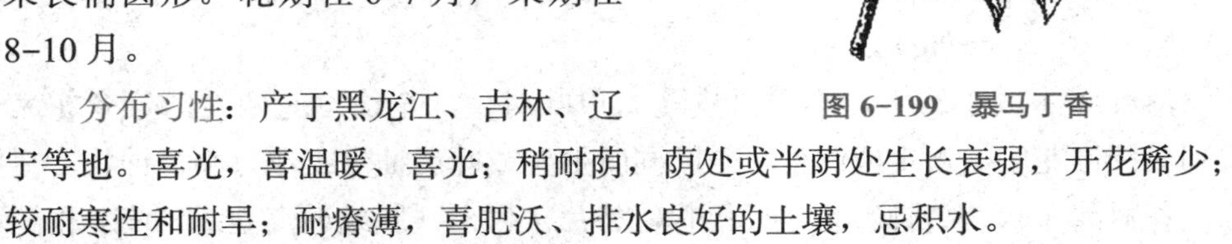

分布习性：产于黑龙江、吉林、辽宁等地。喜光，喜温暖、喜光；稍耐荫，荫处或半荫处生长衰弱，开花稀少；较耐寒性和耐旱；耐瘠薄，喜肥沃、排水良好的土壤，忌积水。

园林应用：暴马丁香花序大，花期长，花香浓郁，为著名的观赏花木之一。广泛栽植于庭院、机关、厂矿区、居民区等地。

5．木犀属 *Osmanthus* Lour.

本属约 30 种，分布于亚洲东南部和美洲。我国产 25 种及 3 变种，主产于南部和西南地区。

桂花（木犀、岩桂、九里香、金粟）*O. fragrans*（Thunb.）Lour.（图 6-200）

图 6-200　桂花

1—花枝；2—果枝

视频：桂花

形态特征：常绿灌木至小乔木，高达 12 m，树皮灰色，不裂。叶腋 2 ～ 3 个芽叠生。叶对生，硬革质，长椭圆形，5 ～ 12 cm，两端尖，全缘或上部有细锯齿，花序聚伞状生于叶腋或顶生，花小，黄白色，浓香。核果椭圆形，紫黑色。花期在 9–10 月，果熟期在翌年 4–5 月。

品种（群）：①丹桂‘Aurantiacus’：花橘红色或橙黄色，香味差，发芽较迟。有早花、晚花、圆叶、狭叶、硬叶等品种。②金桂‘Thunbergii’：花黄色至深黄色，香气最浓，经济价值高。有早花、晚花、圆瓣、大花、卷叶、亮叶、齿叶等品种。③银桂‘Latifolius’：花近白色或黄白色，香味较金桂淡；叶较宽大。有早花、晚花、柳叶等品种。④四季桂‘Semperflorens’：花黄白色，5–9 月陆续开放，但仍以秋季开花较盛。其中有子房发育正常能结实的月月桂等品种。

分布习性：原产于中国西南部，在黄河以南地区广泛栽培，以广西桂林为最多，在华北多作盆栽。喜光，稍耐荫；喜温暖湿润和通风良好的环境，不耐寒，喜微酸土壤，忌水涝、碱地和黏重土；对二氧化硫、氯气等中等抗力；有二次开花习性。萌芽力强，寿命长。

园林应用：桂花开花期正值仲秋，浓香四溢，是中国的传统花木，属于中国十大名花之一。常孤植、对植或丛植成片林；梅花、牡丹、荷花、山茶等配植，花可开四季；可与秋色叶树种同植，是点缀秋景的极好树种。

【知识扩展】

如何区分女贞和桂花

女贞：木犀科女贞属，乔木，叶革质宽卵形全缘，顶生圆锥花序，花白色。

桂花：木犀科木樨属，小乔木或灌木，叶硬革质长椭圆形，全缘或上半部有细锯齿，花小簇生于叶腋，有白、黄及橙色。

6．流苏树属 *Chionanthus* L.

本属约 2 种，1 种产于北美、1 种产于中国、日本和朝鲜。

流苏树（茶叶树、乌金子、四月雪）*C. retusus* Lindl.et paxt.（图 6-201）

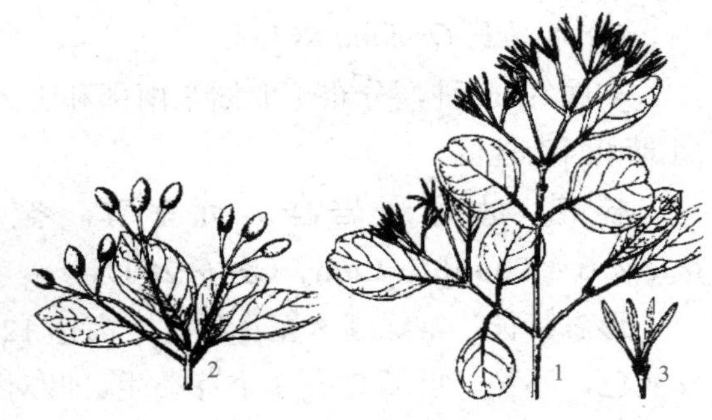

图 6-201 流苏树

1—花枝；2—果枝；3—花

形态特征：灌木或乔木，树干灰色，大枝开展树皮纸状剥裂，小枝初时有毛。单叶对生，近革质，叶倒卵状椭圆形，全缘或有时有小齿，叶缘稍反卷，中脉有毛，侧脉 3 ～ 5 对，叶柄基部带紫色，密被黄色卷曲柔毛。花单性异株，圆锥花序，白色，4 裂片狭长，长 1 ～ 2 cm，花冠筒极短。核果卵圆形，蓝黑色。花期在 4-5 月，果熟期在 9 月下旬。

分布习性：产于我国黄河中下游及其以南地区；也分布在朝鲜、日本。喜光，不耐荫蔽，耐寒、耐旱，忌积水，生长慢，耐瘠薄，较耐盐碱，在肥沃、通透性好的砂质壤土中生长得最好。

园林应用：适应性强，寿命长，成年树植株高大优美、枝叶繁茂，花期如雪压树，气味芳香，是优良的园林观赏树种，孤植、群植、列植均具有很好的观赏效果。

7. *木犀榄属 Olea* Linn.

本属约 40 种。我国产 15 种、1 亚种、1 变种，分布于华南、西南至西藏，其中 1 种及 1 亚种是栽培。

木犀榄（油橄榄、齐墩果）*O. europaea* L.（图 6-202）

图 6-202 木犀榄

1—果枝；2—花冠展开

形态特征：常绿小乔木，树皮灰色。小枝具棱角，密被银灰色鳞片。叶片革质，披针形，全缘，叶缘反卷，上面深绿色，稍被银灰色鳞片，下面浅绿色，密被银灰色鳞片，两面无毛。圆锥花序腋生或顶生，花芳香，白色，两性；花萼杯状，浅裂或几近截形；花冠深裂达基部，裂片长圆形。果椭圆形，形如橄榄，成熟时蓝黑色。花期在 4-5 月，果期在 6-9 月。

分布习性：全球亚热带地区都有栽培；也栽培在我国在长江流域以南地区。喜光，喜温暖，耐旱能力较弱。喜土层深厚、排水良好的石灰质土壤，稍耐干旱，不耐水湿。

园林应用：木犀榄分枝密，萌芽性极强，可修剪成各种形态，可作绿篱、绿墙；也可作盆景或桩景，置于室内成列。

8．女贞属 *Ligustrum* L.

单叶对生，叶纸质或革质，全缘；具叶柄。聚伞花序成圆锥花序；花两性；花萼钟状，花冠白色，裂片4片。浆果状核果。约45种，产于亚洲温暖地区，向西北延伸至欧洲。我国产29种，西南地区种类最多。

女贞（冬青、蜡树）*L. lucidum* Ait.（图6-203）

形态特征：常绿乔木，高达15 m；树皮灰色。枝无毛，具皮孔。叶革质有光泽，宽卵形，全缘，无毛，上面深绿色，背面淡绿色。圆锥花序顶生，长10～20 cm；花白色，几乎无柄，花冠裂片与花冠筒近等长，有芳香。核果长圆形，蓝黑色，被白粉。花期在6–7月。

图6-203　女贞

1—花枝；2—果枝；3—花；4—花冠展开示雄蕊；5—雌蕊；6—种子

分布习性：产于我国长江流域及以南各省区。喜光，稍耐荫；不耐寒；不耐干旱；适生于微酸性至微碱性的土壤，不耐瘠薄；耐修剪；对二氧化硫、氯气、氟化氢等有毒气体抗性较强。

园林应用：女贞可孤植、列植于绿地、广场、建筑物周围，栽植于庭院，或修剪作绿篱，或作行道树；或作工矿区的抗污染树种。

小叶女贞（小叶冬青、小白蜡）*L. quihoui* Carr.（图6-204）

形态特征：落叶或半常绿灌木，高2～3 m。枝条散，小枝具短柔毛。叶革质，椭圆形至倒卵状椭圆形，无毛，顶端钝，基部楔形，全缘，边缘略向外反卷；叶柄有短柔毛。圆锥花序；花白色，芳香，无梗，花冠裂片与筒部等长；花药超出花冠裂片。核果紫黑色，宽椭圆形。花期在7–8月。

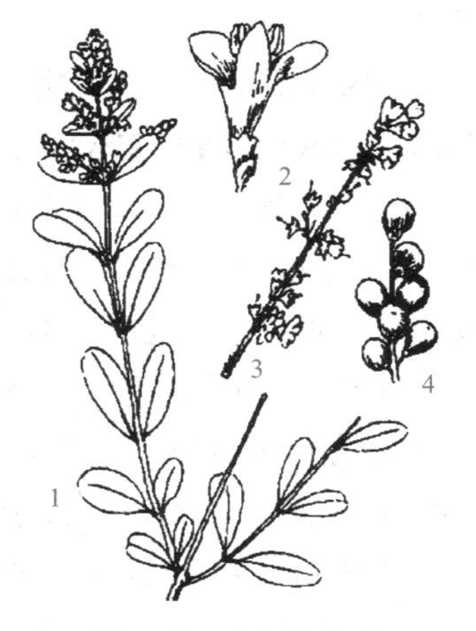

图6-204　小叶女贞

1—果枝；2—花；3—花枝；4—果

分布习性：产于我国中部、东部和西南部，也栽培在华北地区。喜光，稍耐荫，较耐寒，耐修剪，对有毒气体抗性较强。

园林应用：株形圆整，庭院中可栽植观赏；萌枝力强，耐修剪可作绿篱；也可作工厂绿化和抗污染树种。

日本女贞（金森女贞）*L. japonicum* Thunb.（图6-205）

形态特征：常绿灌木，高3～6 m。小枝幼时具短毛、皮孔。叶革质，卵状椭圆形，具腺点，两面无毛，中脉及叶缘常带红褐色，侧脉4～7对，叶柄具深而窄的沟，无毛。圆锥花序顶生；花白色，花萼裂片略短于花冠筒。核果椭圆形，黑色。花期在6–7月，果期在11月。

品种：①圆叶日本女贞‘Rotundifolium’：高达2 m，枝密生；叶卵圆形或椭圆形，硬而厚，先端圆钝，叶缘反卷，表面暗绿而富有光泽。②斑叶日本女贞‘Variegatum’：叶披针形，具乳白色斑及边。③金森女贞‘Howardii’：幼叶边缘黄色，中间绿色；花冠裂片比花冠基部的筒部短；全株无毛。

图6–205　日本女贞

分布习性：原产于日本。也栽培在我国长江流域以南各省区。喜光，稍耐荫；喜温暖，耐寒；喜湿润，不耐干旱；适生于微酸性至微碱性的湿润土壤，不耐瘠薄；耐修剪；对二氧化硫、氯气、氟化氢等有毒气体的抗性较强。

园林应用：日本女贞常栽植于庭院中观赏。也可列植于规则式绿地、广场、建筑物周围。

小蜡（山指甲、水黄杨）*L. sinense* Lour.（图6–206）

形态特征：半常绿灌木或小乔木，高2～7 m；小枝密生短柔毛。叶革质，椭圆形，背面中脉有毛。圆锥花序，花轴有短柔毛；花白色，芳香，花梗细而明显，花冠裂片长于筒部；雄蕊超出花冠裂片。核果近圆形。花期在4–5月，果期在9–12月。

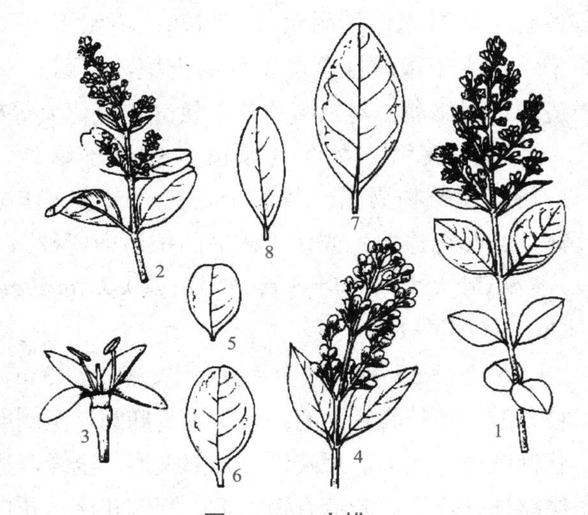

图6–206　小蜡

1，2—花枝；3—花；4—果枝；5，6，7，8—叶形变异

品种：①红药小蜡‘Multiflorum’：花药红色，红药衬以白色花冠，十分美丽。②斑叶小蜡‘Variegatum’：叶灰绿色，边缘不规则乳白色或黄白色。③垂枝小蜡‘Pendulum’：小枝下垂。

分布习性：产于我国长江以南各省区。喜光，稍耐荫；较耐寒，抗多种有毒气体。耐修剪。

园林应用：常植于庭院观赏，栽植于林缘、池边、石旁；可作绿篱、绿墙树种；也可作树桩盆景材料。

【知识扩展】

如何区分小蜡和小叶女贞

小蜡：树高 2～7 m；花序长 4～10 cm；有花梗；裂片长于花冠筒。

小叶女贞：树高 2～3 m；花序长 4～22 cm；无花梗；裂片约等于花冠筒。

水蜡树（辽东水蜡）*L. obtusifolium* Sieb. et Zucc.

形态特征：落叶灌木，高 2～3 m。幼枝具短柔毛。叶纸质，长椭圆形，背面有柔毛。顶生圆锥花序下垂；花白色，芳香，花具短梗，萼具柔毛；花冠裂片明显短于筒部；花药和花冠裂片近等长。核果黑色。花期在 7 月，果期在 8–9 月。

分布习性：产于我国中部、东部；华北地区也有栽培。喜光，稍耐荫；较耐寒；萌枝力强，耐修剪；对有毒气体抗性强。

园林应用：良好的绿篱材料。

金叶女贞 *Ligustrum*×*vicaryi* Rehd.

形态特征：落叶或半常绿灌木，是金边卵叶女贞和欧洲女贞的杂交种。全株无毛。叶片较大叶女贞稍小，单叶对生，椭圆形或卵状椭圆形，长 2～5 cm，嫩叶黄色，后渐变为黄绿色。总状花序，小花白色，芳香，花冠裂片短于花冠筒部。夏季开花。核果阔椭圆形，紫黑色。

分布习性：长江以南及黄河流域等地的气候条件均能适应。喜光，耐荫性较差，耐寒力中等，耐修剪，对二氧化硫和氯气抗性较强；适应性强，以疏松肥沃、通透性良好的砂质壤土为最好。

园林应用：金叶女贞叶色金黄，尤其在春秋两季色泽更加璀璨亮丽。常作模纹花坛材料。

9. 茉莉属（素馨属）*Jasminum* L.

直立或攀缘状灌木。叶对生或互生，稀轮生，单叶，三出复叶或为奇数羽状复叶，无托叶。花两性，排成聚伞花序，聚伞花序再排列成圆锥状、总状、伞房状、伞状或头状；花常芳香；花冠常呈白色或黄色，稀红色或紫色，高脚碟状或漏斗状，裂片 4～12 片。浆果，成熟时呈黑色或蓝黑色。200 余种，我国产 47 种，分布于秦岭山脉以南各省区。

茉莉（茉莉花）*J. sambac*（L.）Ait.（图 6-207）

形态特征：直立或攀缘灌木。单叶对生，纸质有光泽，椭圆形或倒卵形；叶柄被短柔毛，具关节。聚伞花序顶生，通常有花 3 朵，有时单花或多达 5 朵；花极芳香；花冠白色。果球形，

图 6-207　茉莉

1—花枝；2—花

紫黑色。花期在 5–8 月，果熟期在 7–9 月。

分布习性：原产于印度及华南。喜光，稍耐荫，喜温暖气候，喜肥，以肥沃、疏松的砂壤土为宜。不耐干旱，怕渍涝和碱土。

园林应用：茉莉花朵秀丽，花香清雅，是世界著名的香花树种，可植与路旁、山坡及窗下、墙边，也可作树丛、树群之下木，或作花篱。花朵可熏制花茶和提炼香精。北方多盆栽。

视频：迎春花

迎春（迎春花）*J. nudiflorum* Lindl.（图 6–208）

形态特征：落叶灌木，直立或匍匐，枝条下垂。小枝绿色，四棱形。三出复叶对生，小叶片卵形椭圆形，顶生小叶片较大。花单生于去年生小枝的叶腋，稀生于小枝顶端；花冠黄色，裂片 5 ～ 6 片，长圆形或椭圆形。早春 2 月叶前开花。

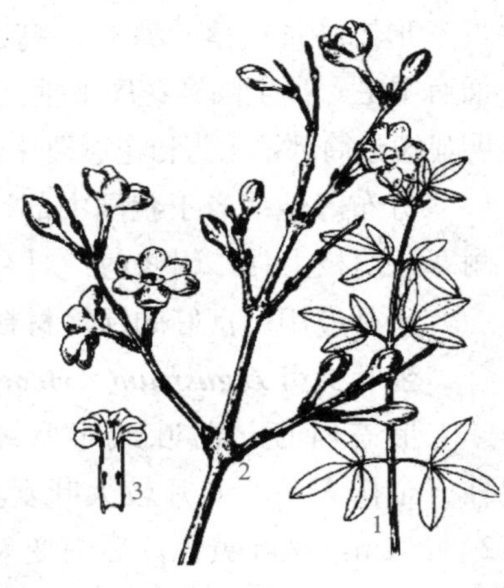

图 6–208　迎春

1—花枝；2—枝条；3—花纵剖

分布习性：产于我国北部、西北、西南各地。喜光，稍耐荫，喜温暖气候，较耐寒，耐干旱，怕渍涝，耐碱，喜肥，对土壤要求不严，根部萌发力强，根系浅。

园林应用：开花早，绿枝垂弯，金花满枝，为人早报新春，迎春植株铺散，冬季枝条鲜绿婆娑，宜植于路缘、山坡、池畔、岸边、悬崖、草坪边缘、窗下，或作花篱密植。

【知识扩展】

如何区分迎春和连翘

迎春：花萼裂片 5 ～ 6 片，花冠裂片 6 片，通常不结果 (浆果)，小枝绿色，三小叶，表面有基部凸起的短刺毛；

连翘：花萼裂片 4 片，花冠裂片 4 片，蒴果卵圆形，表面散生疣点，小枝黄褐色，皮孔明显，髓中空，单叶或有时为三小叶，缘为粗锯齿。

图 6–209　探春

1—花枝；2—果枝；3—花

探春（迎夏）*J. floridum* Bunge（图 6–209）

形态特征：直立或攀缘灌木，小枝褐色或黄绿色，当年生枝草绿色，扭曲，四棱，无毛。叶互生，复叶，小叶 3 或 5 枚，小枝基部常有单叶；叶片和小叶片上面光亮，小叶片卵状椭圆形；顶生小叶片常稍大，具小叶柄，侧生小叶片近无柄。聚伞花序或伞状聚伞花序顶生，花萼具5条凸突起的肋，无毛，花冠黄色，近漏斗状。果长圆形或球形，成熟时黑色。花期在5–6月，果期在9–10月。

亚种：亚种黄素馨（毛叶探春）ssp.*giraldii*（Diels）Miao（J. giraldii Diels）：小枝有毛；叶片纸质至薄革质，小叶片较大，长1～4 cm，上面光滑或疏被短柔毛，下面被白色长柔毛；花萼疏被短柔毛。

分布习性：产于我国北部及西部，也栽植在浙江一带。喜光，稍耐荫，喜温暖气候，稍耐寒，耐干旱，怕渍涝，耐碱，喜肥，对土壤要求不严。

园林应用：探春花金黄，叶片翠绿，色彩鲜明，花期又在夏季，很适宜制作花丛或花群。植成花篱，作为建筑物基础栽培，或配植山石，庭院栽植无不相宜。

云南黄馨（南迎春、野迎春）*J. mesnyi* Hance

形态特征：半常绿灌木。小枝四棱形，具沟，光滑无毛，当年生枝被锈色长柔毛。三出复叶对生，近革质，小叶片长卵形或长卵状披针形。花通常单生于叶腋，花萼钟状，裂片5～8片，小叶状，披针形；花冠黄色，漏斗状，较迎春花大，直径2～4.5 cm，裂片6～8片，宽倒卵形或长圆形，栽培时出现重瓣。果椭圆形。花期在3–4月，果期在4–5月。

分布习性：原产于云南，也栽植在其他南方地区。北方常温室盆栽。喜光，稍耐荫，喜温暖气候，不耐寒，耐干旱，怕渍涝，喜肥，对土壤要求不严。

园林应用：云南黄馨枝条细长拱形，春季黄花绿叶相衬，宜植于水边驳岸，细枝拱形下垂水面，可遮蔽驳岸；可植于路缘、石隙等处；或作花篱密植；温室盆栽常编扎成各种形状观赏。

【知识扩展】

如何区分迎春、探春和云南黄馨

迎春：落叶，三出复叶，花冠裂片较筒部短，花期叶前开放。

探春：半常绿蔓性灌木，叶互生，小叶3～5片，花冠黄色，花期在5–6月。

云南黄馨：似迎春，半常绿，叶和花大，重瓣，花冠裂片较筒部长，花期在3–4月，多分布于南方。

6.1.6.8 玄参科 Scrophulariaceae

草本，稀木本。叶互生、对生轮生，无托叶。花序总状、穗状或聚伞状，常合成圆锥花序。花常不整齐；萼下位，常宿存，花冠4～5裂，裂片多少不等或作二唇形；雄蕊常4枚，而有一枚退化。果为蒴果，种子细小，有时具翅或有网状种皮。约200属、3 000种，广泛分布于全球各地。我国有56属。

泡桐属 *Paulownia* Sieb. et Zucc.

落叶乔木，在热带为常绿；假二歧分枝，枝对生，常无顶芽；除老枝外全体均被毛。叶对生。多数小聚伞花序组成大型花序；花冠大，紫色或白色，花冠管基部狭缩，花冠漏斗状钟形至管状漏斗形，腹部有两条纵褶（仅白花泡桐无明显纵褶），内面常有深紫色斑点，在纵褶隆起处黄色，檐部二唇形，上唇 2 裂，多少向后翻卷，下唇 3 裂，伸长；雄蕊 4 枚，二强，不伸出。蒴果；种子小而多，有膜质翅。共 7 种，均产于我国。

泡桐（白花泡桐）***P. fortumei*（Seem.）Hemsl.**（图 6-210）

形态特征：落叶乔木，植株高达 27 m，树冠宽卵形或圆形，树皮灰褐色。小枝粗壮，初有毛，后渐脱落。叶卵形至椭圆状长卵形，先端渐尖，全缘，稀浅裂，基部心形，表面无毛，背面被白色星状绒毛。花蕾倒卵状椭圆形；花萼倒圆锥状钟形，浅裂，毛脱落；花冠漏斗状，乳白色至微带紫色，内具紫色斑点及黄色条纹。蒴果椭圆形。花期在 3–4 月，果熟期在 9–10 月。

图 6-210　泡桐

1—营养枝；2—果枝的一部分；3—果实及宿萼；4—种子；5—花

分布习性：主产于长江流域以南各省。喜光，稍耐荫，喜温暖气候，耐寒性较差。

园林应用：春天繁花似锦，夏天绿树成荫。适于庭院、公园、广场、街道作庭荫树或行道树。能吸附尘烟，抗有毒气体，净化空气，适于厂矿绿化。根深，胁地小，为平原地区粮桐间作和“四旁”绿化的理想树种。

毛泡桐（紫花泡桐）***P. fortumei* var. *tomentosa* Hemsl.**（图 6-211）

形态特征：落叶乔木，植株高达 15 m，开展树，冠宽大伞形，树皮灰褐色，平滑，幼枝，幼叶及幼果均被黏质腺毛，后光滑无毛。单叶对生；叶片阔卵形或卵形，基部心形，全缘，有时呈 3 浅裂，顶端渐尖，表面具柔毛和腺毛，背面密被星状柔毛。春季先花后叶，聚伞圆锥花序顶生；花萼钟状 5 裂，具绒毛；花冠紫色或蓝紫色，漏斗状。蒴果卵圆形，长顶端尖锐，萼宿存，不反卷。花期在 4–5 月，果期在 9–10 月。

图 6-211　毛泡桐

1—叶；2—果实及宿萼；3—花枝；4—树枝状毛

分布习性：分布在我国东部、南部及西部地区。强阳性树种，不耐荫。耐旱怕积水。较耐干旱与瘠薄，耐风沙，在北方较寒冷和干旱地区尤为适宜，不耐盐碱。喜深厚、肥沃、湿润、疏松的土壤，对有毒气体抗性强。

园林应用：宜作行道树、庭荫树，是城镇绿化及营造防护林的优良树种，也是重要的速生材料树种。

6.1.6.9 紫葳科 Bignoniaceae

木本，稀草本。常具有各式卷须及气生根。单叶或复叶，对生、互生或轮生，无托叶或具叶状假托叶，叶柄基部或脉腋处常有腺体。花两性，常聚伞、圆锥或总状花序；苞片及小苞片存在或早落。花萼钟状、筒状，平截，或具2～5齿。花冠合瓣，钟状或漏斗状，常呈二唇形，4～5裂。蒴果，通常下垂，稀为肉质不开裂；种子扁平，通常具翅或两端有束毛。约120属、650种，多广布于热带、亚热带，少数种类延伸到温带。我国有12属，约35种，南北各地均有分布；引进栽培的有16属、19种。

分属检索表

A_1 乔木或灌木。

  B_1 单叶；能育雄蕊2枚；种子两端有束毛……………………………………1 梓树属 ***Catalpa***

  B_2 奇数2回羽状复叶；小叶多数，花冠蓝色……………………………2 蓝花楹属 ***Jacaranda***

A_2 藤本或半藤状灌木。气生根攀援；奇数羽状复叶…………………………3 凌霄属 ***Campsis***

1．梓树属 *Catalpa* Scop.

落叶乔木。单叶对生，稀3叶轮生，揉之有臭气味，基出脉3～5枚，叶背脉腋间常具紫色腺点。花冠钟状二唇形，上唇2裂，下唇3裂。能育雄蕊2枚，内藏，着生于下唇。蒴果长柱形；种子两端具束毛。约13种，分布于美洲和东亚。我国引入共5种及1变型，除南部外，各地均有。

梓树（梓、楸、花楸、水桐、河楸、臭梧桐、黄花楸、水桐楸、木角豆）*C. ovata* G. Don（图6-212）

形态特征：落叶乔木，高达15m；树冠伞形，主干通直。叶阔卵形，顶端常3裂，叶片粗糙，微被柔毛，叶背基部脉腋处有紫斑。顶生圆锥花序。花萼2个唇开裂；花冠钟状淡黄色，具2根黄色条纹及紫色斑点。蒴果线形，下垂。花期在5月。

图6-212 梓树

1—花枝；2—花；3—雄蕊

分布习性：产于长江流域及以北地区，；也分布在日本。喜光，稍耐荫；适应性较强，喜温暖，也耐寒；土壤以深厚、湿润、肥沃的夹砂土较好，不耐干旱瘠薄；能耐轻盐碱土，对氯气、二氧化硫和烟尘的抗性能力强。

园林应用：梓树树体端正，冠幅开展，春夏满树白花，秋冬荚果悬挂，有一定观赏价值。该树为速生树种，可作行道树、庭荫树以及工厂绿化树种，种植于边角隙地。

● **小贴士** ◎

从古至今，与桑树合称“桑梓”，用“桑梓”比喻故乡。

楸树（楸、木王）*C. bungei* **C. A. Mey.**（图 6-213）

形态特征：落叶乔木，高 8 ～ 12 m。叶呈三角状卵形，全缘，有时基部具有 1 ～ 2 个尖齿，叶背脉腋有紫色腺斑。顶生伞房状总状花序；花萼顶端有 2 个尖裂。花冠淡红色至浅紫色，内具有 2 根黄色条纹及暗紫色斑点。蒴果线形，长 25 ～ 45 cm，较梓树果更长。种子两端生长毛。花期在 5-6 月，果期在 6-10 月。

分布习性：原产于中国，分布于黄河、长江流域。喜光，较耐寒。喜深厚肥沃湿润的土壤，不耐瘠薄和水湿，稍耐盐碱。耐烟尘、抗有害气体能力强。

图 6-213 楸树

1—花枝；2—花剖面；3—线形蒴果

园林应用：是农田、铁路、公路、沟坎、河道防护的优良树种。可栽作观赏树、庭荫树、行道树、防护林。

● **小贴士** ◎

自古以来楸树就广泛栽植于皇宫庭院、胜景名园之中，古时人们还有栽楸树以作财产遗传子孙后代的习惯。

【知识扩展】

如何区分梓树和楸树

梓树：叶片大、叶色浅，叶广卵形或近圆形，常 3 ～ 5 浅裂；叶背脉腋有多个紫斑；花淡黄色、花期夏季；果实 20 ～ 30 cm 长的蒴果。

楸树：叶片稍小、叶色深，叶三角状卵形，常不裂；叶背基部脉腋有 2 个紫斑；花粉红色、花期春季；果实 25 ～ 45 cm 长的蒴果。

黄金树（白花梓树）*C. speciosa* **Ward.**（图 6-214）

形态特征：落叶乔木；树冠伞状，树皮厚鳞片状开裂。叶卵状长圆形，对生，叶背密被白色柔毛，基部脉腋具绿色腺斑。圆锥花序顶生；线形苞片 2。

舟状花萼2裂。花冠白色，喉部有2黄色条纹及紫色细斑点。蒴果圆柱形，黑色，粗如手指，成熟时2瓣开裂。种子椭圆形，两端有丝状毛。花期在5–6月，果期在8–9月。

分布习性：原产于美国中部至东部；也栽培在我国长江流域以北。强喜光，不耐寒。喜湿润凉爽气候及深厚肥沃疏松的土壤。不耐贫瘠和积水。

园林应用：优良的阔叶树种。常作为庭院、路旁绿化树种，但生长不及梓树和楸树。

图6–214　黄金树

1—花枝；2—蒴果

2．蓝花楹属 *Jacaranda* Juss.

约50种，产于热带美洲；我国引入栽培2种。

蓝花楹（含羞草叶蓝花楹）*J. mimosifoia* D. Don

形态特征：落叶乔木，高达15 m；二回羽状复叶对生，羽片通常16对以上，每对羽片上有小叶16～24对，小叶长椭圆形两端尖，全缘。花冠筒细长，蓝色，下部微弯，上部膨大。花冠裂片圆形。圆锥花序长18 cm；花期在5–6月。蒴果木质，卵球形，径约5. 5 cm；种子小而有翅。

分布习性：原产于热带南美洲；我国华南也有栽培。喜阳光充足和温暖、多湿气候。不耐寒，不耐高温。

园林应用：蓝花楹的花、叶、果都别具特色，蓝色花开，营造出浪漫静谧的环境。可在公园中孤植，可以作为行道树和庭荫树。

3．凌霄属 *Campsis* Lour.

落叶攀缘木质藤本，以气生根攀缘。奇数羽状复叶，对生，小叶有粗锯齿。花大，红色或橙红色，组成顶生聚伞或圆锥花序。花萼钟状。花冠钟状漏斗形，檐部微呈二唇形，裂片5，大而开展。蒴果，室背开裂。种子多数，有半透明的膜质翅。共2种，1种产于美洲，1种产于中国和日本。

【知识扩展】

如何区分紫藤属和凌霄属

紫藤属：豆科；缠绕攀缘；奇数复叶全缘，互生；花总状花序下垂，紫色，春季开放；果实荚果。

凌霄属：紫葳科；吸附根攀缘；奇数复叶有齿，对生；聚伞花序，花红色，夏季开放；果实为蒴果。

凌霄（苕华、藤五加、过路娱蚣、接骨丹）*C. grandiflora*（Thunb.）Schum.（图6–215）

形态特征：落叶攀缘藤本；茎木质，表皮脱落，枯褐色，以气生根攀附于它物之上。奇数羽状复叶对生；小叶 7 ～ 9 枚，卵状披针形，边缘有 7 ～ 8 粗锯齿。顶生疏散的短圆锥花序；花萼钟状，分裂至中部。花冠唇状漏斗形，内面鲜红色，外面橙黄色。蒴果顶端钝。花期在 5–8 月。

视频：美国凌霄

分布习性：主产于我国中部，各地均有栽培；也分布在日本。喜温湿环境，耐寒、耐旱、耐瘠薄，病虫害较少，但不适宜在暴晒或无阳光下。以排水良好、疏松的中性土壤为宜，忌酸性土，有一定的耐盐碱性能力。

图 6–215　凌霄

园林应用：干枝虬曲，花大色艳，花期长，为庭院中棚架、花门良好绿化材料；适宜用于攀缘墙垣、枯树、石壁、假山间隙；经修剪、整枝可成灌木状栽培观赏；管理粗放、适应性强，理想垂直绿化材料。

小贴士 ◎

据李时珍云“附木而上，高达数丈，故曰凌霄”。

美国凌霄（厚萼凌霄、杜凌霄）***C. radicans*** **（L.）Seem.（图 6–216）**

形态特征：藤本，具气生根，长达 10 m。小叶 9 ～ 13 枚，叶轴及叶背均被短柔毛。花数朵集生成短圆锥花序；花萼钟状，5 浅裂至萼筒的 1/3 处，外向微卷，无凸起的纵肋。花冠筒细长漏斗状，橙红色至鲜红色，花较凌霄小，直径约 4 cm。蒴果顶端具喙尖。花期在 6–8 月。

分布习性：原产于美洲。我国各地常见栽培。喜充足的阳光和肥沃且排水良好的砂质壤土。

图 6–216　美国凌霄

园林应用：美国凌霄是优良的大型观花藤本植物，可定植在花架、花廊、假山、枯树或墙垣边，同凌霄。

6.1.6.10　茜草科 Rubiaceae

在线答题

木本、草本、藤本。单叶对生或轮生，全缘，稀具锯齿；有托叶。花两性，多聚伞花序；花 4 或 5 基数。雄蕊与花冠裂片同数而生于花冠上。蒴果、浆果或核果。约 637 属、10 700 种，主产于热带和亚热带地区；我国产 98 属、676 种，大部分产于西南部至东南部，西北部和北部极少。

分属检索表

A_1 花萼裂片相等或不相等，花序中有些花的萼裂片中，有 1 枚扩大成具柄的叶状体…1 香果树属 ***Emmenopterys***

A_2 花萼裂片正常，无 1 枚扩大成叶状体。

B_1 子房每室有胚珠 2 个至多数……………………………………………………2 栀子属 ***Gardenia***

B_2 子房每室有胚珠 1 个。

C_1 花由聚伞花序再组成伞房花序式；浆果……………………………………3 龙船花属 ***Ixora***

C_2 花单生或簇生；球形小核果………………………………………………4 六月雪属 ***Serissa***

1．香果树属 *Emmenopterys* Oliv.

本属约 2 种，分布于中国、泰国和缅甸。我国有 1 种。

香果树（丁木、大叶水桐子、小冬瓜、茄子树）*E. henryi* Oliv.（图 6-217）

图 6-217　香果树

1—花枝；2—花蕾；3—花纵面；4—果；5—种子

形态特征：落叶大乔木，高达 30 m。树皮呈小片状剥落。单叶对生，阔卵状椭圆形，长 15 ～ 20 cm，全缘；托叶生于叶柄间，早落。聚伞花序排成松散的大型顶生圆锥花序，长 10 ～ 18 cm；部分花的花萼裂片中有 1 片增大成花瓣状，长 3 ～ 6 cm，白色，宿存，至果成熟时变为粉红色；花冠漏斗状，5 裂。蒴果纺锤形，具纵棱，熟时红色。种子细小，具膜质翅。花期在 7-9 月，果期在 10-11 月。

分布习性：产于我国西南及长江流域，零星分布。喜温暖湿润气候；喜湿润且富含腐殖质的山地黄壤和黄棕壤，也耐干旱瘠薄，但不耐积水和土壤过于黏重。

园林应用：我国特有的单种属植物，树形高大，花序大而美丽，夏秋盛开，果形奇特，可作为园景树、庭荫树、营造风景林，在东部平原地区应用时应将幼树和其他树种混植。

2．栀子属 *Gardenia* Ellis.

本属约 250 种，分布于东半球热带和亚热带地区；我国产 5 种，分布于西南至东部。

栀子（水横枝、黄栀、山栀子、山栀、水栀子）*G. jasminoides* Ellis.（图 6-218）

图 6-218　栀子

1—果枝；2—花；3—花纵剖面

形态特征：常绿灌木，高 1 ～ 3 m。小枝绿色，有垢状毛。单叶对生或 3 叶轮生，倒卵状椭圆形，长 6 ～ 12 cm，全缘，革质而有光泽。花单生枝端或叶腋；花萼常 6 裂，裂片线形；花冠高脚碟状，常 6 裂，白色，浓香。果卵形，黄色，具 6 纵棱。花期在 6-8 月，果期在 9 月。

变种、品种：①白蟾 var. *fortuniana* Lindl.：花大而重瓣、美丽，栽培作观赏。②水栀子 var. *radicans* Makino，又称雀舌栀子，植株较小，枝常平展匍地，叶小而狭长，花也较小。③大花栀子‘Grandiflora’：叶片较大，花大而重瓣，直径 7 ～ 10 cm。④黄斑栀子‘Aureo-variegata’：叶片边缘有黄色斑块，甚至全叶呈黄色。⑤玉荷花（重瓣栀子）‘Fortuneana’：花较大而重瓣，径 7 ～ 8 cm，庭院栽培。

分布习性：产于我国长江流域，也分布在中部及中南部。喜光，耐荫，庇荫下叶色浓绿，开花稍差；喜温暖湿润气候，耐热也稍耐寒；喜肥沃、排水良好、酸性轻黏壤土，也耐干旱瘠薄；抗二氧化硫能力较强。

视频：栀子

园林应用：栀子是优良的花篱材料，可作阳台绿化、盆花、切花或盆景。适于庭院造景，植于前庭、中庭、阶前、窗前、池畔、路旁、墙隅均可，或群植、丛植、孤植、列植，或山石间、树丛中点缀一二株。成片种植则花期望如积雪，香闻数里。有一定耐荫和抗有毒气体的能力，抗污染，适于工矿区大量应用，也可用于街道绿化。

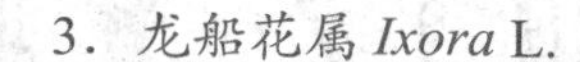
3．*龙船花属 Ixora* L.

本属 300 ～ 400 种，主要分布于亚洲、非洲和大洋洲热带，美洲热带较少。我国约 19 种，分布于西南部和东南部。

龙船花（卖子木、山丹、仙丹花）***I. chinensis* Lam.**（图 6-219）

形态特征：常绿灌木，高 1 ～ 3 m。单叶对生，倒卵状长椭圆形，长 6 ～ 13 cm，全缘，叶柄极短。花序分枝红色；花朵密生，红色或橙红色，花冠高脚碟状，筒细长，裂片 4，先端浑圆。浆果近球形，紫红色或黑色，直径 7 ～ 8 mm。在热带地区几乎全年开花，5-8 月为盛花期。

图 6-219　龙船花

1—花枝；2—花冠及雄蕊；3—花萼；4—果；5—托叶

品种：白花‘Alba’、暗橙色‘Dixiana’、黄花‘Lutea’等。

分布习性：原产于热带亚洲，华南有野生。喜光，较荫蔽；喜温暖湿润；喜富含腐殖质的酸性土壤；较耐干旱和水湿。萌芽力强。

园林应用：分枝密集，花色红艳，花期长，适于庭院各处、草坪、路边、墙角丛植，也可与山石相配，或植为花篱。长江流域以北地区温室盆栽，冬季宜室温保持在 5 ℃以上。

图 6-220　六月雪

4. 六月雪属（白马骨属）*Serissa* Comm.

本属共 2 种，分布于中国和日本。

六月雪（花镜、白马骨、满天星）***S. japonica*** **（Thunb.）Thunb.**（图 6-220）

形态特征：常绿或半常绿矮小灌木，高不及 1 m，丛生，分枝繁多，嫩枝有微毛。单叶对生或簇生于短枝，长椭圆形，长 7 ～ 15 mm，全缘，两面叶脉、叶缘及叶柄上均有白色毛。花单生或数朵簇生；花冠白色或淡粉紫色，花萼裂片三角形。核果小，球形。花期在 5-8 月，果期在 10 月。

变种、品种：①荫木 var. *Crassiramea* Makino：较原种矮小，叶质厚，层层密集；花单瓣，白色带紫晕。②重瓣荫木‘Crassiramea Plena’：枝叶似荫木，花重瓣。③金边六月雪‘Aureo-marginata’：叶缘金黄色。④重瓣六月雪‘Pleniflora’：花重瓣，白色。⑤花叶六月雪‘Varie-gata’：叶面有白色斑纹。⑥粉花六月雪‘Rubescens’：花粉红色，单瓣。

分布习性：产于长江流域及其以南地区。性喜阴湿，喜温暖气候；耐荫，不耐寒；耐修剪。

园林应用：株形纤巧、枝叶扶疏，夏日白花盛开时宛如雪花满树。可配植于雕塑或花坛周围作镶边材料，也可作基础种植、矮篱和林下地被，庭院路边及步道两侧作花径配植；交错栽植在山石、岩际，也极适宜；是水旱盆景的重要材料。

6.1.6.11　忍冬科 Caprifoliaceae

在线答题

木本，稀草本。单叶对生，稀复叶，无托叶。聚伞或轮伞花序；花两性，花冠合瓣；有时二唇型。浆果、核果或蒴果。有 13 属，约 500 种，主要分布于北温带和热带高海拔山地，东亚和北美东部种类最多。中国有 12 属、200 余种，大多分布于华中和西南各省区。

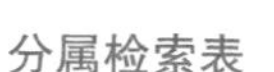

分属检索表

A_1 开裂的蒴果……………………………………………………………………1 锦带花属 ***Weigela***

A_2 浆果或核果。

　B_1 具 1 个种子的瘦果状核果。

　　C_1 果 2 个合生（有时 1 个不发育），外面密生刺刚毛………………2 猬实属 ***Kolkwitzia***

　　C_2 果分离，外面无刺刚毛，但冠以宿存、翅状萼裂片……………………3 六道木属 ***Abelia***

　B_2 浆果或浆果状核果。

　　C_1 浆果；花成对着生于叶腋或轮生枝顶，花冠二唇形……………………4 忍冬属 ***Lonicera***

　　C_2 浆果状核果；散房状或圆锥状聚伞花序，花冠辐射对称。

　　　D_1 叶为奇数羽状复叶………………………………………………………5 接骨木属 ***Sambucus***

　　　D_2 叶为单叶……………………………………………………………………6 荚蒾属 ***Viburnum***

1．锦带花属 *Weigela* Thunb.

落叶灌木；幼枝稍呈四方形。冬芽具数枚鳞片。叶对生，边缘有锯齿，无托叶。聚伞花序或簇生，稀单生；花萼 5 裂，裂片深达中部或基底；花冠钟状漏斗形，5 裂，筒长于裂片；蒴果圆柱形，革质或木质，2 瓣裂。10 余种，产于东亚；我国有三四种，引入栽培 2 种。

锦带花 *W. florida*（Bunge）A. DC.（图 6-221）

形态特征：落叶灌木，高达 1 ～ 3 m；幼枝有 2 列短柔毛；树皮灰色。芽顶端尖，具 3 ～ 4 对鳞片。叶矩圆形、椭圆形至倒卵状椭圆形，边缘有锯齿，表面疏生短柔毛，脉上毛较密，背面密生短柔毛或绒毛。花单生或成聚伞花序生于侧生短枝的叶腋或枝顶；萼筒长圆柱形，疏被柔毛；花冠紫红色或玫瑰红色，外面疏生短柔毛，裂片不整齐，内面浅红色。蒴果柱状，顶有短柄状喙；种子无翅。花期在 4-6 月。

图 6-221　锦带花

1—花枝；2—叶；3—花萼纵剖面

品种：红花锦带花（红王子锦带花）'Red Prince'：花鲜红色，花期长，常 2 次（5 月和 7-8 月）开花；花萼深裂。

视频：锦带花

分布习性：产于东北、华北及华东北部。喜光，耐寒，对土壤要求不严，耐瘠薄，怕水涝；对氯化氢的抗性较强。

园林应用：枝繁叶茂，花色艳丽，花期长，是北方重要的观花灌木。

海仙花 *W. coraeensis* Thunb.（图 6-222）

形态特征：落叶灌木，高达 5 m。叶阔椭圆形，长 8 ～ 12 cm，顶端长渐尖，边缘具钝锯齿，表面中脉及背面脉上稍被短柔毛。单花或具 3 朵花的

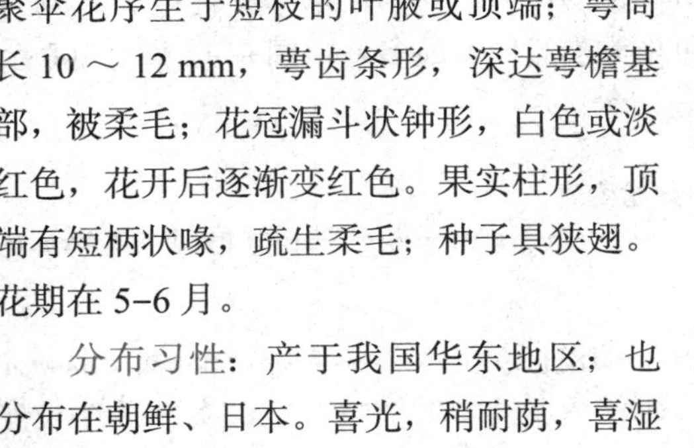

聚伞花序生于短枝的叶腋或顶端；萼筒长 10 ～ 12 mm，萼齿条形，深达萼檐基部，被柔毛；花冠漏斗状钟形，白色或淡红色，花开后逐渐变红色。果实柱形，顶端有短柄状喙，疏生柔毛；种子具狭翅。花期在 5-6 月。

视频：海仙花

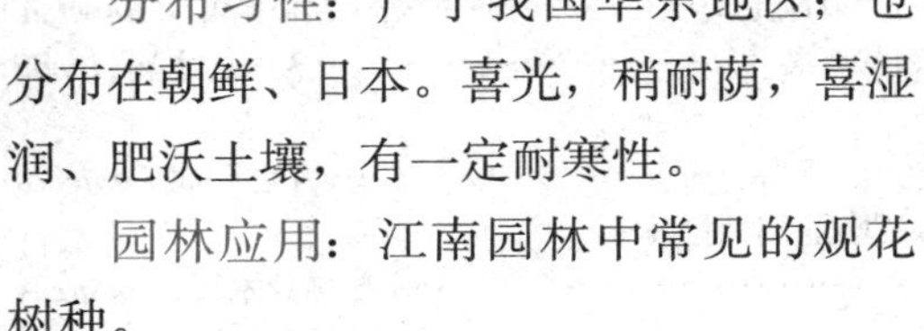

分布习性：产于我国华东地区；也分布在朝鲜、日本。喜光，稍耐荫，喜湿润、肥沃土壤，有一定耐寒性。

园林应用：江南园林中常见的观花树种。

图 6-222　海仙花

1—花枝；2—果

【知识扩展】

如何区分锦带花和海仙花

锦带花：叶大，花色变化不大；花萼浅裂；种子无翅。

海仙花：叶偏小，花色变化大；花萼深裂；种子有翅。

2．猬实属 *Kolkwitzia* Graebn.

我国特有的单种属，产于山西、陕西、甘肃、河南、湖北及安徽等省。

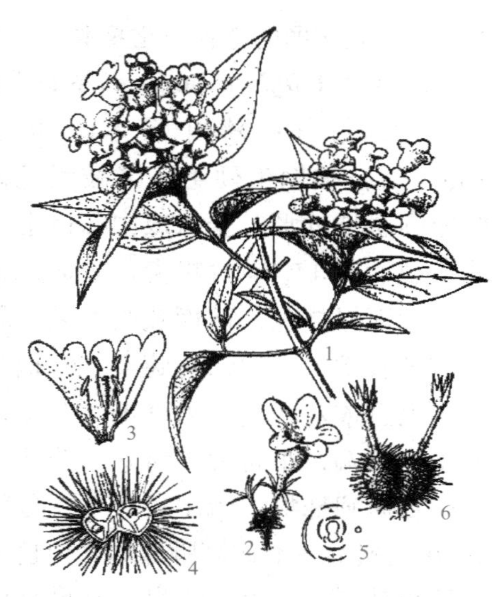

图 6-223　猬实

1—花枝；2—花；3—花纵剖面；4—子房横切面；5—花横式；6—果

视频：猬实

猬实 *K. amabilis* Graebn.（图 6-223）

形态特征：落叶灌木，高达 3 m；幼枝红褐色，被短柔毛及糙毛，老枝光滑，茎皮剥落。叶卵状椭圆形，全缘，少有浅齿状，表面深绿色，两面散生短毛，脉上和边缘密被直柔毛和睫毛；有叶柄。伞房状聚伞花序，苞片披针形，紧贴子房基部；花冠钟状，淡红色，萼筒外有毛。果实密被黄色刺刚毛，顶端伸长如角，冠以宿存的萼齿。花期在 5-6 月，果熟期在 8-9 月。

分布习性：为我国特有品种。产于山西、陕西、甘肃、河南、湖北及安徽等省。喜光，颇耐寒。

园林应用：花繁美丽，果形奇特，是优良观花赏果灌木。

3．六道木属 *Abelia* R. Br.

落叶灌木，稀常绿。单叶对生，稀 3 枚轮生，具短柄，无托叶。单花、双花或组成聚伞花序或伞房花序；苞片 2 ～ 4 片；萼片 2 ～ 5 片，花后变大，宿存；花冠筒状漏斗形或钟形，4 ～ 5 裂。革质瘦果。20 余种，分布于我国、日本、中亚及墨西哥。我国有 9 种。

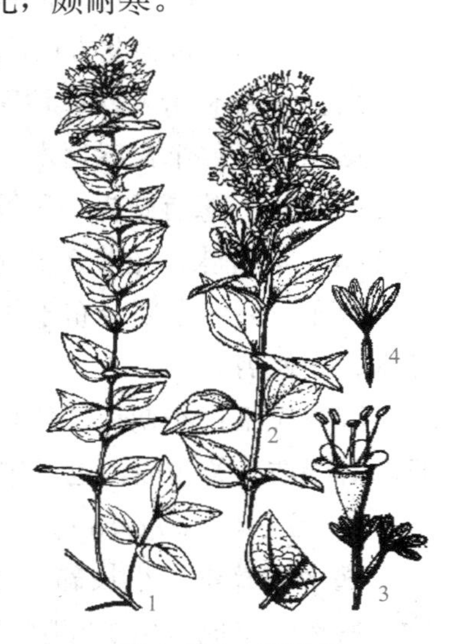

图 6-224　糯米条

1—密生型花枝；2—疏生型花枝；3—花；4—果

糯米条 *A. chinensis* R. Br.（图 6-224）

形态特征：落叶灌木，高达 2 m。叶椭圆状卵形，长 2 ～ 5 cm，边缘有稀疏圆锯齿，背面基部主脉及侧脉密被白色长柔毛。圆锥状聚伞花序生于小枝上部叶腋；花芳香，具 3 对小苞片，小苞片矩圆形，具睫毛；萼筒被短柔毛，萼檐 5 裂，果期变红色；花冠白色至红色，漏斗状。瘦果具宿存而略增大的萼裂片。花期在 7–9 月，果期在 10–11 月。

分布习性：分布于我国长江以南各省区。喜光，稍耐荫，耐干旱瘠薄，有一定耐寒性。

园林应用：花繁密而芳香，花期长，花后宿存的萼片变红，在深秋似盛开的红花，是美丽的芳香观花灌木。

六道木 ***A. biflora* Turcz.**（图 6–225）

形态特征：落叶灌木，高达 3 m；幼枝被倒生硬毛，老枝无毛。叶矩圆状披针形，全缘或中部以上羽状浅裂而具 1 ～ 4 对粗齿，表面深绿色，背面绿白色，两面疏被柔毛，脉上密被长柔毛，边缘有睫毛；叶柄基部膨大且成对相连，被硬毛。花成对着生侧枝端；小苞片三齿状，花后不落；萼筒圆柱形，疏生短硬毛，萼齿 4；花冠狭漏斗形或高脚碟形，白色、淡黄色或带浅红色，4 裂；瘦果具硬毛，冠以 4 枚宿存而略增大的萼裂片；种子圆柱形。早春开花，果熟期在 8–9 月。

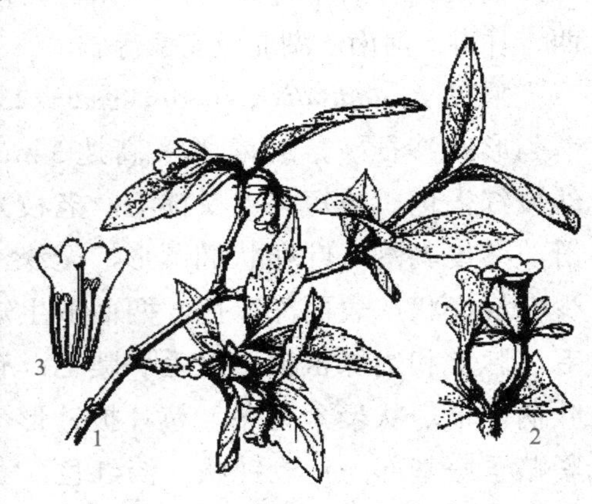

图 6–225　六道木
1—花枝；2—花放大；3—花纵切面放大

分布习性：产于我国北部。耐荫、耐寒，喜湿润。

园林应用：常为北方山区水土保持树种，也可作为岩石园材料。

视频：大花六道木

大花六道木 *A.* × *grandiflora*（Andre）Rehd.

形态特征：半常绿灌木，高达 2 m；幼枝红褐色，有短柔毛。叶倒卵形，长 2 ～ 4 cm，缘有疏齿，墨绿有光泽。顶生圆锥花序；花冠白粉色，钟形，长约 2 cm，有香味；花萼 2 ～ 5 片，宿存，粉红色；花期在 6–11 月。

分布习性：主要分布于华东、西南及华北等地。耐半荫，耐寒，耐旱，耐瘠薄，耐修剪。

园林应用：花期长，秋叶铜褐色或紫色，是美丽的观花灌木。宜丛植于草坪、林缘或建筑物前，也可作盆景、绿篱、花境材料。

4. *忍冬属 Lonicera* L.

灌木或藤本；小枝髓实心或空心。单叶对生，全缘，稀具齿或分裂。花常二唇形，常成对生于叶腋或轮生于枝顶；每对花有苞片和小苞片各 1 对。约 200 种，产于北温带至亚热带地区。我国有 98 种，广泛分布于全国各省区，而以西南部种类最多。

金银花（忍冬、金银藤）*L. japonica* Thunb.（图 6-226）

形态特征：半常绿缠绕藤本。叶纸质，卵形，有糙缘毛。花成对腋生；苞片叶状；花萼 5 裂；花冠白色，有时基部向阳面呈微红，后变黄色，唇形，上唇 4 裂，下唇带状而反曲。浆果圆形，熟时蓝黑色，有光泽；种子褐色。花期在 4–6 月，果熟期在 10–11 月。

图 6-226　金银花

1—花枝；2—花纵剖面；3—果放大；4—几种叶型

分布习性：除黑龙江、内蒙古、宁夏、青海、新疆、海南和西藏外，分布在全国各省；也分布在日本和朝鲜。喜光，耐荫、耐寒、耐干旱和水湿。

园林应用：夏日开花不绝，有芳香，枝条中空，植株轻，是良好的垂直绿化及棚架材料。

【知识扩展】

如何区分金银花和金银木

金银花：落叶藤本，苞片叶状卵形，果实黑色。

金银木：直立落叶灌木，苞片线性及披针形，果实红色。

金银木（金银忍冬）*L. maackii*（Rupr.）Maxim.（图 6-227）

形态特征：落叶灌木，高达 6 m。小枝髓黑色，后中空。幼枝、叶两面脉上、叶柄、苞片、小苞片及萼檐外面都被短柔毛和微腺毛。叶纸质，通常卵状椭圆形至卵状披针形；有叶柄。花芳香，成对腋生，总花梗短于叶柄；苞片条形，萼檐钟状；花冠二唇形，先白色后变黄色，筒长约为唇瓣的 1/2。浆果圆形，暗红色。花期在 5–6 月，果熟期在 8–10 月。

图 6-227　金银木

1—花枝；2—苞片、小苞片、萼筒放大

分布习性：产于我国东北、华北、华东、陕西、甘肃至西南地区；也分布在朝鲜、日本和俄罗斯远东地区。喜光，耐荫、耐寒、耐旱，喜湿润肥沃土壤。

园林应用：良好观花观果树种，常植园林绿地观赏。

鞑靼忍冬（新疆忍冬）***L. tatarica*** **L.**（图 6-228）

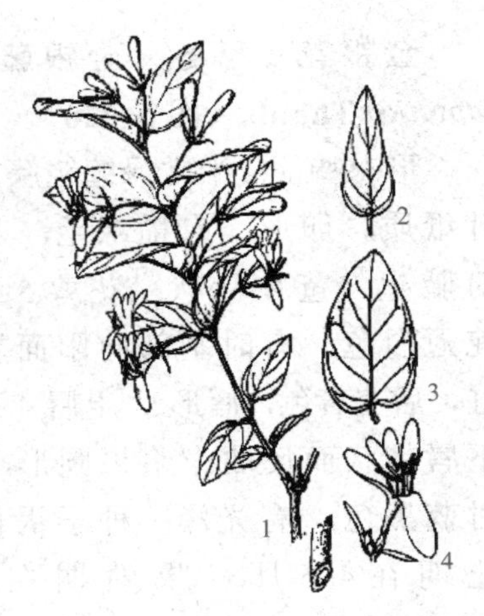

图 6-228　鞑靼忍冬

1—花枝；2，3—两种叶型；4—花放大

形态特征：落叶灌木，高达 4 m，小枝中空。叶纸质，卵形或卵状矩圆形。花成对腋生，总花梗长 1～2 cm；苞片条状披针形，小苞片分离；花冠粉红色或白色，唇形，筒短于唇瓣，上唇两侧裂深达唇瓣基部，中裂较浅；雄蕊和花柱稍短于花冠。浆果红色，圆形，双果中的 1 个通常不发育。花期在 5-6 月，果熟期在 7-8 月。

分布习性：产于新疆北部；黑龙江和辽宁等地均有栽培；俄罗斯欧洲部分至西伯利亚地区也有分布。对不良环境有较强的抗性，抗旱、抗寒，对土壤要求不严，耐瘠薄、耐修剪。

园林应用：花美叶秀，常植于庭院观赏。

苦糖果 ***L. standishii*** **Jacques**（图 6-229）

图 6-229　苦糖果

1—果枝；2—花枝；3—花纵剖面；4—几种叶型

形态特征：落叶灌木。小枝和叶柄有时具短糙毛。叶卵形、椭圆形，通常两面被刚伏毛，叶边缘有睫毛。花柱下部疏生糙毛。花期在 1 月下旬至 4 月上旬，果熟期在 5-6 月。

分布习性：产于我国中西部及东部。喜光，耐荫，在湿润、肥沃的土壤中生长良好。

园林应用：常植于庭院观赏。

郁香忍冬 ***L. fragrantissima*** **Lindl. et Paxt.**（图 6-230）

图 6-230　郁香忍冬

1，2—花枝；3—花纵剖面放大；4—三种叶型

形态特征：半常绿或落叶灌木，高达 2 m。幼枝无毛或疏被倒刚毛。冬芽有 1 对顶端尖的外鳞片。叶厚纸质或带革质，倒卵状椭圆。花先于叶或与叶同时开放，芳香，成对腋生；苞片披针形至近条形；相邻两萼筒约连合至中部，萼檐近截形或微 5 裂；花冠白色或淡红色，唇形，裂片深达中部；浆果矩鲜红色，部分连合。花期在 2 月中旬至 4 月，果熟期在 4 月下旬至 5 月。

分布习性：产于河北、河南、湖北、安徽、浙江、江西、上海、杭州、庐山和武汉等地。喜光，耐荫，在湿润、肥沃的土壤中生长良好；耐寒、耐旱、忌涝，萌芽性强。

园林应用：花期早而芳香，果红艳，常植于庭院观赏。

5．接骨木属 *Sambucus* Linn.

茎干具发达的髓。单数羽状复叶，对生；托叶叶状或退化成腺体。复伞式或圆锥式聚伞顶生；花小，白色或黄白色，整齐；萼齿 5 个；花冠辐状，5 裂。浆果状核果红黄色或紫黑色。约有 20 种，主产于东亚和北美；我国有 4 ～ 5 种，从国外引种栽培 1 ～ 2 种。

接骨木（公道老、扦扦活）*S. williamsii* Hance（图 6-231）

形态特征：落叶灌木或小乔木，高 5 ～ 6 m；老枝淡红褐色，具明显皮孔，髓部淡褐色。奇数羽状复叶，对生，揉碎后有臭味；托叶狭带形，或退化成带蓝色的凸起。花叶同出，圆锥形聚伞花序顶生；花小而密；花冠辐射对称，花冠蕾时带粉红色，开后白色或淡黄色。浆果状核果红色，稀蓝紫黑色，卵圆形或近圆形。花期在 4–5 月，果熟期在 9–10 月。

图 6-231　接骨木

1—花枝；2—叶；3—果放大；4—花；5，6—冬芽

分布习性：在我国南北地区广泛分布。喜光，耐寒，耐旱；根系发达，萌蘖性强。

园林应用：枝叶茂密，春季百花满树，夏秋红果累累，宜植于园林绿地观赏。

西洋接骨木 *S. nigra* L.

形态特征：落叶乔木或大灌木，高可 10 m；幼枝具纵条纹，二年生枝黄褐色，具圆形皮孔；髓部发达，白色。羽状复叶有小叶片 1 ～ 3 对，通常 2 对，具短柄，椭圆形或椭圆状卵形，边缘具锐锯齿，揉碎后有恶臭，托叶叶状或退化成腺形。圆锥形聚伞花序分枝 5 出，平散；花小而多；萼筒长于萼齿；花冠黄白色。核果亮黑色。花期在 4–5 月，果熟期在 7–8 月。

分布习性：原产于南欧、北美及西伯利亚地区。我国陕西、山东、江苏、上海等也有栽培。喜光，耐荫，较耐寒，又耐旱；根系发达，荫蘖性强有力；忌水涝。

园林应用：开花美丽，可供观赏。

6．荚蒾属 *Viburnum* L.

灌木或小乔木。单叶，对生。花小，两性，整齐；合瓣花，花冠白色，稀淡红色，辐射对称，5 裂；萼齿 5 个，宿存；花序中全为可育花或有不育边花。核果。约有 200 种，分布于温带和亚热带地区。我国约有 70 种，西南部种类最多。

【知识扩展】

如何区分八仙花属和荚蒾属

八仙花属：八仙花科；顶生聚伞或圆锥花序，边缘具大型不育花；蒴果。雄蕊通常10枚，有时8枚，也可多达25枚。

荚蒾属：忍冬科；全发育或花序边缘为不孕花，组成伞房状、圆锥状或伞形聚伞花序；浆果状核果。雄蕊5枚。

珊瑚树（法国冬青）*V. awabuki* K.Koch.（图6-232）

形态特征：常绿灌木或小乔木，高2～10 m。树皮灰色；枝有小瘤状皮孔。叶革质，倒卵状长椭圆形，边缘上部有不规则浅波状锯齿或近全缘，表面深绿色有光泽，背面浅绿色。圆锥花序顶生或生于侧生短枝上，长5～10 cm；萼筒钟状；花冠辐状，白色，芳香。核果先红色后变黑色，卵圆形或卵状椭圆形。花期在5–6月，果熟期在7–9月。

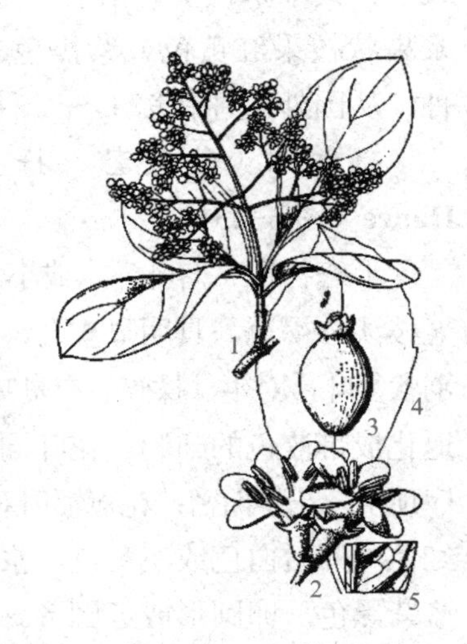

图6-232　珊瑚树

1—花枝；2—花放大；3—果放大；4—叶；5—叶背放大

分布习性：主产于日本及朝鲜南部，也在我国长江流域普遍栽培。稍耐荫，喜温暖气候，不耐寒；耐烟尘，对二氧化硫及氯气有较强的抗性和吸收能力，抗火力强，耐修剪。

园林应用：可作绿篱或绿墙，也是工厂区绿化及防火隔离选择的良好树种。

枇杷叶荚蒾（皱叶荚蒾）*V. rhytidophyllum* Hemsl.

形态特征：常绿灌木或小乔木，高达4 m。幼枝、芽、叶下面、叶柄及花序均被有黄白色、黄褐色或红褐色厚绒毛。叶革质，卵状矩圆形，表面深绿色有光泽，各脉深凹陷而呈极度皱纹状。聚伞花序稠密，总花梗粗壮；花冠白色，辐状，裂片圆卵形。核果红色，后变黑色，宽椭圆形。花期在4–5月，果熟期在9–10月。

分布习性：产于陕西南部、湖北西部、四川东部和东南部及贵州等地。喜光，耐半荫，较耐寒。

园林应用：果实美丽，宜植于园林观赏。

香荚蒾 *V. farreri* W. T. Stearn（图6-233）

形态特征：落叶灌木，高达5 m。当年小枝

图6-233　香荚蒾

1—花枝；2—花放大

绿色，两年生小枝红褐色。叶纸质，椭圆形，长 4 ～ 8 cm，边缘具三角形锯齿，脉腋集聚簇状柔毛。圆锥花序生于能生幼叶的短枝之顶，花先叶开放，芳香；花冠蕾时粉红色，开后变白色，高脚碟状，裂片 4 ～ 5 枚，开展。核果紫红色，矩圆形。花期在 4–5 月。

分布习性：产于甘肃、青海及新疆；山东、河北、甘肃、青海等省多有栽培。耐寒，略耐荫。

园林应用：花期早而芳香，花序及花形颇似白丁香，是北方园林中常见的观赏灌木。

木本绣球 *V. macrocephalum* Fort.（图 6–234）

形态特征：落叶或半常绿灌木，高达 4 m。树皮灰褐色或灰白色；芽、幼技、叶、叶柄及花序均密被灰白色或黄白色簇状短毛，后渐变无毛。叶纸质，椭圆形，边缘有小齿。聚伞花序长达 20 cm，全部由大型不孕花组成；花冠白色，辐状，裂片圆状倒卵形，筒部甚短；雌蕊不育。花期在 4–5 月。

图 6–234　木本绣球
1—花枝

视频：木本绣球

分布习性：华北、华中园林常见的观花灌木。喜光照，稍耐荫，耐寒性不强。

园林应用：花开如雪球，适合种草坪或空旷地，常作观花观果树种。

蝴蝶绣球 *V. plicatum* Thunb.（图 6–235）

形态特征：落叶灌木，高达 3 m。当年小枝浅黄褐色，被绒毛，2 年生枝散生皮孔。叶纸质，宽卵形，稀微心形，边缘有不整齐三角状锯齿，表面疏被毛，小脉横列，并行，紧密，成明显的长方形格纹。聚伞花序伞形式，由大型的不孕花组成，球形；花冠白色，辐状，裂片有时仅 4 枚，大小常不相等；雌、雄蕊均不发育。花期在 4–5 月。

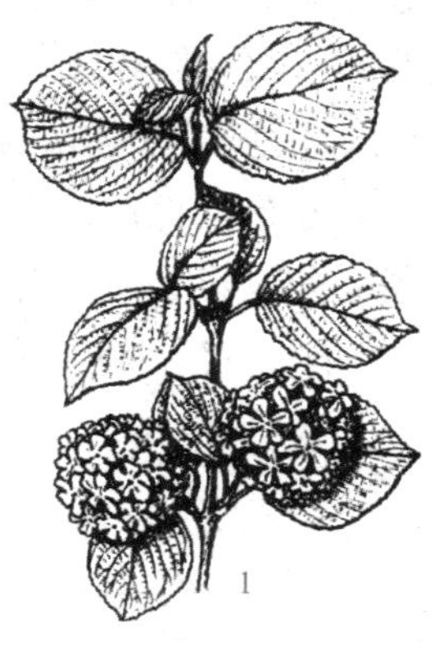

图 6–235　蝴蝶绣球
1—花枝

分布习性：产于湖北西部和贵州中部，也在各地栽培；还分布在日本。喜光照，略耐荫，性强健，耐寒性不强，萌芽力和萌蘖力都比较强，耐修剪。

园林应用：树姿舒展，开花时白花满树，犹如积雪压枝，十分美观，广泛应用于园林绿地。

天目琼花 *V.sargentii* Koehne（图 6–236）

形态特征：落叶灌木，高达 3 ～ 4 m。树皮质厚而多少呈木栓质。叶卵圆形，常 3 裂，缘有不规则大齿；叶柄端两侧有 2 ～ 4 盘状大腺体。聚伞花序组成伞形复花序，具大形白色不育边花；花药紫红色。核果近球形，鲜红色。花期在5-7月，果熟期在9-10月。

分布习性：产于我国东北、内蒙古、华北至长江流域。耐寒、耐旱、耐半荫，少病虫害。

园林应用：是美丽的观花赏果灌木，常在各地园林中栽培。

视频：天目琼花

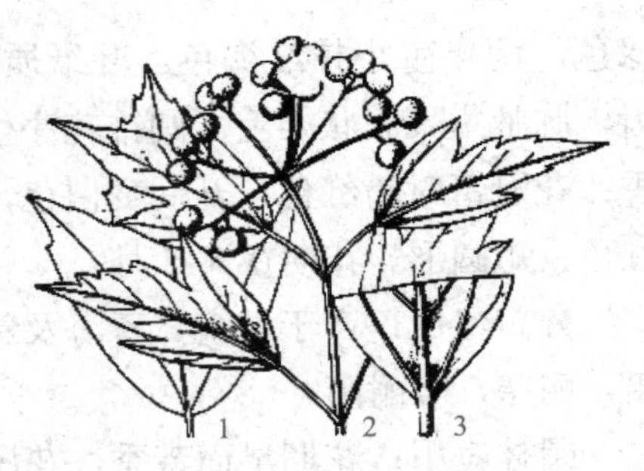

图 6-236　天目琼花

1—叶；2—果枝；3—叶背放大

【知识扩展】

如何区分天目琼花和木本绣球

天目琼花：小枝有木栓翅，叶柄有腺体；叶片有裂，花药紫色；果实鲜红色。

木本绣球：小枝无木栓翅，叶柄无腺体；叶不裂，花药黄色，基本为不育花，结果少。

欧洲荚蒾 *V. opulus* Linn.

形态特征：落叶灌木，高达1.5～4 m；当年小枝有棱，有皮孔，老枝和茎干暗灰色，树皮质薄而非木栓质，常纵裂。叶圆卵形，通常3裂，具掌状三出脉，边缘具不整齐粗牙齿；叶柄有长盘形腺体，基部有2片钻形托叶。复伞形式聚伞花序，周围有大型的不孕花，总花梗粗壮；花冠白色，辐状；大小稍不等，筒与裂片几等长，内被长柔毛；不孕花白色，有长梗，裂片宽倒卵形。核果红色，近圆形。花期在5-6月，果熟期在9-10月。

分布习性：产于新疆西北部；分布于欧洲、北非及亚洲北部。喜光，耐寒，喜湿润肥沃土壤。

园林应用：花、果美丽，秋叶红艳，是优良的观赏灌木，广泛应用于园林绿地。

视频：欧洲荚蒾

6.2 单子叶植物纲 Liliopsida（Monocotyledons）

6.2.1　棕榈科 Palmaceae

木本，茎通常不分枝，单生或几丛生，表面平滑或粗糙，或有刺，或被残存老叶柄的基部或叶痕，稀被短柔毛。叶互生，羽状或掌状分裂，稀为全缘或近全缘；叶柄基部通常扩大成具纤维的鞘。花小，佛焰花序（或肉穗花序）；花萼和花瓣各3片。核果、浆果或坚果，种子通常1个。约210属、2800种，分布于热带、亚热带地区，主产于热带亚洲及美洲，少数产于非洲。我国约有28属、100余种，产于西南至东南部各省区。

分属检索表

A_1 叶掌状分裂。

B_1 叶柄两侧光滑无齿或刺。丛生灌木，干细如指……1 棕竹属 ***Rhapis***

B_2 叶柄两侧有齿、刺。乔木或灌木。干粗15 cm以上。

C_1 心皮离生。叶裂片深；叶柄两侧有极细之锯齿……2 棕榈属 ***Trachycarpus***

C_2 心皮合生。叶裂片浅；叶柄两侧有较大的倒钩刺……3 蒲葵属 ***Livistona***

A_2 叶羽状分裂。

B_1 叶为2～3回羽状分裂，裂片菱形……4 鱼尾葵属 ***Caryota***

B_2 叶为一回羽状全裂，裂片线形、线状披针形或长方形，边全缘或仅局部啮蚀状齿。

C_1 叶轴上近基部裂片变成针刺状……5 刺葵属 ***Phoenix***

C_2 叶柄和叶轴均无刺。

D_1 果大，中果皮为厚而松软的纤维质；内果皮萌发孔3枚……6 椰子属 ***Cocos***

D_2 果小，中果皮通常薄而非纤维质；内果皮无萌发孔。……7 散尾葵属 ***Chrysalidocarpus***

在线答题

6.2.1.1 棕竹属 *Rhapis* Linn. f. ex Ait.

本属约12种，分布于亚洲东部及东南部。我国约有6种，分布于西南部至南部。

棕竹（矮棕竹）***R. excelsa***（**Thunb.**）**Henry ex Rehd.**（图6-237）

形态特征：丛生灌木，茎有节，被网状叶鞘。叶掌状深裂，裂片4～10片；叶柄顶端的小戟突常为半圆形。肉穗花序腋生，花小，淡黄色，单性，雌雄异株，总花序梗及分枝花序有佛焰苞包着。果实球状倒卵形。花期在6–7月，果期在10–12月。

图6-237 棕竹

1—植株；2—叶下部，示叶柄顶端小戟突；3—果序；4—叶部分放大，示细横脉

分布习性：产于我国中南部及西南部地区。喜温暖湿润及通风良好的半荫环境，不耐积水，极耐荫，畏烈日，要求疏松肥沃的酸性土壤，不耐瘠薄和盐碱，要求较高的土壤湿度和空气温度。

视频：棕竹

园林应用：棕竹呈现热带风光，在北方盆栽作为室内观叶植物，在南方丛植于庭院内大树下或假山旁。

6.2.1.2 棕榈属 *Trachycarpus* H. Wendl.

本属约8种，分布于印度、中南半岛至中国和日本。我国约3种，其中1

种普遍栽培于南部各省区，另 2 种产于云南西部至西北部。

视频：棕榈

棕榈（棕树、山棕）*T. fortunei*（Hook.）H. Wendl.（图 6-238）

形态特征：常绿乔木状，茎单生。叶柄基部有网状纤维。叶掌状分裂。圆锥花序，腋生，鲜黄色，通常是雌雄异株，花小，雌花序有 3 个佛焰苞包被。核果，果实阔肾形，有脐，成熟时由黄色变为淡蓝色，有白粉，柱头残留在侧面附近。花期在 4 月，果期在 12 月。

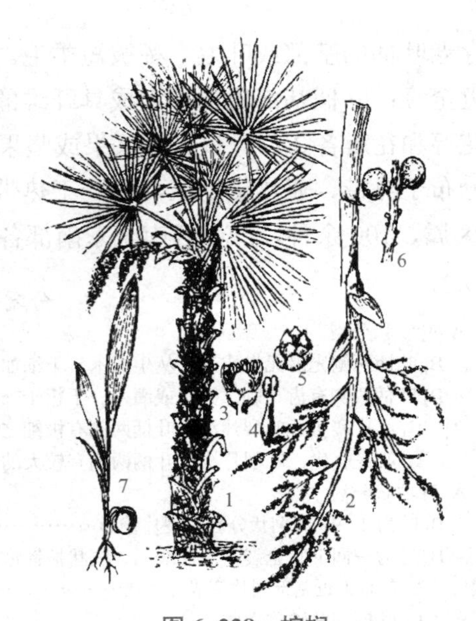

图 6-238　棕榈

1—树全形；2—花序；3—雌花；4—雄蕊；5—雌花；6—果序一节及果；7—幼苗

分布习性：在我国分布得很广，长江流域及其以南常见栽培。喜温暖湿润气候，喜光，是棕榈科最耐寒的植物，稍耐荫；易风倒，喜肥；耐烟尘，对有毒气体抗性强。

园林应用：挺拔秀丽，一派南国风光，工厂绿化优良树种。可列植、丛植或成片栽培，也常用盆栽或桶栽作室内或建筑前装饰及布置会场之用。

6.2.1.3　蒲葵属 *Livistona* R. Br.

本属约 30 种，分布于亚洲及大洋洲热带地区。我国有 3 ～ 4 种，分布于西南部至东南部地区。

蒲葵（葵树）*L. chinensis*（Jacq.）R. Br.（图 6-239）

形态特征：乔木状，高达 20 m，基部常膨大。叶阔肾状扇形，直径达 1 m，掌状深裂至中部，裂片线状披针形，小裂片丝状下垂，叶柄长 1 ～ 2 m。花序呈圆锥状，粗壮，长约 1 m，总梗上有 6 ～ 7 个佛焰苞。果实椭圆形黑褐色。种子椭圆形。花果期在 4 月。

视频：蒲葵

分布习性：原产于华南地区，也在华南、西南栽培。喜温暖、湿润、向阳的环境，耐荫。抗风，耐旱、耐湿，也较耐盐碱，能在海边生长。喜湿润、肥沃的黏性土壤。

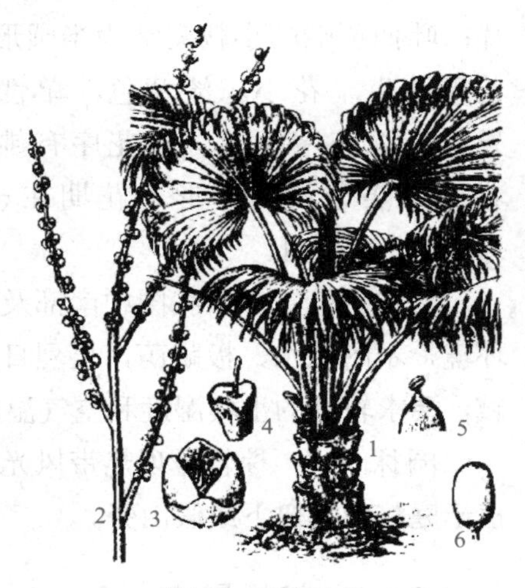

图 6-239　蒲葵

1—树全形；2—花序部分；3—花；4—雌蕊；5—雄蕊；6—果

园林应用：树形美观，可丛植、列植、孤植。我国北方地区可室内盆栽观赏。

【知识扩展】

如何区分棕榈和蒲葵

棕榈：掌状裂叶分裂深，剪去分裂的部分，没有足够的叶面做蒲扇。棕榈叶柄两侧有锯齿。叶柄基部有网状纤维，叶鞘纤维可制绳索、床垫等。

蒲葵：掌状裂叶分裂较棕榈浅一点，嫩叶制蒲扇。蒲葵叶柄下部有 2 列逆刺。

6.2.1.4 鱼尾葵属 *Caryota* L.

本属约 12 种，分布于亚洲南部与东南部至澳大利亚热带地区。我国有 4 种，产于南部至西南部。

鱼尾葵（假桄榔）***C.maxima* Bl.**（图 6-240）

形态特征：乔木，高达 20 m。叶二回羽状全裂，长 2 ～ 3 m，宽 1.15 ～ 1.65 m，每侧羽片 14 ～ 20 片；裂片厚革质，有不规则齿缺，酷似鱼鳍端延长成长尾尖，叶柄长仅 1.5 ～ 3 m；叶鞘巨大，长圆筒形，抱茎，长约 1 m 余。圆锥状肉穗花序，下垂。果球形熟时淡红色，有种子 1 ～ 2 颗。花期在 7 月。

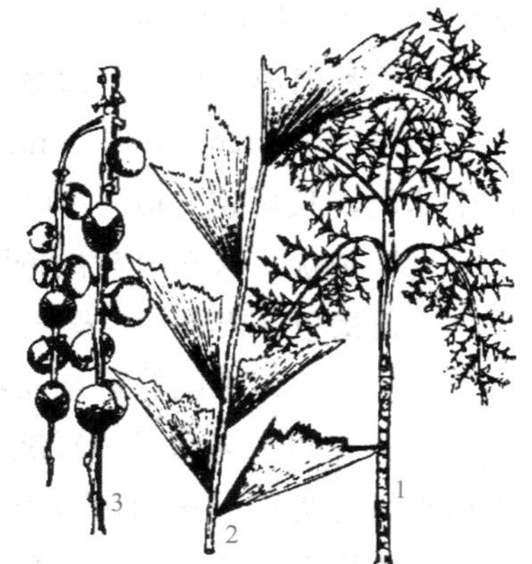

图 6-240　鱼尾葵
1—部分花序；2—部分叶裂片；3—果序

分布习性：分布于广东、广西、云南、福建等地。耐荫，喜湿润酸性土。

园林应用：树姿优美，叶形奇特，供观赏。自广西桂林以南作为庭院绿化、行道树、庭荫树。北方地区可在室内盆栽。

6.2.1.5 刺葵属 *Phoenix* L.

叶羽状全裂，羽片狭披针形或线形，芽时内向折叠，基部的退化成刺状。花序生于叶间，佛焰苞鞘状；花单性，雌雄异株；花小，黄色，革质。果实长圆形。种子 1 颗。约 17 种，分布于亚洲与非洲。我国有 2 种，引入 4 种，多作为观赏品种栽培。

视频：软叶刺葵

软叶刺葵（江边刺葵）***P. roebelenii* O. Brien**

形态特征：常绿灌木，高 1 ～ 3 m，茎单生或丛生，茎干有残存的三角舌状叶柄基。羽状复叶常拱垂；小叶较柔软，2 列，近对生，基部内折；基部小叶成刺状。花小，黄色。果黑色，鸡蛋状，簇生，下垂。夏季开花；秋季果熟。

分布习性：产于中南半岛，也分布在云南南部。喜光，不耐寒。

园林应用：树形美丽，广州等地庭院有栽培，更宜盆栽观赏，是用于室内绿化的好树种。

海枣（伊拉克枣、椰枣）*P. dactylifera* L.

形态特征：乔木状，高达 35 m，茎具宿存的叶柄基部，上部的叶斜升，下部的叶下垂，形成一个较稀疏的头状树冠。叶长达 6 m；叶柄长而纤细；羽片线状披针形，下部的羽片变成长而硬的针刺状。佛焰苞长、大而肥厚，花序为密集的圆锥花序。果实长圆状椭圆形，成熟时深橙黄色。种子 1 颗，扁平。花期在 3–4 月，果期在 9–10 月。

分布习性：原产于西亚和北非。福建、广东、广西、云南等省区均有引种栽培。耐高温、耐水淹、耐干旱、耐盐碱、耐霜冻（能抵抗 −10 ℃的严寒），喜阳光，栽培土壤要求不严，但以土质肥沃、排水良好的有机壤土最佳。极为抗风。

园林应用：树干粗壮，高大雄伟，羽片密而伸展，为优美的热带风光树。常植于公园、庭院的风景树。可盆栽作室内布置，也可室外露地栽植。

加拿利海枣（加纳利海枣、长叶刺葵）*P. canariensis* Chabaud

形态特征：高 10 ～ 18 m，单干直立且粗壮；具鱼鳞状叶痕。羽状复叶，顶生丛出，长可达 6 m，每叶有 100 多对小叶（复叶），小叶狭条形，近基部小叶成针刺状，基部由黄褐色网状纤维包裹；穗状花序腋生，长可至 1 m 以上；花小，黄褐色；浆果，长椭圆形，熟时黄色至淡红色；通常不能正常发育结实。

分布习性：中国热带至亚热带地区可露地栽培。

园林应用：树形优美舒展，在公园造景中与草坪配置能映衬出它的婀娜多姿和刚健之美；在华南可栽植行道树或在滨海地段配植。幼株可制作盆景，用于布置节日花坛和会场，具有热带风情。

视频：加纳利海枣

6.2.1.6 椰子属 *Cocos* L.

本属仅 1 种，广泛分布于热带沿海地区。我国福建、台湾、广东、海南及云南均有分布或栽培。

椰子（可可椰子）*C. nucifera* L.（图 6–241）

形态特征：植株高大，枝干有环状叶痕，基部增粗，常有簇生小根。叶羽状全裂，革质；叶柄粗壮，长达 1 m 以上。花序腋生多分枝；佛焰苞纺锤形，厚木质。坚果大，外皮薄，中果皮厚纤维质，内果皮木质坚硬，果腔含有胚乳，胚和汁液（椰子水）。几乎全年开花，果熟期在 7–9 月。

分布习性：主要产于我国广东南部诸岛及雷州半岛、海南、台湾及云南南部热带地区。为热带喜光作物，在高温、多雨、阳光充足和海风吹拂的条件下生长发育良好。适宜的土壤是海淀冲积土和河岸冲积土。

图 6–241 椰子
1—树全形；2—花序的一分枝；3—果及纵剖面

园林应用：椰子苍翠挺拔，在热带和南亚热带地区的风景区，尤其是海滨区为主要的园林绿化树种。可作行道树，或丛植、片植。

6.2.1.7　散尾葵属 *Chrysalidocarpus* H. Wendl.

本属约 20 种，主产于马达加斯加。我国常栽培 1 种。

散尾葵（黄椰子）*C. lutescens* H. Wendl.（图 6-242）

形态特征：丛生灌木，高 2 ～ 5 m，基部略膨大。叶羽状全裂，长约 1.5 m，羽片 40 ～ 60 对，2 列，黄绿色，表面有蜡质白粉；叶柄及叶轴光滑，黄绿色，上面具沟槽，背面凸圆；叶鞘长而略膨大，有纵向沟纹。花序生于叶鞘之下，呈圆锥花序式。果实鲜时土黄色，干时紫黑色，外果皮光滑，中果皮具网状纤维。花期在 5 月，果期在 8 月。

图 6-242　散尾葵

1—植株形态；2—叶一段，示羽片；3—果穗一部分；4—果实纵剖图；5—分枝花序一部分；6—雄花

分布习性：产于马达加斯加；也在我国广州、深圳、台湾等地用于庭院栽植。喜温暖、潮湿、半荫环境。耐寒性不强。适宜疏松、排水良好、肥沃的土壤。

园林应用：北方常作为温室盆栽观赏，宜用来布置厅堂、会场。

6.2.2　禾本科 Gramineac

草本或木本；地上茎通称秆，秆中空、有节，少实心。叶 2 列互生，常由叶片和叶鞘组成（竹类植物尚有叶柄），叶鞘包秆，通常一侧开口；叶片扁平，平行脉；叶片与叶鞘交接处内面常有 1 叶舌；叶鞘顶端两侧各有 1 叶耳。花序由小穗排成穗状、总状、指状、圆锥状等各式；花两性、单性或中性，花被退化成鳞片。颖果，稀浆果或坚果。约 700 属，近 10 000 种，广泛分布于全球。我国有 225 属，约 1500 种，全国皆产。

分属检索表

A_1 地下茎为单轴型；秆每节分枝大都为 2 个；秆箨常为革质或厚纸质……………1 刚竹属 ***Phyllostachys***

A_2 地下茎为复轴型或合轴型；秆圆筒型。

　B_1 地下茎为合轴型。

　　C_1 箨鞘的顶端略宽于箨叶基部，箨叶常直立，若外反，则小枝常硬化成刺…2 孝顺竹属 ***Bambusa***

　　C_2 箨鞘的顶端远宽于箨叶基部，箨叶常外反，小枝不硬化成刺……………3 慈竹属 ***Sinocalamus***

　B_2 地下茎为复轴型，花序生于叶枝的顶端……………………………………………4 箬竹属 ***Indocalamus***

6.2.2.1 刚竹属 *Phyllostachys* Sieb. et Zucc.

乔木或灌木状；秆散生，圆筒形，节间在分枝一侧扁平或有沟槽，每节有2个分枝。秆箨革质，早落，箨叶明显，有箨舌，箨耳，肩毛发达或无。叶披针形或长披针形，有小横脉，表面光滑，背面稍有灰白色毛。花序圆锥状、复穗状或头状，由多数小穗组成，小穗外被叶状或苞片状佛焰苞；小花2～6朵；颖片1～3片或不发育；外稃先端锐尖；内稃有2脊，2裂片先端锐尖；鳞被3片，形小；雄蕊3枚；雌蕊花柱细长，柱头3裂，羽毛状。颖果。本属50余种，均产于我国，主要分布在黄河流域以南至南岭以北，不少种类已引种至北京、河北、辽宁等地。

毛竹（南竹、楠竹、孟宗竹、茅竹）***P. pubescens* Mazel ex H.de Lehaie**（图6-243）

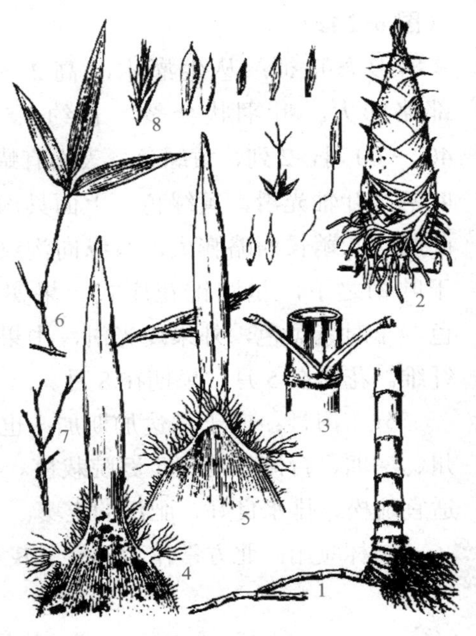

图6-243 毛竹

1—地下茎和竹秆下部；2—笋；3—秆一节，示二分枝；4—秆箨背面；5—秆箨腹面；6—叶枝；7—花枝；8—小穗

形态特征：高大散生型竹类，秆高10～25 m，直径12～20 cm，中部节间长达40 cm；新秆密被细柔毛，有白粉，老秆无毛，白粉脱落而在节下逐渐变黑色。箨鞘厚革质，棕色底有褐色斑纹，背面密生棕紫色刺毛；叶较小，披针形，长4～11 cm，每小枝具叶2～3片。花枝单生，小穗丛形如穗状花序，外被有覆瓦状的佛焰苞。颖果针状；笋期在3月底至5月初。

分布习性：原产于我国秦岭、汉水流域至长江流域以南山地，分布很广。喜温暖湿润的气候；喜肥沃、深厚、排水良好的酸性砂质壤土。

园林应用：毛竹秆高、叶翠，四季常青。常植于庭院曲径、池畔、溪涧、山坡、石际、天井、景门，室内盆栽观赏；与松、梅共植，誉为“岁寒三友”。可在风景区大面积种植，也是建筑、水池、花木等的绿色背景；可分隔园林空间。

菲白竹（翠竹）***S. fortunei*（Van Houtte）Fiori**

形态特征：低矮竹类，地下茎复轴混生；秆高10～30 cm，高大者可达50～80 cm；秆纤细，直径1～2 mm；节间细而短小；箨鞘宿存；小枝具4～7叶；叶披针形，长8～15 cm；两面均具白色柔毛，叶面通常有黄色或白色的纵条纹。

分布习性：原产于日本；也常栽培在我国上海、杭州等地。喜温暖湿润气候，耐荫。

园林应用：为城市公园或庭院的良好观赏竹种，常作地被、绿篱栽植，也可用来制作盆景。

紫竹 *P. nigra*（Lodd.et Lindl.）Munro.

形态特征：秆高 3 ～ 10 m，直径 2 ～ 4 cm，中部节间长 25 ～ 30 cm。幼秆绿色，密被短柔毛和白粉，后变无毛而秆呈紫黑色；秆环与箨环均甚隆起，箨环有毛。箨鞘淡玫瑰紫色，背部密生毛，无斑点；箨耳发达，镰刀形，紫色；箨舌长而隆起；箨叶三角状披针形，绿色至淡紫色。叶片 2 ～ 3 片，生于小枝顶端，极薄。笋期在 4-5 月。

分布习性：分布于长江流域及其以南各地，湖南南部至今尚有野生紫竹林；我国各地均有栽培。适于深厚肥沃的湿润土壤，耐寒性较强，能在北京紫竹院公园小气候条件下露地栽植。

园林应用：常植于庭院观赏，园林造景中，适植于庭院山石之间或书斋、厅堂四周、园路两侧、水池旁，与黄槽竹、金镶玉竹、斑竹等秆具色彩的竹种同栽，可增添色彩变化。

罗汉竹（人面竹）*P. aurea* Carr. ex A. et C. Riviere

形态特征：秆高 5 ～ 12 m，直径 2 ～ 5 cm，节间较短，基部至中部有数节常出现短缩、肿胀或缢缩等畸形现象；秆环和箨环均明显隆起。新秆有白粉，无毛或箨环上有白色细毛。笋黄绿色至黄褐色；秆箨背部有黑褐色细斑点；箨舌短，先端平截或微凸，有长纤毛；箨叶带状披针形；无箨耳和繸毛。每小枝有叶 2 ～ 3 片，带状披针形，长 4 ～ 11 cm，宽 1 ～ 1. 8 cm，下面基部有毛或完全无毛。笋期在 4-5 月。

品种：①花叶‘Albo-variegata’：叶有白色条纹。②花秆‘Holochrysa’：秆黄色而有绿色条纹。③黄槽‘Flavescens-inversa’：秆绿色，沟槽黄色，叶也有条纹等栽培变种。

分布习性：产于华东，长江流域各地均有栽培。能耐 -20 ℃的低温。

园林应用：竹形如头面或罗汉袒肚，十分生动有趣。常与佛肚竹、方竹配植于庭院供观赏。

6.2.2.2　孝顺竹属（箣竹属）*Bambusa* Schreber

本属共 100 余种，分布于东亚、中亚、马来西亚及大洋洲等地，其中我国有 60 余种，大多分布于华南及西南地区。

佛肚竹（佛竹、密节竹）*B. ventricosa* McCl.（图 6-244）

形态特征：中小型灌木竹，幼秆绿色，老秆黄绿色。秆二型：正常秆高 3 ～ 7 m，直径 2 ～ 3 cm，节间圆筒形；畸形秆低矮，一般高不及 2.5 m，节间甚短，显著膨大成瓶状。箨鞘无毛，初为深绿色，老时变为橙红色，先端较宽；箨耳发达，圆形、倒卵形或镰刀形；箨舌短，不明显；箨叶卵状披针形，上部有小刺毛；箨耳和繸毛发达。分枝多，小枝具叶 7 ～ 13 片；叶片卵状披针形至长圆状披针形，长 12 ～ 21 cm，宽 1.6 ～ 3. 3 cm，背面微被柔毛。

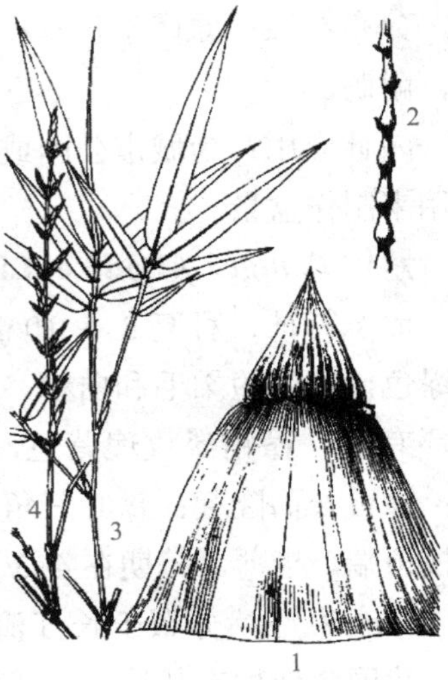

分布习性：为广东特产，现华南各地园林中常见栽培，长江流域及以北地区也多有盆栽。喜温暖湿润气候，能耐轻霜和 0 ℃低温；喜深厚肥沃且湿润的酸性土，耐水湿，不耐干旱。

图 6-244 佛肚竹

1—秆箨；2—竿；3—枝叶；4—花枝

园林应用：佛肚竹有奇特的畸形秆，状若佛肚，是珍贵的观赏竹种。常用于装饰小型庭院，最宜丛植于入口、山石等视觉焦点处，供点景用，也可盆栽观赏。

6.2.2.3 慈竹属 *Neosinocalamus* McClure.

本属有 2 种及若干栽培型，特产于我国西南各省及广东，尤以四川盆地最为常见。

慈竹（丛竹、绵竹、甜慈、钓鱼慈）*N. affinis*（Rendle）Keng f.（图 6-245）

形态特征：秆高 5 ～ 10 m，直径 4 ～ 8 cm，顶梢细长作弧形下垂。箨鞘革质，背部密被棕黑色刺毛；箨舌流苏状；箨叶先端尖，向外反倒，基部收缩略呈圆形，正面多脉，密生白色刺毛，边缘粗糙内卷。末级小枝具数叶乃至多叶；叶片质薄，长卵状披针形，长 10 ～ 30 cm. 表面暗绿色，背面灰绿色，侧脉 5 ～ 10 对，无小横脉。笋期在 6 月，持续至 9–10 月。

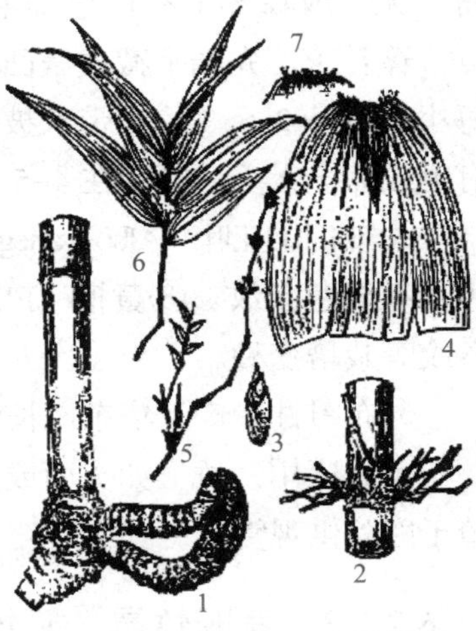

图 6-245 慈竹

1—根部；2—节间；3—竹笋；4—叶鞘；5—小枝；6—叶片；7—叶膜

品种：①大琴丝竹‘Flavidorivens’：竹秆节间有淡黄色间深绿色纵条纹。②金丝慈竹‘Viridiflavus’：节间分枝一侧具有黄色条纹。③黄毛竹‘Chrysotrichus’：幼秆节间密被锈色刺毛，间有白粉。④绿秆花慈竹‘Striatus’：竹秆节间有淡黄色条纹，叶片有时也有淡黄色条纹。

分布习性：原产于中国，分布在云南、贵州、广西、湖南、湖北、四川及陕西南部各地。喜温暖湿润气候及肥沃疏松土壤，在干旱瘠薄处生长不良。

园林应用：慈竹秆丛生，竹秆顶端细长作弧形或下垂，如钓丝状，适于沿江湖、河岸栽植，庭院中可植于池旁、窗前、屋后等处，成都、昆明等地庭院中常见栽培。

6.2.2.4　箬竹属 *Indocalamus* Nakai.

灌木型或小灌木型竹类。地下茎复轴型。秆散生或丛生。竿每节仅生1枝，直径与主竿相若。秆箨宿存性。叶片宽大，有多条次脉及小横脉。花序总状或圆锥状；小穗有小花数至多朵；颖卵形或披针形；外稃近革质；内稃稍短于外稃，背部有2脊。约20种，产于东亚，绝大多数种系分布于我国长江流域以南亚热带地区。

阔叶箬竹（寮竹、箬竹、壳箬竹）*I.latifolius*（Keng）McCl.（图6-246）

形态特征：灌木状小型竹类。秆高1～1.5 m，下部直径5～8 mm，节间长5～20 cm。秆圆筒形，分枝一侧微扁，每节有1～3个分枝，秆中部常1分枝，分枝与秆近等粗。秆箨宿存，质地坚硬，箨鞘有粗糙的棕紫色小刺毛，边缘内卷；箨耳和叶耳均不明显，箨舌平截，高不过1 mm，鞘口有长1～3 mm的流苏状须毛；箨叶小。小枝有1～3叶，叶片长椭圆形，长10～30 cm，宽1～4.5 cm，表面无毛，背面灰白色，略有毛。笋期在4–6月。

图6-246　阔叶箬竹

1—叶膜；2—叶片；3—竹笋；4—叶鞘；5—种子；6—果实

分布习性：分布于华东、华中至秦岭一带。喜温暖湿润气候，但耐寒性较强，在北京等地可露地越冬，仅叶片稍有枯黄。

视频：箬竹

园林应用：常植于疏林下、河边、路旁、石间、台坡、庭院等各处片植点缀，或用于作地被植物，也可植于河边护岸。

箬竹 *I. tessellatus*（Munro）Keng f.

形态特征：秆高0.75～2 m；节间长约25 cm。箨鞘长于节间，上部宽松抱秆，无毛，下部紧密抱秆，密被紫褐色伏贴疣基刺毛；箨耳无；箨舌厚膜质，截形，背部有棕色伏贴微毛；箨片大小多变化。小枝具2～4片叶；叶片宽披针形或长圆状披针形，长20～46 cm，宽4～10.8 cm，下表面灰绿色，密被贴伏的短柔毛或无毛，小横脉明显，形成方格状，叶缘生有细锯齿。圆锥花序，花序主轴和分枝均密被棕色短柔毛；小穗绿色带紫，含5～6朵小花。笋期在4–5月，花期在6–7月。

分布习性：产于浙江西天目山、衢县和湖南零陵阳明山。生于山坡路旁。

6.2.3 芭蕉科 Musaceae

多年生草本，茎高大，不分枝，有时木质，或无地上茎。叶通常较大，螺旋排列或两行排列，由叶片、叶柄及叶鞘组成；叶脉羽状。花两性或单性，两侧对称，常排成顶生或腋生的聚伞花序，生于一大型而有鲜艳颜色的苞片（佛焰苞）中，或1～2朵至多数直接生于由根茎生出的花葶上；花被片3基数，花瓣状或有花萼、花瓣之分。浆果或为室背或室间开裂的蒴果，或革质不开裂；种子坚硬。约140种，产于热带、亚热带地区；我国有7属、19种，其中3属为引入属，主产于南部及西南部。本科中所产的香蕉为世界上重要的热带水果之一。

芭蕉属 ***Musa* L.**

约40种，主产于亚洲东南部。我国连栽培种在内约有12种。

芭蕉（甘蕉、板蕉、牙蕉、大叶芭蕉、大头芭蕉、芭蕉头，芭苴）***M.basjoo* Sieb. et Zucc.**

形态特征：植株高2.5～4 m。根茎可达1 m。叶片大，长2～3 m，宽25～30 cm，长圆形，先端钝，基部圆形或不对称，叶面鲜绿色，有光泽；叶柄粗壮，长达30 cm。花序顶生，下垂；苞片红褐色或紫色。浆果三棱状，长圆形，长5～7 cm，近无柄，肉质，内具多数种子。

分布习性：原产于日本琉球群岛，我国台湾可能有野生，秦岭淮河以南可以露地栽培。喜温暖、湿润气候。适宜土层深厚、疏松肥沃、排水良好的土壤。

园林应用：常丛植于庭前屋后，或植于窗前，计成《园冶》中有“窗虚蕉影玲珑”。下雨天可听到芭蕉雨声。蕉竹配植，有“双清”之称。可与太湖石、石笋等搭配成蕉石小品。

6.2.4 百合科 Liliacrae

草本，稀木本；具鳞茎或根状茎。叶基生或茎生。花两性，总状、穗状、伞形花序；花钟状、坛状或漏斗状；花被片通常6，少为4。蒴果或浆果；种子多数，成熟后常为黑色。本科约230属、3 500种，广布于全世界。我国产60属，约560种，分布遍及全国，主产于西南。

丝兰属 ***Yucca* L.**

植株常绿。茎分枝或不分枝。叶片狭长剑形，丛生。花杯状或碟状，下垂，在花茎顶端排成一圆锥或总状花序；花被片6，乳白色。蒴果卵形，开裂或肉质不开裂；种子扁平，黑色。约30种，产于美洲，现栽培在世界各国；我国引入4种。

凤尾丝兰（菠萝花、凤尾兰）***Y. gloriosa*** **L.**（图6-247）

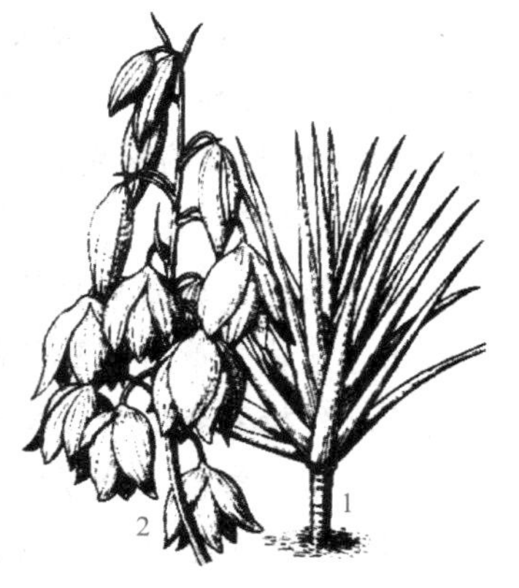

图6-247　凤尾丝兰
1—植株；2—花序

形态特征：灌木或小乔木。干短，有时分枝，高可达5 m。叶密集，近莲座状簇生，质坚硬，有白粉，剑形，长40～75 cm，顶端硬尖，边缘光滑，老叶有时具疏丝。花葶高大而粗壮，圆锥花序高1 m多，花大而下垂，乳白色，常带红晕。蒴果干质，下垂，椭圆状卵形，不开裂。花期在5-10月。

分布习性：原产于北美。我国长江流域普遍栽培，山东、河南可露地越冬。喜光，耐荫：适应性强，较耐寒；不耐盐碱；耐干旱瘠薄，耐水湿。耐烟尘，对多种有害气体抗性强。

园林应用：常丛植于花坛中心、草坪一角、树丛边缘，是岩石园、街头绿地、厂矿污染区常用绿化树种。可在车行道绿带中列植。可作绿篱种植。茎可切块水养，供室内观赏，或盆栽。

丝兰 ***Y. smalliana*** **Fern.**

形态特征：常绿灌木。植株低矮，近无茎。叶丛生，较硬直，线状披针形至剑形，长30～75 cm，宽2～3 cm，边缘有卷曲白丝。圆锥花序宽大直立，高1～3 m，花白色，下垂。蒴果3瓣裂。花期在6-8月。

分布习性：原产于北美，在我国长江流域及以南地区栽培得较多。耐寒性不如凤尾丝兰。

【知识扩展】

如何区分丝兰和凤尾丝兰

丝兰：花白色；植株无茎；叶质较软，叶缘明显具白丝线。

凤尾丝兰：花乳白色，常带红晕；植株具茎，有时分枝；叶硬质，叶缘老时有少许丝线。

※ 思考题

1. 简述被子植物门、双子叶植物纲的特点。

2. 简述木兰科、蜡梅科、樟科、杨柳科、山毛榉科、毛茛科、蔷薇科、豆科、山茱萸科的形态特征。

3．简述木兰属与含笑属、含笑和榕属、蜡梅和梅花、栗属与栎属、刺槐和国槐、杨属和柳属、旱柳和垂柳、木兰属和榕属、枸骨和阔叶十大功劳、溲疏属和山梅花属的区别。

4．“岁寒三友”指的是哪三种植物？

5．简述豆科三亚科的特点。

6．简述蔷薇科四亚科的特点。

7．列检索表区分蔷薇科常见种。

8．列检索表区分豆科常见种。

9．简述单子叶植物的特点。

10．列检索表区分常见单子叶木本植物。

参考文献

[1] 陈有民. 园林树木学[M]. 2版. 北京：中国林业出版社，2014.

[2] 张天麟. 园林树木1600种[M]. 北京：中国建筑工业出版社，2010.

[3] 李景侠，康永祥. 观赏植物学[M]. 北京：中国林业出版社，2005.

[4] 卓丽环，王玲. 园林树木[M]. 2版. 北京：高等教育出版社，2015.

[5] 中国科学院植物研究所. 中国欧登植物图鉴[M]. 北京：科学出版社，1985.

[6]（英）克里斯托弗·布里克尔. 世界园林植物与花卉百科全书[M]. 杨秋生，李振宇，译. 郑州：河南科学技术出版社，2012.

[7] 农业大词典编辑委员会. 农业大词典[M]. 北京：中国农业出版社，1998.

[8] 余树勋，吴应祥. 花卉词典[M]. 北京：中国农业出版社，1993.

[9] 中国农业百科全书总编辑委员会. 中国农业百科全书·观赏园艺卷[M]. 北京：中国农业出版社，1996.

[10] 傅立国，等. 中国高等植物[M]. 青岛：青岛出版社，2003.

[11] 赵祥云. 四季养花实用宝典[M]. 北京：电子工业出版社，2010.

[12]（印）古尔恰兰·辛格. 植物系统分类学：综合理论及方法[M]. 刘全儒，郭延平，于明，译. 北京：化学工业出版社，2008.

[13] 高卫红. 论古典诗词中的“梧桐”意象[J]. 河南社会科学，2006，13（6）：109-111.

[14] 向净. 苏州古典园林花木意境[J]. 艺苑，2013（1）：78-82.

[15] 张莉俊，刘振林，戴思兰. 北方冬季园林植物景观的调查与分析[J]. 中国园林，2006，22（12）：87-90.

[16] 张声平，刘纯青. 浅谈我国现代园林植物配置的趋势[J]. 江西农业大学学报：社会科学版，2004，3（4）：131-133.

[17] 张志翔. 树木学（北方本）[M]. 2版. 北京：中国林业出版社，2010.

[18] 臧德奎. 园林树木学[M]. 2版. 北京：中国建筑工业出版社，2012.

[19] 申晓辉. 园林树木学[M]. 重庆：重庆大学出版社，2013.

［20］董晓华，张淑梅，吴艳华，等．园林植物配置与造景[M]．北京：中国建材工业出版社．2019．
［21］中国科学院中国植物志编辑委员会．中国植物志［M］．北京：科学出版社，2006．